建筑物整体移位及其基础隔震加固技术

张新中　唐克东
张宗敏　韩爱红　编著

黄河水利出版社
·郑州·

内容提要

本书在作者主持的多项科研项目研究成果及参与的大量建筑物整体移位实际工程应用实践的基础上，全面系统地总结分析了国内外建筑物整体移位及其隔震加固工程的相关研究资料，对建筑物整体移位工程中的基础和轨道设计、托换技术设计、移动系统设计等关键技术进行了深入的分析研究和总结，对建筑物整体移位及其隔震加固技术的施工技术措施和动力分析方法作了系统的阐述。

本书力求做到浅显易懂，理论分析和工程应用并重。可供土木工程及其相关专业的本科生和研究生学习参考，也可作为从事建筑物整体移位和隔震加固工作的广大工程技术人员及教学科研人员的重要参考书。

图书在版编目(CIP)数据

建筑物整体移位及其基础隔震加固技术/张新中等编著.—郑州：黄河水利出版社，2010.8

ISBN 978-7-80734-877-1

Ⅰ.①建… Ⅱ.①张… Ⅲ.①建筑物-整体搬迁②建筑物-隔震-加固 Ⅳ.①TU746

中国版本图书馆 CIP 数据核字(2010)第 157426 号

出 版 社：黄河水利出版社

地址：河南省郑州市顺河路黄委会综合楼 14 层 邮政编码：450003

发行单位：黄河水利出版社

发行部电话：0371-66026940、66020550、66028024、66022620(传真)

E-mail：hhslcbs@126.com

承印单位：河南省瑞光印务股份有限公司

开本：787 mm×1 092 mm 1/16

印张：13.50

字数：328 千字 印数：1—2 600

版次：2010 年 8 月第 1 版 印次：2010 年 8 月第 1 次印刷

定价：35.00 元

目　录

第一篇　建筑物整体移位及其基础隔震加固技术概论

第二篇　建筑物整体移位技术

第三篇　既有建筑物的基础隔震加固技术及施工方法

第四篇　建筑物整体移位和基础隔震结构的动力分析

前言

21世纪是城市的世纪，城市经济已经成为我国国民经济的主体，城市化进程不断加快。目前，在我国600多个大中型城市和2 000多个小型城市中，多数城市已经完成了城市总体规划的编制任务，城市建设已经步入到正规化、法制化的轨道上来。但是由于历史遗留问题较多，在规划实施过程中，城市区域扩大、道路拓宽、环境改造和城市机能改善等工作与既有建筑物拆迁安置的矛盾日益突出，每年都有数千座仍有一定使用价值的建筑物因和规划冲突而被拆除，不仅造成了数十亿元人民币的经济损失，而且污染了环境，浪费了大量的资源。拆迁引起的社会矛盾也不断加剧，从而影响了资源节约型和环境友好型和谐社会的构建，使得城市规划实施工作难度很大，尤其是一些古建筑，属于保护文物，一旦拆除损失难以估价。有时为了减少损失，不得不修改规划，又给城市建设造成了永久性的缺憾，甚至产生新的问题。另外，随着近年来一系列新的国家标准和规范的颁布实施，大量既有建筑的可靠性已不符合新的规范要求。随着人们环保意识的增强，拆除重建的工程将越来越少，取而代之的将是大量的加固复新工程，特别是在古建筑保护领域，提高既有建筑物结构安全性已成为急需解决的课题。由于建筑物整体移位及加固技术具有以下优点：①巨大的经济效益；②明显的社会效益；③工期短；④减少了因拆除建筑物产生的大量粉尘、噪声和建筑垃圾等污染物；⑤移位施工过程中还可以对既有建筑物进行加固或隔震处理，提高结构的安全性能等，从而为旧城改造和既有建筑物加固提供了一种行之有效的技术手段。

建筑物整体移位技术在我国应用已有20多年的时间，但是该技术在我国还仅限于报道移位成功。虽然每年都有一定数量的关于移位成功的报道和文章，但针对建筑物整体移位设计方法和施工技术进行的全面系统的研究成果还很少，特别是针对移位后建筑物的隔震加固方面的研究成果更是很少见到，至今也没有专门的设计规范和施工规程。建筑物移位工程设计计算和施工技术大多依赖于经验，设计理论及施工技术研究严重滞后于工程实践。为规范和促进建筑物整体移位及其隔震加固技术的应用，本书在保证结构的安全性、耐久性、适用性和人文价值不受损害的前提下，对建筑物整体移位技术的设计理论和关键施工技术进行了比较系统的分析研究，促进理论与实践的有机结合，提出科学实用的建筑物整体移位设计理论、施工技术措施和可靠性评价方法，并将基础隔震技术引入建筑物整体移位及其加固工程中，提高既有建筑物的抗震能力，从而满足现行规范的可靠性要求。

本书在作者主持的多项科研项目研究成果及参与的大量建筑物整体移位实际工程应用实践的基础上，全面系统地总结分析了国内外建筑物整体移位及其隔震加固工程的相关研究资料，对贯穿于建筑物整体移位及其隔震加固全过程的各项关键技术进行了深入的分析研究和总结。全书共分为4篇15章：第一篇介绍了建筑物整体移位及其基础隔震加固技术的目的、意义及国内外的应用现状和发展动向；第二篇系统地论述了基础和轨道设计、托换技术设计、移动系统设计等建筑物整体移位工程关键技术的理论研究；第三篇主要论述既有建筑物的基础隔震加固技术和既有建筑物基础隔震加固施工技术措施；第四篇从理论上介绍了建筑物整体移位及其隔震加固技术的动力分析方法。全书力求做到浅显易懂，理论分析和工程应用并重。

本书由华北水利水电学院张新中教授、唐克东副教授、张宗敏工程师、韩爱红硕士、武宗良工程师、袁秀霞高级工程师共同编著。李雨阁、崔万杰、张振辉、王磊等在攻读硕士学位期间为本书相关研究项目的顺利完成做出了一定的贡献,在此表示感谢。硕士研究生覃亚民、苗连娟参与了部分插图的绘制和文字校对工作,在此向他们表示谢意。

书中引用了国内外有关专家和同行的部分相关研究成果,在此一并致谢!

鉴于建筑物整体移位及其基础隔震加固技术的复杂性且在我国应用时间较短,许多问题一时还难以研究透彻,加之水平有限、时间仓促,书中疏漏之处在所难免,敬请广大读者批评指正。

编　者

2010 年 6 月

第一篇　建筑物整体移位及其基础隔震加固技术概论

第1章 绪 论

1.1 建筑物整体移位及其基础隔震加固技术研究的目的及意义

1.1.1 建筑物整体移位

随着城市建设的飞速发展和不断完善，城市化进程不断加快，城市的更新改造正以空前的速度和规模展开。但是由于我国城市规划管理起步较晚，建设之初缺乏相关的法律法规制约，在一定程度上造成了城市建设的盲目性和无序性，一些中小城市建设甚至没有规划，由此造成城市机能落后和生活环境恶化的后果已经严重影响了城市建设和经济的有序发展。

20世纪90年代，我国第一部《城市规划法》于1990年4月1日起正式实施，结束了我国城市建设规划无法可依的状况。目前全国半数以上城市已经完成了城市总体规划的编制任务，将城市建设纳入到正规化、法制化的轨道上来。但是由于历史遗留问题较多，在规划实施过程中，城市区域扩大、道路拓宽、环境改造和城市机能改善等工作与既有建筑物拆迁安置的矛盾日益突出，这些在规划调整中需要拆除重建的建筑物中包含以下两类难以确定取舍的建筑物。

(1)建成后投入使用不久的建筑物，特别是20世纪80年代改革开放政策实施之初兴建的大量建筑物，往往结构质量完好，经过装修且正在使用期，但由于最初规划欠妥等原因，没有充分考虑长远发展的要求，与当前实施的规划相冲突，阻碍了现代城市的合理有序发展。

(2)有的建筑物虽然已经使用了很多年，但是仍然具有很好的使用功能或者很高的保留价值，特别是一些古建筑，在保护历史文化遗产和保留城市历史风韵格局方面具有无法取代的地位，但是其所在位置和现代城市的规划发展相矛盾，影响了城市机能和环境的改善。

我国共有600多个大中型城市，2 000多个小型城市，在目前大规模的城市化建设和旧城改造过程中，每年用于城市改造和拆迁的资金达数千亿元，大量仍然具有较大使用价值的建筑物被拆除，由此产生的直接经济损失达数百亿元。建筑物拆除及搬迁安置直接影响到建设单位的正常生产和人民生活，由此产生的社会矛盾也日益增多，在拆迁工作中出现的一些影响社会稳定的极端问题也时有发生，使得城市规划实施工作难度很大。另外，拆除旧有建筑物产生的大量建筑垃圾和噪声严重污染了环境，浪费了宝贵的资源。在一些历史文化名城的改造中，城市历史文化遗产保护与城市机能改善的矛盾也日益突出，尤其是一些古建筑，属保护文物，一旦拆除损失难以估价，有时为了减少损失，不得不修改规划，又给城市建设造成永久性的缺憾，甚至产生新的问题。

建筑物整体移位技术的出现，很好地解决了这个问题。它是一门新兴的工程技术手段，是指在保持建筑物整体性和可用性不变的前提下，通过特殊的托换加固处理，利用行走装置和施力装置，将建筑物从原址分离并移动到新址，包括平移、抬升、旋转、爬坡等方式。

同拆除重建相比，建筑物整体移位技术主要具有以下优点。

(1)巨大的经济效益。根据实际工程资料分析，一栋建筑物的移位工程造价相当于拆除重建同类建筑物费用的1/10～1/3，视建筑物的规模、移位距离、是否旋转以及装饰的豪华程度等实际情况不同而有所差别。

以南京江南大酒店主楼为例，2001 年大楼所在的新模范马路由原来的 30 m 拓宽至 60 m，酒店主楼在拆迁之列。大楼建于 1995 年，包括装修在内总投资 1 860 多万元，若拆除重建损失巨大。另外，江南大酒店年均营业额 900 多万元，拆除重建期间的营业损失也要超过千万元。2001 年 2 月，经南京市建委和业主协商，决定采用把基础以上部位切断，将上部结构整体向南平移 26 m 的方案。2001 年 5 月施工结束，耗资 400 万元，施工期间大楼二楼以上正常使用，比拆除重建节约资金 2 000 多万元。

(2)明显的社会效益。移位施工期间，一般除建筑物首层暂时无法使用外，二层及二层以上仍可正常使用，根据实际需要，水、暖、电、气等仍可通过临时管线正常供给，移位就位后整栋建筑仍可保持原有的使用功能，大大减少了拆迁造成的生产损失和居民搬迁安置的费用，化解了规划实施与生产及居民生活安置的矛盾，节省了大量社会资源。

(3)工期短。一般建筑物整体移位工程施工工期为 2～5 个月，比拆除新建同类建筑物施工周期缩短 50% 以上。

(4)移位施工过程中还可以对既有建筑物进行加固或基础隔震处理，提高结构的安全性能，这一点对重要文物的保护尤为重要。

(5)减少了因拆除建筑物产生的大量粉尘、噪声和建筑垃圾等污染物，有利于构建资源节约型和环境友好型的和谐社会，实现社会的可持续发展。

(6)为旧城改造中保留城市历史风韵和保护历史文化遗产提供了一种行之有效的技术手段，降低城市改造的成本。

目前，建筑物整体移位技术在我国还仅限于报道移位成功，虽然每年都有一定数量的关于移位成功的报道和文章，但很少有学者对建筑物整体移位设计方法和施工技术进行全面系统的研究，至今尚没有专门的设计规范和施工规程，大多数建筑物移位工程设计计算和施工技术依赖于经验，设计理论及施工技术的研究严重滞后于工程实践。由于无法可依，建设主管部门、质检部门及监理单位也无法对建筑物整体移位工程进行有效的监督管理，移位工程施工质量难以保证，建筑物整体移位市场处于比较混乱的局面，个别移位工程也曾出现过质量事故，而许多工程中又出现了很大的材料浪费，使得建筑物整体移位技术的经济效益和社会效益难以充分体现出来。

建筑物整体移位技术在我国应用还不到 20 年的时间，在今后相当长的一段时间内，建筑物整体移位技术将大有市场。为了改变目前我国建筑物整体移位工程设计与施工理论研究严重落后于工程实践的局面，对建筑物整体移位的设计理论和施工成套技术及与之相应的牵引设备、行走系统的研究，以及制定相应的行业规范规程，已成为学术界面临的重要课题。

1.1.2 基础隔震加固技术

我国是个多地震的国家，为了减轻地震灾害，我国的地震工作者长期从事建筑物抗震能力研究，已经形成了一套完整的抗震理论并应用于工程实践。传统的建筑抗震设计是保证结构本身具有足够的强度、刚度和延性，使所设计的建筑做到“小震不坏，中震不坏或轻微破坏，大震不丧失使用功能”，从而减轻地震灾害。实践证明，这种设计代价是很高的。随着社会的发展，采用传统的抗震设计方法已不能适应某些工程的实际需要，即不能减少地震后结构物内部设备和装修破坏的问题，因此人们提出了"隔震"的方法，即将隔震装置如橡胶垫层放置于上部建筑物和基础之间，增大建筑物振动的固有周期，从而远离场地的卓越周期，避免共振，同时在上部建筑物和基础之间加设阻尼减震装置，用以吸收地震能量。理论研究和实际地震反应都表明，这种结构可以大大减小地震时上部结构物的加速度和变形，从而可以大大减少建筑物的内部破坏。

随着我国科学技术的不断发展和经济实力的不断提高，对建筑结构安全的可靠性水准要求也相应提高，近年来一系列新国家标准和规范的颁布实施，使得大量既有建筑的可靠性已不符合新的规范要求。随着人们环保意识的增强，拆除重建的工程将越来越少，取而代之的将是大量的加固复新工作，特别是在古建筑保护领域，提高既有建筑物结构安全性已成为急需解决的课题。建筑结构隔震技术自20世纪70年代应用于工程实际后，世界各国学者对此进行了广泛深入的研究。基础隔震通过在上部结构和基础之间设置柔性隔震层，隔离地面运动，使上部结构在弹性范围内工作，提高了结构的安全性。基础隔震方法不仅适用于新建房屋，而且也为旧房加固及珍贵历史文物建筑的保护开辟了新的途径。基础隔震方法第一次用于旧房加固改造是美国的盐湖城市政大楼，其后世界各地又有相当数量的重要建筑采用基础隔震技术进行了加固改造。但隔震房屋和隔震加固房屋的震害经验相对较少，特别是将基础隔震方法引入既有建筑物整体移位加固的工程实例和经验更少，对其设计方法和技术措施进行系统研究将会对隔震技术在既有建筑物整体移位加固工程中的广泛应用产生积极的促进作用和巨大的社会经济效益。

一般的建筑物整体移位技术在实施过程中常常会出现以下问题：

(1)在传统的建筑物移位案例中，往往都是把原有建筑物移动到预期位置上以后，通过强有力的连接措施，使原有建筑物和新基础成为一个坚固的整体，但这样的连接很难保证平移后建筑物能恢复到原状。

(2)在建筑物整体移位的过程中，很难对整个上部结构进行全面的保护，这样难免会对上部结构造成一定的结构破坏，使建筑结构的整体安全性降低。

(3)被移位的建筑往往是一些使用20~50年，甚至上百年的建筑，在当时设计这些建筑的抗震或者防震的措施是符合当时的实际情况的。但在建筑技术高速发展的今天，设计规范在不断完善，移位后把原有建筑物和新基础牢固地连接在一起，即使上部结构完全不遭到破坏，也只能保证建筑物原有的抗震防震指标，很难满足现行的设计规范指定的建筑抗震设防要求。

面对以上问题，待被移位的建筑物移动到预期位置上以后，不是采用原来传统的基础加固措施，而是考虑基础隔震技术的应用，比如，在采用滚轴平移的建筑物的整体平移过程中，移位成功后，不是把滚轴抽出，而是通过一定的构造措施来限制滚轴的大幅度移动，利用滚轴的低滚动摩阻来限制地震力对上部结构的作用，从而使既有建筑物形成一个可以减小地震反应的基础隔震体系，这样既可以减少一道施工工序，降低工程造价，又提高了建筑物的抗震等级；或者在建筑物移位到指定位置后，不是把滚轴取出，而是用隔震支座支撑起移位后的建筑物，再采取必要的加固措施，这样也能形成一个完善的隔震建筑；再或者，在建筑物移位到预期位置后，在新建基础和被平移的上部结构之间装入叠层橡胶隔震支座，然后采取必要的加固措施，形成一个全新的建筑隔震体系。

为规范和促进建筑物整体移位技术在我国的应用，本书在保证结构的安全性、耐久性、适用性和人文价值不受损害的前提下，对建筑物整体移位技术的设计理论和关键施工技术进行比较系统的分析研究，促进理论与实践的有机结合。本书提出科学实用的建筑物整体移位设计理论、施工技术措施和可靠性评价方法，并将基础隔震技术引入建筑物移位及其加固工程中，提高既有建筑物的抗震能力，使之在移位的同时能满足现行规范的可靠性要求，以促进建筑物整体移位技术在我国的健康发展，填补国内该领域的空白。

1.2 建筑物整体移位技术的发展与应用概况

1.2.1 国外建筑物整体移位技术的发展与应用概况

世界上最早的建筑物整体移位工程出现在新西兰，工程技术人员采用蒸汽机车作为牵引装置，将新普利茅斯市一座一层民宅移到新址。

现代整体移位技术始于20世纪初，1901年，美国依阿华大学科学馆平移工程就有较详细的技术记录。由于校园扩建，将重约60 000 kN、三层高的科学馆进行了整体平移，而且在移动的过程中旋转了45°，此项工程采用圆木滚轴滚动装置，以木梁托换，用30个螺旋千斤顶提供水平牵引力，这一技术在当时的土木工程界引起了轰动。

在以后100多年的时间里，许多国家都有过移位工程的实例，被成功移位的建筑物有豪华别墅、剧院、教学楼、灯塔，甚至还有飞机场的候机厅；移位距离也从数十米到数百千米不等。建筑物移位的托换加固装置和牵引动力装置也有了很快的发展，对一些复杂结构使用了专用的托换装置，并取得多项专利；牵引设备也从早期的液压千斤顶、螺旋千斤顶、卷扬机，甚至汽车、轮船，发展到同步液压系统和自身可提供动力的专用多轮平板拖车系统，使建筑物整体移位无论是设计理论还是施工技术都达到了较高的水平。20世纪末国外影响比较大的建筑物整体移位工程主要有以下几项。

1978年莫斯科高尔基大街上的《劳动报》报社大楼的平移引起了世界轰动。这座重达1万多t的5层楼房仅花3昼夜的时间，就被完整地移动了33 m。移位后对结构进行了加固处理，该大楼沿用至今。

1982年，位于英国伯明翰的一座会计师事务所建筑，由于超市扩建，需将其移位至约8 km以外的地方。施工时，首先在建筑地面下建造225 mm厚的钢筋混凝土板，然后用千斤顶将其顶起，放入滚动装置进行移动，创造了当时建筑物移位距离最远的记录。

1983年，英国Warrington市对一座历史悠久的学校建筑实施了整体移位，移位距离为15 m。该工程首次在建筑物基础下浇筑一个钢筋混凝土水平框架，与片筏基础连为整体，并延伸至新基础。在该框架上建造另一个框架，两框架之间留有间隙，放入滚轴，并涂抹润滑油，用卷扬机和钢丝绳做牵引装置，其采用的装置和移位方法与我国90年代的许多整体移位工程相似。

同年，罗马尼亚首都布加勒斯特搬迁了两栋房屋，一栋为五层高，建筑面积约2 000 m^2；另一栋为七层楼房，总面积4 000 m^2，重达6 400 t，该平移工程采用了基础分离技术，滚动装置采用滚动轮，在楼底下共铺设了32根铁轨，为了减小移动时的振动，在托换支架和楼底间设置了橡胶垫，平均每小时移动1.19 m。

1998年，美国的一座豪华别墅，建筑面积1 100 m^2，长途跋涉迁移了100多英里（1英里=1.609 km）。建筑物在顶升托换时使用了64个承载能力为150 kN的千斤顶，该工程的最大特点是在移位的过程中要经过一条运河，在这段路程中，用船舶作为运输工具，通过调节船舶中的水量来保证建筑物从船上到陆地的平稳性。

1999 年 1 月，美国 Minneapolis 市对 Shubert 剧院进行了平移，平移采用的平板拖车自身具有动力装置，为了增加建筑物的整体性，在墙下浇筑混凝土墙对建筑物进行加固。在剧院内斜地面开挖 6.1 m 深，然后填砂至地面下 1.52 m，在此空间内设置主次钢梁进行托换，整个工程用的 70 台移动平板拖车中有 20 台自带动力。

1999 年 6 月，美国卡罗莱纳州为了使 Hatteras 海水中的一座灯塔不再遭受海水侵蚀，政府决定将其移位 883.9 m 到安全的地方。这座灯塔高 61 m，重达 4 400 t。为了确定灯塔的自重，采用了当时世界上最先进的液压顶升系统，由 100 个千斤顶将其顶高 1.52 m。为了保证此高耸结构的稳定性和承载力系统的可靠性，采用扩大钢梁作为托换底盘，用钢梁铺成 7 条行走的下轨道，设置了 14 根跨越下轨道的长滚轴，液压千斤顶提供水平牵引力，同时采取了许多措施来避免运输过程中可能遭受的暴风雪的侵袭和地基的破坏。

1999 年 9 月，丹麦哥本哈根机场由于需要扩建而将候机厅从机场的一端移至另一端，经过 4 个月的准备，候机厅在 4 天之内移动了 2 500 m。该建筑建于 1939 年，长 110 m，宽 34 m，局部为三层的混凝土框架结构，移位时采用水平和斜向钢结构支撑进行加固，采用多种规格的自动多轮平板拖车作为动力设备，在车上安装自动化模块和电脑设备，借此调节平移的同步性。

1.2.2 国内建筑物整体移位技术的发展与应用概况

建筑物整体移位技术在我国的应用从 20 世纪 80 年代开始迅速发展，迄今为止我国已经成功进行了超过 200 例建筑物的整体移位。这些工程既包括框架结构，也包括砖混结构、剪力墙结构；移位的建筑物既有住宅、办公楼、酒店、纪念馆、文物建筑，也有塔和桥梁；移动方向既有纵向、横向、斜向，也有水平旋转、抬升和爬坡。从工程实践角度来看，我国的建筑物整体移位技术已经达到了较高的水平，现列举出其中有代表性的工程如下。

1995 年河南省孟州市政府 4 层办公楼实施整体移位。该楼建筑面积 3 585.3 m^2，总重 5 974 t，采用混凝土托换加固体系。该工程集横向移位、纵向移动和旋转于一身，在当时创造了建筑物移位总重、旋转角度、移位距离和移位建筑面积四项全国第一。

1997 年 9 月，河南省禹州市电力工业公司办公楼进行了短距离的移位，该建筑物为 4 层框架结构，建筑面积 3 100 m，仅使用 4 年，该工程比建筑物拆除重建节约资金 70%。

2001 年 5 月，南京江南大酒店大楼实施整体移位。该建筑物为主体 6 层、局部 7 层的钢筋混凝土框架结构，建筑面积约为 5 400 m^2，重 8 000 多 t，设计向南平移 26 m。该移位工程的特点是首次采用了滑移隔震技术，在结构的基础部位设置了隔震装置，能减少地震力 1/6 ~ 1/4。移位就位与新基础连接后，其抗震能力要比原结构提高 60% ~ 80%。

2002 年 3 月位于上海市静安区的刘长胜故居成功实施了整体移位。该建筑始建于 1916 年，4 层砖木结构，是上海市具有革命历史纪念意义的建筑。根据规划要求，该建筑整体平移 79.5 m，并转向两次，爬坡提升 0.45 m，就位后旋转 5°18′。该项目移动路线复杂，在国内首次采用斜向爬坡滑移法。

2003 年 4 月，国家二级保护建筑上海音乐厅被实施整体移位。该建筑总重约 4 000 t，为主体 3 层、局部 4 层的混合结构，建筑物内部结构相对空旷，整体性刚度较差。该建筑物整体平移了 66.46 m，并先后经过两次顶升，一共升高了 3.38 m，是建筑物整体移位技术在古建筑保护方面的典型实例。移位就位后在结构底盘安放橡胶及钢制的防震装置,并增建了地下车库,既有效保护了古建筑,又完善了使用功能。移位中的上海音乐厅如图1-1所示。

图1-1　上海音乐厅移位现场

2004年5月,广西梧州市人事局综合楼整体移位成功并创下了同类移位项目的吉尼斯世界纪录。该建筑物高36.8 m,10层钢筋混凝土框架结构,总重13 254 t,大楼在滚轴之上总共平移30.276 m。仅过几个月,2004年11月广西梧州市福港楼成功平移旋转到位。该建筑共9层,高34 m,建筑面积为8 330 m^2,整体重约14 800 t,平移了35 m,平移后还往西北方向旋转了2.8°。该建筑移位工程的规模之大,当时在世界上尚无先例。移位完成后的建筑如图1-2所示。

图1-2　平移到位后的福港楼

2004年7月,宁夏吴忠市原投资约2千万元的吴忠宾馆大楼,13层框架结构,高58 m,建筑面积12 700 m^2,重约2万t,向西平移82.5 m。曾承担过上海音乐厅、北京市英国大使馆旧址等移位工程的上海联圣移楼工程公司以688.3万元的价格承接这项工程。为了减少移位产生的振动,大楼平移选用了液压悬浮式滑动的方式,使大楼行走于5条钢筋混凝土滑道之上，移位前后的吴忠宾馆大楼见图 1-3。

(a) 移位前　　　　(b) 移位后

图 1-3　移位前后的宁夏吴忠市吴忠宾馆大楼

2006 年下半年开始，建成使用不到两年的山东莱芜市高新开发区办公楼被实施移位，如图 1-4 所示，该建筑为框架－剪力墙结构，地上 15 层、地下 1 层，高 67.6 m，建筑面积 24 000 m^2，总重约 35 000 t，被平移 72.7 m，创下了国内平移建筑物最高最重的新纪录。

图 1-4　移位后的山东莱芜市高新开发区办公楼

2006 年 11 月，启用不到 10 年的厦门市人民检察院侦查技术综合楼被实施移位，该建筑为 6 层框架结构，建筑面积 4 000 多 m^2，重 5 000 t，移位方式为旋转 45°后平移 61 m 到预定位置，采用了 6 台千斤顶和近千根滚轴，移位费用控制在 200 万元以下。同年 12 月，兰州亚兰药业公司综合大楼被实施移位，该楼为 7 层框架结构，重约 15 000 t，总造价 1 300 余万元。移位方式为转动 14.35°，然后调整滚轴方向平移 5.1 m。移位施工工期 3 个月，费用不超过 400 万元。

2007 年 6 月，河南漯河职业技术学院 3 号教学楼被实施平移，该建筑为 7 层教学楼，建筑面积约 5 300 m^2，重 1 万多 t，向西纵向平移 39 m。因体形较长，该楼被两个伸缩缝分成三个部分，移动时采用了整体推进技术，难度较高。7 月，山东建工集团一座 6 层高的办公楼向南移动了 7.6 m，该建筑重 7 000 t，建筑面积 4 500 m^2，此次移位与以前的最大不同就是楼内水、电及暖气的使用没有受到任何影响。9 月，山东冠县某工厂综合办公楼被实施移位，首先自南向北横向平移 316 m，然后自东向西纵向平移 23.4 m，总距离达到 339.4 m，创造了国内移位距离最远的纪录。

2008 年 5 月，济南宏济堂西号（分南楼、北楼两部分）被实施移位，该建筑始建于 1920

年,2 层砖木结构,移位时将先向北平移 11.6 m,旋转 3.8°后,北楼再向东平移 15.4 m,南楼向东平移16.25 m,平移到新位置后,楼体整体抬升 0.4 m。6 月,南京京西宾馆大楼被实施平移,该建筑为 6 层框架结构,建成不到 10 年,重约 5 000 t,平移了 100 多 m。11 月,在武汉建成启用了 3 年的山曲国际酒店大楼被实施平移,大楼为 5 层框架结构,建筑面积约 5 000 m^2,重约8 000 t,造价 1 000 余万元,因影响规划须拆迁,采用牵引式平移了 57 m,整个平移过程费用仅 200 万元,施工期内楼内人员办公生活均没有受到影响。同月,天津一座重约 5 000 t 的医院门诊楼被平移 124.5 m 并旋转 7°到了新位置。

2008 年 12 月,西安市一所船形建筑(见图 1-5)被实施移位,该建筑长 84 m、宽 23 m,重 1.8 万余 t,造价 5 000 余万元,先整体向西平移 137 m,再向南平移约 8.6 m。

图 1-5　移位中的西安市某船形建筑

我国建筑物整体移位的实例较多,限于篇幅,将部分工程归纳如表 1-1。

表 1-1　部分工程实例概况

序号	工程名称	移位时间	结构形式	移位形式特点
1	河南孟州市政府大楼	1995 年	4 层砖混结构	平移 14.7 m,旋转 90°,再移 57 m
2	福建莆田南门小学教学楼	1995 年	5 层框架结构	平移 72 m,旋转 90°
3	河北省曲周县农业局办公楼	1998 年	4 层砖混结构	平移 8.5 m
4	焦作矿务局王庄煤矿食堂	1998 年	6 层混合结构	结构复杂,阶梯形轨道,平移 27 m
5	北海市原英国领事馆	1999 年	4 层砖混结构	沿与轴线成 50°的方向平移 55.8 m
6	临沂市国家安全局技侦楼	1999 年	8 层框架结构	向西平移 96.9 m,再向南移动 74.5 m
7	北京市物资局老干部活动中心	2000 年	4 层混合结构	平移 20.5 m,旋转 4°
8	广东省阳春市阳春大酒店	2001 年	7 层框架结构	平移 6 m
9	辽宁省商业局大楼	2001 年	7 层框架结构	平移 10 m
10	广州锦纶会馆	2001 年	单层砖木结构	平移 80 m,顶升 1.085 m,再平移 22 m
11	辽宁盘锦兴隆台采油厂办公楼	2001 年	4 层砖混结构	分体,旋转 90°,平移 65 m
12	江苏泰州市建委综合楼	2001 年	10 层框架结构	平移 46 m
13	江都市供电局生产调度楼	2001 年	6 层混合结构	向西移动 31 m,向南移动 11.5 m

续表 1-1

序号	工程名称	移位时间	结构形式	移位形式特点
14	南京江南大酒店	2001 年	7 层框架结构	平移 26 m
15	山东潍坊毛纺厂办公楼	2001 年	4 层砖混结构	平移 6 m
16	上海刘长胜故居	2002 年	4 层砖木结构	平移 79.5 m,爬升 0.45 m,旋转 5°18′
17	福州某综合楼	2002 年	9 层框架结构	平移 2 m
18	台湾高雄火车站大楼	2002 年	钢骨混凝土结构	平移
19	重庆市梁平县南门粮站	2002 年	7 层砖混结构	平移 14 m
20	泉州市鲤城区 8 层食品大楼	2003 年	8 层框架结构	平移 10 m
21	中央储备粮平顶山粮库综合楼	2003 年	5 层混合结构	移位 39.88 m,爬升 0.45 m
22	莆田市八重洲饲料公司商住楼	2003 年	4 层框架结构	平移 36 m,顶升 0.60 m
23	上海音乐厅	2003 年	混合结构	顶升 1.7 m,平移 66.46 m,再顶升 1.68 m
24	安徽省安庆某商住楼	2004 年	7 层混合结构	累计平移 58 m,整体抬升 0.9 m
25	广西梧州市人事局综合楼	2004 年	10 层框架结构	平移 30.276 m
26	山东省济南市老洋行大楼	2005 年	3 层砖石结构	平移 15.3 m

大量文献表明,建筑物整体移位技术在国外,特别是在欧美发达国家应用较多,这些国家对一些尚有使用价值或有文物保护价值的建筑物都很珍爱,不惜重金运用整体移位技术将其移动到合理的位置予以重新利用或加以保护,同时又可避免因拆除建筑物产生的粉尘、噪声及大量建筑垃圾对环境的污染,节约能源和资源。国外建筑物移位技术虽然起步较早,移位技术也发展到较高水平,但完成的工程实例并不多,有关建筑物整体移位设计方法及施工技术系统研究资料较少,这与其城市规划及城市建筑理念比较先进成熟有关,同时与其文化背景也有关系。我国的建筑物整体移位技术虽然起步较晚,但发展速度迅猛,已累计完成各类建筑物移位工程 100 余项,从完成项目的数量、质量和技术难度上看已经居世界领先水平,这与我国的特殊国情及文化背景有关。但与该项技术工程应用迅猛发展状况不相适应的是,建筑物整体移位设计理论与施工技术标准严重滞后于工程实践,至今尚无相关的规范或技术规程,移位工程设计和施工相当程度上依赖于工程经验,工程质量缺乏科学合理的评价标准。因此,对建筑物整体移位工程相关的设计方法和施工技术进行系统的科学研究,已成为急需解决的技术课题。

国内外建筑物整体移位技术的发展趋势主要表现在以下方面:

(1)编制相关的设计与施工技术规程,建立科学的质量及可靠性评价体系。

(2)移位工程由多层向高层发展,由小体量向大体量发展。

(3)移位建筑物结构形式由简单向复杂发展。

(4)移位轨迹由简单的直线移位向折线、旋转、曲线、组合移位发展。

(5)移位控制由人工控制向半自动化、全自动化发展。

(6)移位轨道及托换体系由一次性使用向可拆卸组装式发展。

(7)适用领域由城市建设向矿山、桥梁、文物及古树名木保护等多个领域发展。

(8)由单一移位向集加固、隔震于一体的综合目标发展,提高建筑结构的安全性。

1.3 基础隔震加固技术的发展与应用概况

基础隔震作为一种地震防护措施的思想具有相当悠久的历史,早在1406年明成祖永乐年间修建的紫禁城采用"煮过的糯米石灰膏"地基;1881年日本河合浩藏提出地震时不受到大振动的"横竖交错的多层原木"地基;1909年英国医生J A Calantarients申请了在建筑物和基础之间设云母层滑移隔震专利,这些例子说明,"隔震思想"在古代早已存在。叠层橡胶隔震支座的出现使现代隔震结构进入到实用化时代,最早采用天然橡胶垫隔震的建筑是1969年南斯拉夫斯考比市的柏斯坦劳奇小学震后重建工程,之后,世界各国学者对基础隔震开展了广泛深入的研究,取得了令人瞩目的成果,并且逐渐形成一个新的学科分支。基础隔震技术以其优良的隔震效果、安全性、经济性和适用性正在引发地震防护技术的一场革命,它不仅适用于新建建筑物的设计,而且也为既有建筑加固改造及珍贵历史文物保护开辟了新的途径。截至目前,世界范围内已经建造了上千栋基础隔震建筑,这种建筑每年还在以数百栋的速度增加,其中一些建筑物已经通过了实际地震的考验。《建筑抗震设计规范》(GB 50011—2001)正式将隔震技术纳入其中,标志着我国基础隔震技术已进入推广应用阶段。基础隔震技术改变了传统抗震方法的思路,变"硬抗"为"柔隔",是一种动态的防护方法,必将成为结构抗震技术发展的新趋势。

与传统的抗震结构体系相比较,隔震体系具有下述优越性:

(1)明显有效地减轻结构的地震反应:从振动台地震模拟试验结果及已建造的隔震结构在地震中的强震记录得知,隔震结构的加速度反应只相当于传统结构(基础固定)加速度反应的1/12~1/4。这种减震效果是一般传统抗震结构望尘莫及的。

(2)确保安全:在地面剧烈振动时,上部结构仍能处于正常的弹性工作状态,这既适用于一般民用建筑结构,确保人们在强地震中的安全,也适用于某些重要结构物、生命线工程结构物、内部有重要设备的建筑物等,确保在强地震中正常使用。

(3)结构造价不明显提高:由于隔震体系的上部结构承受的地震作用大幅度降低,因此上部结构构件和节点的断面、配筋减少,构造及施工简单。虽然隔震装置需要增加造价,但建筑总造价没有明显提高,在高抗震设防烈度地区还能节省房屋造价。从汕头、西昌等地建造的隔震房屋可知,多层隔震房屋比传统多层抗震房屋节省土建造价:7度区节省1%~3%,8度区节省5%~15%;9度区节省10%~20%,并且安全度大大提高。

(4)震后无须修复:地震后,只需要对隔震装置进行必要的检查,而无须考虑建筑结构物本身的修复。地震后可很快恢复正常生活或生产,具有极明显的经济效益和社会效益。

(5)上部结构的建筑设计(平面、立面、体形、构件等)限制较小:由于上部结构地震作用已经很少,因此地震区的建筑及结构设计从过去很多严格的限制中解放出来。

采用基础隔震技术进行既有建筑物的抗震加固是一种新的加固改造思路,也是隔震技术新的应用领域,其思路是在充分利用已有上部结构抗震能力的基础上,在建筑物的下部插入隔震装置(如隔震支座、阻尼器、限位装置及复位装置),从而隔离、耗散、吸收输入结构的地震能量,使其达到既有结构所能抵抗的水平,实现提高结构抗震能力的目标。

1.3.1 国外基础隔震加固技术的发展与应用概况

国外很早就有了这方面的探索,最早采用基础隔震技术进行加固的建筑物是1988年的美国盐湖城市政大楼,该建筑是古石砌结构,上部建筑有宝贵的艺术壁画及雕塑作品,为了保护这些珍贵艺术品，业主不愿意采用传统的加固方法，而采用了基础隔震技术。采用基础隔震技术完成该建筑抗震加固后，既达到了提高结构抗震能力的目的，又保护了这栋建筑的艺术风貌。

建于1914年的奥克兰市政厅是当时美国西海岸最高建筑，20世纪90年代政府对其加固翻新。该建筑为19层，高97.5 m，采用了基础隔震技术保护方案。该建筑基础隔震系统混合使用了铅芯橡胶支座和普通橡胶支座，在建筑物周围提供了508 mm的缝隙用以保证地震时上部结构相对基础能产生足够的水平位移。

美国于1994年开始采用叠层橡胶支座先后对老人中心和长滩医疗中心进行了隔震加固改造。建筑平面极不规则的美国南加州大学医院采用夹层橡胶垫隔震，成功经受住了1994年北岭地震的考验，在7.3级强地震的袭击下，隔震楼建筑结构安全完好，室内医疗设备丝毫无损，成为震后全地区的急救中心，对减轻地震伤亡起到关键作用。

此外，在美国还有许多建筑物采用了基础隔震技术进行抗震改造加固，典型的工程实例如表1-2所示。

表1-2　美国采用基础隔震技术进行抗震加固的典型建筑工程实例

序号	名称	加固时间	结构形式	层数	建筑面积(m^2)	隔震装置
1	盐湖城政府大厦	1988年	砖石结构	12	16 000	叠层橡胶支座
2	金刚石研究中心	1991年	RC结构	8	2 800	铅芯橡胶垫
3	矿业学校	1993年	砖石结构	3	4 700	高阻尼橡胶垫
4	旧金山海军总部	1991年	木结构	4	1 900	摩擦型隔震
5	老人中心	1994年	RC结构	11	19 600	铅芯橡胶垫
6	长滩医院	1994年	RC结构	12	3 300	铅芯橡胶垫
7	奥克兰城大厦	1995年	钢－砌体混合结构	18	14 000	铅芯橡胶垫
8	加州法院	1994年	钢－砌体混合结构	5	33 000	摩擦型隔震
9	UCLA大厦	1995年	RC结构	6	9 300	铅芯橡胶垫
10	旧金山政府大厦	1993年	—	—	56 000	高阻尼橡胶垫
11	联合国大厦	1993年	—	—	32 000	铅芯橡胶垫
12	加州法律中心	1993年	—	—	23 000	高阻尼橡胶垫
13	洛杉矶政府大厦	—	RC结构	28	82 000	高阻尼橡胶垫

注："—"表示不详。

除美国外，越来越多的国家也开始将基础隔震技术用于既有结构的抗震加固改造，如新西兰的国会大厦和议会图书馆、日本的国立西洋美术馆、意大利的Melfi钟楼和San Pietro教堂等。

1.3.2　国内基础隔震加固技术的发展与应用概况

在我国，早在1960年李立就提出隔震设想和倡导隔震研究，并在1970～1980年采用砂砾垫层隔震的方法建造了4座土坯或砖砌体的单层隔震房屋和北京中关村一座4层的砖混结构隔震楼房，这是我国最早按隔震概念设计的建筑。1993～1996年，中国建筑科学研究院抗震所周锡元等与四川省西昌市建筑勘察设计院合作，在西昌设计建造了8栋6层砖混结构住宅楼，采用高阻尼叠层橡胶垫做隔震元件。1995年，在云南大理又有采用叠层橡胶垫做隔震元件的建筑建成。

目前,我国把基础隔震技术用于新建建筑物的工程,不管是设计理论还是施工技术都已经达到了比较成熟的阶段。但在既有建筑物加固改造方面,与日本、美国及新西兰等发达国家还有很大的差距。我国第一栋隔震加固建筑是2003年完成的广州西村水厂水源泵房(见图1-6),此建筑始建于1966年,为砖石结构,抗震安全度极差,采用隔震加固后,其抗震安全度有很大的提高。南京江南大酒店整体平移工程中采用了以聚四氟乙烯板为滑移材料的钢板滑移隔震技术,开创了我国基础隔震技术在既有建筑物移位加固工程中应用的先河。对于基础隔震技术在既有建筑物加固中应用这项技术的研究,为既有建筑物抗震加固及文物保护提供了一条更加合理有效的新途径,必将在防震减灾事业中起到巨大的积极作用。

图1-6　我国第一栋隔震加固建筑(广州西村水厂水源泵房)

参考文献

[1] 李爱群,卫龙武,吴二军,等.江南大酒店平移工程设计[J].建筑结构,2001(12):3-5.
[2] Lamar Kay,Pan Deitz, Stan Barber. University of lowa work[J]. The Structural Mover,1999,17(1):19-22.
[3] Pryke J F S. Underpinning,framing,jacking-u pand moving brick and stone masonry structures. Proc[J]. ICE Conf. London,1982(3):6-9.
[4] Pryke J F S. Relevelling,raisin gand re-siting historic buildings[J]. Proc. Symp. IABSE,London,1983(1):18-21.
[5] 张鑫,徐向东.国外建筑物整体平移技术的进展[J].工业建筑,2002,32(7):1-6.
[6] John Lewis. Forged master cylinder gives lighthouse a lift[J]. Design News,Boston,1999(4):22-24.
[7] 程礼来,段宗贵,宋永锟. 孟州市府大楼整体搬迁岩土工程实录[J].河南地质,1997(9): 224-228.
[8] 李爱群,吴二军.我国建筑物整体平移技术及工程应用进展[J].江苏建筑,2003(增刊):48-54.
[9] 郑华奇,蓝戊己.刘长胜故居整体平移工程的设计与施工[J].建筑技术,2003(6):414-416.
[10] 郑华奇,蓝戊已,朱启华.上海音乐厅整体迁移限位技术的研究与应用[J].施工技术,2004(2):9-11.
[11] 周建忠,张红,李晓棠,等. 平移技术在吴忠宾馆工程中的应用[J].宁夏工程技术,2007(12):331-333.
[12] 日本免震构造协会.图解隔震结构入门[M].叶列平,译.北京:科学出版社,1998.

第2章　建筑物整体移位技术

2.1　建筑物整体移位的概念及基本原理

建筑物整体移位技术是指在保持建筑物整体性和可用性不变的前提下，通过结构托换加固体系将建筑物与原有基础分离，再通过移位轨道设施和动力设备将其移动到指定位置的工程技术类型。

建筑物整体移位首先需要在待移位的建筑物原基础及移位路线途经基础之上铺设钢板或者钢轨道，然后在其上安放行走机构和上轨道钢板，在上轨道钢板上浇筑上轨道梁（即可移动部分的托换体系），待托换体系达到设计强度后将原结构在上下轨道之间的部分切断，使移位建筑物上部荷载通过托换体系转移到滚动或滑移装置上，进而传至下轨道和基础，移位建筑物成为可移动的部分，即可实施移位。移位时使上部可移动部分在动力系统提供的动力作用下与原基础分离，通过滚轴或者滑移轨道移动至新的位置，拆除滚轴，将移位建筑物与新基础连接加固即可。建筑物移位工程示意图如图2-1所示。

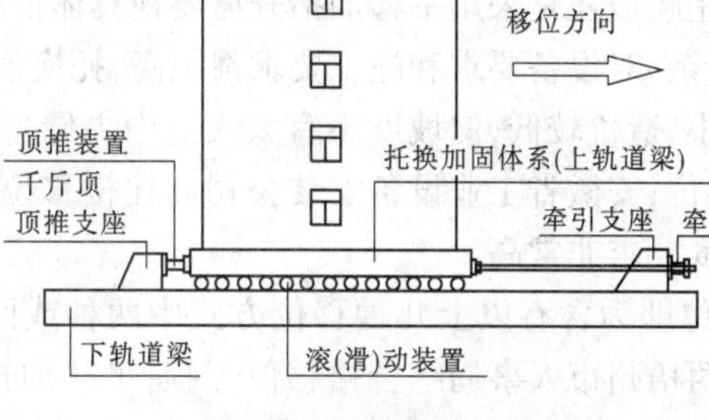

图2-1　建筑物移位工程示意图

建筑物整体移位技术是一门跨学科的新兴技术，涉及现役建筑物安全性评价、移位方案选择及经济分析、地基与基础设计、托换体系设计、牵引体系设计、特种施工技术及质量控制、加固修复技术及其可靠性评价等。保证建筑物整体移位工程的安全可靠和移位后建筑物工程质量的关键是其托换加固体系的结构选型与设计、牵引及移动装置设计、移位施工及其监测控制技术、就位后的建筑物与新址永久基础的连接构造和加固技术。

2.2　建筑物整体移位工程的分类及特点

2.2.1　根据移动方式划分

(1)滚动移位。设置上下轨道，其间铺设滚轴或上轨道设置转轮。

滚动装置在推力或牵引力的作用下，通过滚轴的滚动使得建筑物移位。它的优点是摩擦系数小，所需牵引力小，施工简单，而且有利于建筑物就位以后的隔震加固施工；缺点是易产生竖向振动和偏位，对建筑物安全不利。建筑物整体移位工程中，多数采用滚动移位的方式。

(2)滑动移位。上下轨道之间设置钢滑道或下轨道铺设钢轨,靠滑移实现移动。

滑动移位的钢滑道和钢轨之间一般涂抹润滑剂,依靠钢滑道或钢轨之间的相对滑动来实现建筑物移位。其优点是平移安全、易于转向和纠偏,抗振动、抗风载、抗突发性地震能力强,适用于高精度同步控制系统;缺点是移位阻力较大。

上海四明公所、上海刘长胜故居、上海音乐厅、北海市原英国领事馆等移位工程中均采用滑动移位方式。实践证明,滑动移位方式适合文物保护建筑等要求较高的移位工程。

2.2.2 根据移位路线划分

(1)平移。平移中又可分为沿轴线方向平移和斜向平移,不改变建筑物的高度和方向。沿轴线平移的工程较多,国内比较著名的南京江南大酒店移位工程即为沿轴线方向平移;而斜向移动需要制作斜向的托换梁和托换基础,设计计算相对复杂,实施斜向移位的典型工程是北海市原英国领事馆移位工程。

(2)旋转。建筑物整体旋转一般依靠不断调整滚轴摆放方向来实现。建筑物整体旋转的典型工程有河南省孟州市政府大楼和广西梧州市人事局综合楼移位工程等。

(3)顶升。顶升是指建筑物整体在竖直方向上的移位。抬升技术最早来源于建筑物的纠偏处理,同平移和旋转一样,也需要结构托换技术和施加顶升动力及就位连接技术,只是托换结构受力和移动系统有所不同。

(4)爬坡与转向爬坡。爬坡是指建筑物整体沿着非水平路线移位,爬坡一般与平移加抬升等效,对同一工程是采用爬坡还是采用平移加抬升需要视具体情况而定。一般来说,平移加抬升的托换加固体系复杂,对设备要求和施工要求都很高,托换加固成本高、工期长;而爬坡方案则可控性强、风险小、造价较低,但坡度不宜太大。中央储备粮平顶山粮库综合楼采用的就是爬坡方案实施移位;安徽省工业设备安装公司商住楼移位工程采用转向爬坡技术,该移位方案对轨道梁精度要求非常高。

(5)综合移位。综合移位即为含有以上几种移位方式中两种或两种以上的移位方式。常见的有平移加旋转,如广西梧州市人事局综合楼移位工程;平移加抬升,如上海音乐厅移位工程;平移加旋转加抬升,如上海刘长胜故居移位工程。

2.3 建筑物整体移位的基本步骤

实施建筑物整体移位的基本步骤如下。

(1)确定移位总体方案。收集待移位建筑物原勘察设计、施工和监理等原始技术资料,通过资料分析及必要的现场检测试验手段,进行原结构的可靠性现状评估,并结合待移位建筑使用年限、装饰标准、重要性、周围环境、移位距离及移位路线地质状况,对建筑物移位的安全性、经济性和可行性进行分析,确定方案。

(2)技术设计。通过对原建筑物的结构分析计算及移位沿途和就位场地的工程勘察,对建筑物移位的托换加固体系、移位沿途临时基础、新址永久基础、滚动(滑移)装置、移位施力体系等环节进行设计分析,绘制必要的施工图纸,制定合理的施工方案和施工组织设计。

(3)对移位建筑物基础进行加固处理并施工沿途及新址基础。

(4)施工和铺设下轨道体系。

(5)在下轨道体系上设置滚轴或滑道,铺设施力钢板。

(6)施工托换加固体系。对待移位建筑物内外承重墙(柱)及必要的分隔维护墙在基础顶面或室外地面处进行托换改造,在墙(柱)两侧浇筑纵横向钢筋混凝土托换加固梁及抬梁,形成有足够刚度的水平托换底盘。

(7)将待移位建筑物与原基础切割分离,分离后的建筑物置于纵横向托换加固梁及抬梁组成的水平托换底盘上,并通过滚(滑)动装置将原建筑物的荷载传给下轨道体系和基础,使移位建筑物上部主体结构形成可移动体,从而完成移位建筑物的托换改造。

(8)施加动力,将移位建筑物按设计要求沿所设轨道移位到规划指定的位置。

(9)就位连接,将移位建筑物承重墙(柱)与新址永久基础相应的墙(柱)基础连接,拆除滚轮及轨道,或按设计要求进行隔震支座施工,然后进行连接加固处理,修复首层地面及墙体。

(10)对移位工程进行质量检测和竣工验收。

2.4 建筑物整体移位工程设计概述

2.4.1 技术设计的前期准备

(1)收集分析待移位建筑物的设计图纸、施工资料及场地工程地质勘察资料,水平移位时应包括平移路线及就位场地的工程地质资料。

在确定建筑物移位方案前,首先要对待移位建筑物进行实地勘察,掌握移位建筑物的形体特征和结构特征,了解其周围的环境、地理位置、地质状况等第一手资料;对移位新址及移位路线,必须进行实地考察论证。然后收集分析相关的资料,一是待移位建筑物的原设计图;二是移位建筑物场地地质状况、地质勘查报告,包括移位路线及就位场地的工程地质资料;三是移位建筑物的使用情况,必要时要对待移位建筑物进行安全性鉴定评价。

(2)根据移位目标、待移位建筑物的经济成本及使用情况和周围环境因素,结合移位路线及就位区域的工程地质资料,从安全性和经济合理性两个方面做出建筑物整体移位的可行性分析。

(3)初步确定实施建筑物整体移位之后,结合建筑物整体移位技术制定出每个环节的执行方案。其包括移位路线选择、切断位置选择、移位方式选择、移位路线及就位区域的地基处理方案、施力方式选择、就位连接方案等。制定方案要考虑两个因素:一是安全因素,要保证移位过程安全可靠;二是要做技术经济分析,尽可能在安全可靠的前提下降低造价。

(4)通过以上三个步骤的分析研究,制定出建筑物整体移位的总体结构设计方案和施工方案,为下一步的技术设计提供依据。

2.4.2 建筑物整体移位工程的设计原则

(1)行走底盘的整体刚度必须足以抵抗移位过程中推、拉、顶、旋转作用引起的附加内力,以及上部结构荷载的不均匀分布引起的附加内力。

(2)行走底盘不仅要承受上部结构的重力及滚轴引起的局压作用,而且要承受移位过程中由于行走轨道表面起伏不平或局部变形引起的动力冲击作用,因此必须具有足够大的强度。

(3)对于临时受力构件,如移位路线上的基础设计安全系数可适当降低。

(4)对于反复受力构件,如垂直顶升和水平移动时的行走梁及反力支座点,由于循环荷载的作用,其安全系数可适当提高并加强构造措施。

(5)应考虑新旧基础之间的地基变形差异,分别计算建筑物原基础的残余沉降量和新基础部分沉降量;在计算新基础的沉降量时,要考虑移位过程中建筑物荷载瞬间、快速增加与新建建筑物过程荷载缓慢、逐渐增加的区别;另外,在设计时应适当考虑已有建筑物地基承载力的提高,必要时应对基础作加固处理。

(6)整体移位工程的结构计算简图必须和实际结构相符,应有明确的传力路线、合理的计算方法和可靠的构造措施。

(7)整体移位后,建筑物位于地震区的应按抗震鉴定标准进行鉴定,不满足时应进行抗震加固处理。

(8)移位就位后,建筑物和基础之间应有可靠的连接,并符合现行国家有关规范和标准的规定。

2.4.3 建筑物整体移位工程的设计内容

(1)移位建筑结构分析计算。按现行规范对移位建筑物的结构安全性现状进行系统的分析验算,并计算出原承重结构作用于托换加固体系上的墙体荷载或柱子荷载。

(2)托换加固体系设计。其包括托换加固体系的结构布置、受力分析、配筋计算、变形验算及连接构造措施等,并绘制必要的施工图。

(3)移位轨道设计。对移位建筑物的原基础按托换后的荷载进行分析验算,并采取必要的补强加固措施。

(4)临时轨道基础设计。对移位过程沿途临时轨道基础进行设计及变形验算,应考虑荷载施加的突然性、临时性及新旧基础交接区域地基的不均匀变形。

(5)地基基础设计。若移位距离较长,移位途经路线的地基应按永久基础设计。对于移位距离较短的工程,若出现新旧基础的交错,应考虑既有建筑地基承载力的提高造成新旧基础间地基变形的差异,必要时应作加固处理。新永久基础应按现行规范要求进行设计。

(6)滚动支座设计。滚动支座一般采用无缝钢管内浇高强混凝土制作,也可采用实心钢辊或工程塑料滚轴。根据荷载大小及具体情况,可选用不同规格及不同材料的滚动支座。设计时应根据荷载的大小计算滚动支座的间距及数量。

(7)施力装置的设计。施力装置有牵引式及顶推式两种,一般牵引式用于荷载较小的小型建筑物,顶推式用于较大型的建筑物,必要时可两种方式并用。

(8)就位连接设计。确定出安全合理的就位连接方案,进行分析计算并采取合适的构造措施。

2.5 建筑物整体移位技术在工程应用中需解决的技术问题

(1)至今尚没有系统的建筑物整体移位设计方法,也没有相应的设计和技术规程。

(2)移位托换技术尚不成熟,急需设计出移位工程专用托换装置,并提供可靠的托换设计方法,以提高移位工程的可靠性和经济性。

(3)研制可重复利用的托换体系和移位轨道。整体移位工程中的下轨道梁和托换底盘一般都是临时性结构,是除新建永久基础外造价最高的分项工程,移位距离较长时则会耗费远远超过一半的移位工程费用。因此,研究可重复利用、便于施工的临时轨道和托换底盘可以大大节省投资和缩短工期。

(4)研制专门的同步施力装置。移位时只有建筑物各部分同步移动,才能保证结构的安全性和平稳性。现在仍没有技术较为成熟的易操作、智能化的移位施力装置,该装置的研究需要综合机械、电子和结构工程等多个领域的知识。

(5)就位连接构造不合理。目前常用的就位连接方法存在一些技术难题,比如全部受力钢筋在同一截面焊接,不满足现行规范要求,就位连接构造措施有待进一步改进。

(6)缺少对移动过程中建筑物的受力状态及施工控制精度的研究,包括结构振动分析及轨道的沉降分析等。移位过程中轨道的沉降差异和各种原因引起的振动将在上部结构中引起附加应力,可能引起结构开裂和破坏,因此急需研究确定建筑物整体移位施工过程中的控制指标、监测参数及其界限值。

(7)需建立建筑物整体移位工程的风险评估和就位后的结构安全性能评估方法。

参考文献

[1] 尹天军,朱启华,郑华奇. 北京英国使馆旧址整体平移工程设计与实施[J]. 建筑技术,2005(6):412-416.

[2] 孙肃,卢明全,程向阳. 高层建筑物整体移位技术的探讨[J]. 大连水产学院学报,2005(3):57-60.

[3] 张新中,邓子辰,武宗良. 砖混结构综合楼整体迁移抬升工程关键施工技术[J]. 建筑技术,2004(6):423-426.

[4] 陈文海,韩丽平,卫龙武,等. 安庆某商住楼整体平移与爬升设计[J]. 江苏建筑,2004(3):47-54.

[5] 郑华奇,蓝戊己. 刘长胜故居整体平移工程的设计与施工[J]. 建筑技术,2003(6):414-416.

第 3 章　基础隔震技术

3.1　基础隔震技术的基本原理

基础隔震是通过在结构物上部结构底部与基础之间设置柔性隔震层,在风荷载或小震作用时,隔震层有足够的刚度,几乎不产生什么位移;当强震发生时,隔震系统产生水平位移和变形,吸收大量的地震能量,而上部结构只吸收有限的能量,从而降低了地震反应。由于隔震层使建筑物与基础顶面分开,从而阻隔地震作用向上部结构传递,再则基础隔震体系延长了结构自振周期,避开了由于建筑物自振周期和场地特征周期接近而产生的共振,同时给予适当阻尼使建筑物的加速度反应大大衰减,上部结构的加速度反应(或地震作用反应)降低为传统结构加速度反应的 1/12 ~ 1/4,并且由于隔震装置的水平刚度远远小于上部结构,所以上部结构在地震中的水平变形从传统结构的“放大晃动型”变为隔震结构的“整体平动型”(见图 3-1),这样既能保证结构本身的安全性,也能保护结构内部的装饰、贵重设备仪器,确保生命财产和结构在地震中的安全和正常使用。

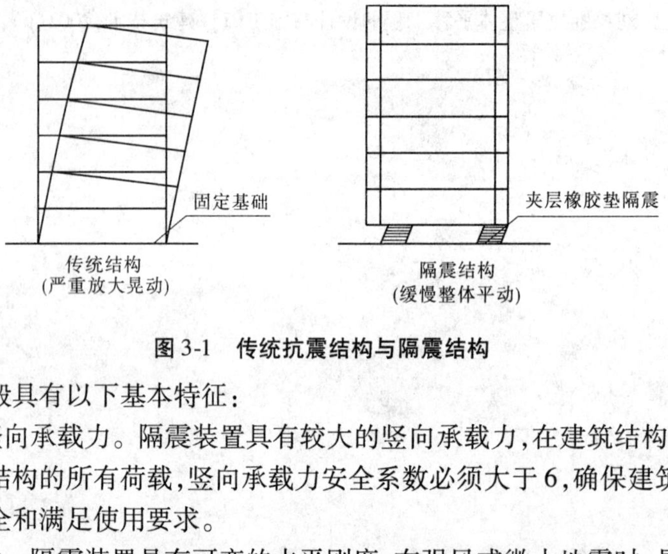

图 3-1　传统抗震结构与隔震结构

隔震体系一般具有以下基本特征:

(1)足够的竖向承载力。隔震装置具有较大的竖向承载力,在建筑结构物使用状态下,安全地支承上部结构的所有荷载,竖向承载力安全系数必须大于 6,确保建筑结构物在使用状态下的绝对安全和满足使用要求。

(2)隔震特性。隔震装置具有可变的水平刚度,在强风或微小地震时,具有足够的水平刚度,上部结构水平位移极小,不影响使用功能。在中等强度地震下,其水平刚度较小,上部结构水平滑动,使刚性的抗震结构体系变为柔性隔震结构体系,其固有自振周期大大延长,远离上部结构的自振周期和地面的场地特征周期,从而把地面振动与上部结构有效地隔开,明显地降低上部结构的地震反应。通常情况下,隔震体系上部结构的加速度反应值可降低为非隔震结构的 1/12 ~ 1/4。

(3)复位特性。由于隔震装置具有水平弹性恢复力,因此隔震结构体系在地震中具有瞬时自动复位功能,可满足震后的使用功能。

(4)阻尼消能特性。隔震装置具有足够的阻尼,具有较强的消能能力。

(5)隔震结构体系能有效保护上部结构。基础隔震结构的层间变形很小,这样不仅建筑结构不会破坏,而且建筑内的装修、设施也保持完好,因此其在各种生命线工程、宿舍楼、商场、精密仪器室等重要建筑中得到了广泛的应用。

3.2 基础隔震技术的分类及特点

基础隔震技术的本质就是使结构和(或)构件与可能引起破坏的地震地面运动分离开来。这种分离或解耦是通过增加系统的柔性和提供适当的阻尼来实现的。结构基础隔震体系按隔震机理的不同,目前主要划分为:叠层橡胶垫隔震体系、摩擦滑移隔震体系、滚轴或滚珠摩擦隔震体系、摩擦滚摆式支座隔震、组合隔震体系及新近出现的滑动凹面基础隔震体系等。

1)叠层橡胶垫隔震体系

叠层橡胶垫隔震体系的基本原理可概括为:延长结构的基本自振周期,远离场地卓越周期,使结构基频处于地震能量高的频段之外,从而有效降低建筑物的地震反应;适度增大叠层钢板橡胶垫的阻尼,以更多地吸收传入结构的地震能量。目前,常用的叠层橡胶垫主要有三种:①天然夹层橡胶支座。它由多层橡胶与薄钢板相互叠合而成,竖向刚度大,抗老化能力强,但减震能力差,使用时,常与其他阻尼器一起配合工作。②铅芯夹层橡胶支座。它是由天然橡胶支座中心灌入铅芯而制成,采用铅芯提高支座的塑性变形能力,可增加支座的阻尼。其支座临界阻尼由3%增加到10%~15%,不需要增加其他阻尼就可满足隔震要求,且对控制风反应和抵抗地基微小振动有利,是对天然橡胶支座的一大改进。③高阻尼橡胶垫。它用高阻尼橡胶代替天然橡胶叠合而成,阻尼增大,复位能力强,可单独使用。铅芯橡胶垫和高阻尼橡胶垫,因它们所特有的耗能优势成为橡胶垫隔震应用的新方向。

叠层橡胶垫隔震支座由薄胶板和薄钢板交互重叠,模压硫化而成,如图3-2所示。叠层橡胶支座中,橡胶层与薄钢板紧密粘贴,当支座受到上部结构传来的压力时,钢板对橡胶层有很强的变形约束,使支座整体具有很高的竖向刚度,从而具有很大的承压能力。长期以来,人们认为橡胶支座不够安全,夹层橡胶支座不足以承受上部结构传来的巨大压力。其实,夹层橡胶支座在竖向压力作用下足够安全,原因是:①夹层橡胶支座竖向刚度很大;②设计中已留有很大强度储备。设计时,一般工程设计压应力为15 MPa,重要工程为10 MPa,而夹层橡胶支座的极限压应力一般为95~120 MPa,安全系数高达7以上。

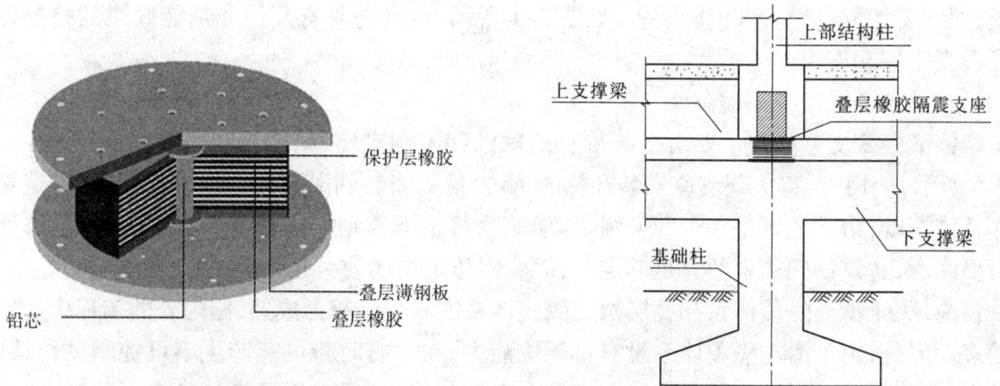

(a) 叠层橡胶支座　(b)叠层橡胶垫隔震构造

图3-2　叠层橡胶支座及其隔震构造

夹层橡胶支座抗老化能力强,具有很好的耐久性。夹层橡胶支座长期受到上部结构的作用力,必须具有一定的抗老化性能,而橡胶本身是一种高分子材料,容易老化,夹层橡胶支座能否与建筑物抗衰寿命相当,一直是人们担心的问题。迄今为止,国内外研究表明,夹层橡胶支座的物理和化学性能稳定,使用寿命可达 60 ~ 70 年。实际工程中,国外已有橡胶支座使用 100 年以上仍稳定的先例,如澳大利亚墨尔本大桥的天然橡胶支座,100 年后发现其表皮 5 mm 厚的橡胶有老化现象,而内部完好如初。

2)摩擦滑移隔震体系

摩擦滑移隔震方法是在基础顶面上设滑移层, 如图 3-3 所示,其基本原理为:当结构受到较小的地面激励时,摩擦力阻止上部结构滑动,使建筑物保持稳定;当地面激励超过某一限值时,隔震层地震作用将超过摩擦力,滑动面开始滑移,发挥隔震作用。这时即使地面激励再增大,传入上部结构的地震作用也不会随之增大。滑动摩擦隔震技术的关键在于滑动摩擦装置,滑动摩擦装置包括滑动摩擦元件和限位耗能元件,常见的滑动摩擦元件由上下钢板和中部滑动面三部分组成。摩擦面的材料有聚四氟乙烯、复合聚四氟乙烯和柔性石墨涂层等;另外,上下承板可考虑用高强混凝土制作;滑动摩擦装置中的限位元件,并不承受竖向荷载,在水平荷载下只起稳定、复位和耗能限位的作用,常见的限位元件有变截面钢杆、"U"形热轧钢板和扭转梁等。

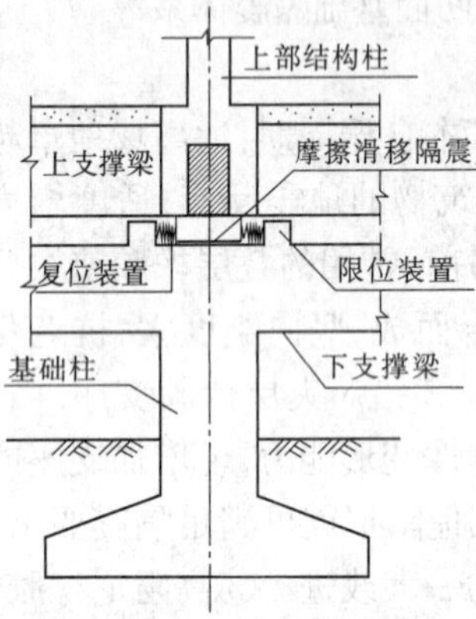

图 3-3　摩擦滑移隔震

3)滚轴或滚珠摩擦隔震体系

滚轴或滚珠摩擦隔震是利用滚轴或滚珠进行隔震,其思想起源比较久远,但至今还没有完整的滚轴或滚珠隔震体系的研究结果。有日本学者曾提出"在基础和柱脚间,相对凹面设置的皿型盘之间,夹入滚轴轴承,用以支撑建筑物"并应用到实际工程中。由于滚轴隔震的单向性,在地震中难以发挥其垂直方向的隔震效果,所以又有学者提出利用双向滚动装置进行隔震的思想。由于滚轴或滚珠隔震不具有复位性能,所以利用滚轴或滚珠隔震技术的时候,通常要加复位装置和消能装置,如图 3-4 所示,或者与具有复位和消能效果的叠层橡胶隔震支座一起使用。

4)摩擦滚摆式支座隔震体系

摩擦滚摆式支座隔震主要由上部带有滚球的凹型钢支座、摩擦板和凹型底座组成, 如图 3-5 所示,使用时,将上部支座安装在柱的下端,然后安装到滑盘内。地震作用时,建筑物可作整体摆动,由于底座是一个凹型圆盘,建筑物可上下移动。该种支座隔震效果明显,使用时要注意,建筑物四周要留有足够空隙,以免因建筑物摆动引起相邻建筑物互撞。

目前,关于滑动隔震体系和叠层橡胶隔震体系的研究已较为成熟,国内外的工程中应用也较多。但是,由于滑动隔震体系没有自复位能力,在大震时将可能产生不可控制的位移,这是人们所不能接受的;而叠层橡胶支座虽有自复位能力,但出于经济等各方面的考虑,其直径不可能做得太大,这样在大地震时过大的位移将可能使支座产生倾覆等问题,从而导致结构隔震控制的失败。为了综合利用这两种隔震体系的优点,避免其缺点,人们提出了组合

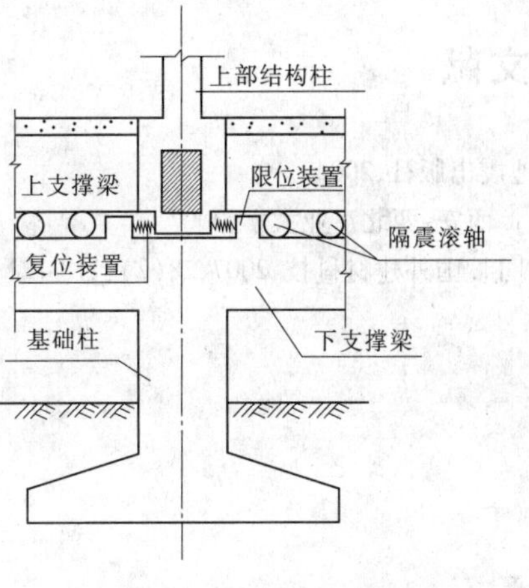

图 3-4　滚轴或滚珠摩擦隔震

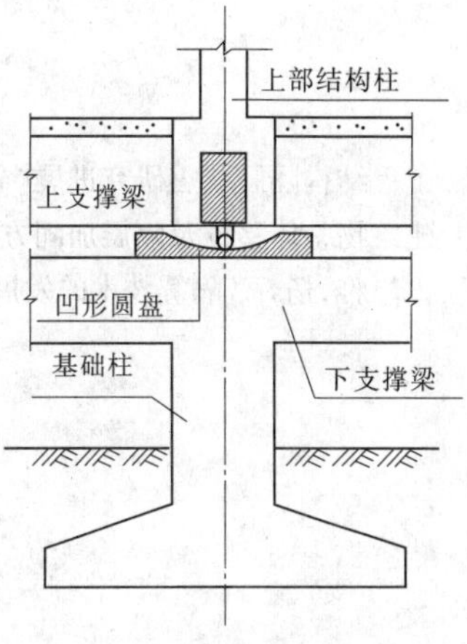

图 3-5　摩擦滚摆式支座隔震

隔震体系的概念。最常用的组合隔震体系是由滑动摩擦隔震支座和叠层橡胶隔震支座并联组成的,基本原理是系统中的叠层橡胶支座提供系统的向心恢复力,而滑动摩擦隔震支座滞回耗能,隔离地震。所以,这种组合隔震体系兼有叠层橡胶隔震体系和滑动摩擦隔震体系的优点,有效避免了各自的缺点,近年来得到国内外学者的广泛研究。

3.3　基础隔震技术在建筑物移位加固工程中应用的几个难题

对于层数较高的建筑,在移位后利用基础隔震技术进行加固,主要存在以下问题:

(1)建筑物在地震作用下的倾覆力是相当大的,这是一般的隔震支座所难以承受的,隔震支座有可能会被拉坏,从而使得建筑发生倾覆破坏。

(2)由于基础隔震结构的底部变形很大,要求进出建筑物的各种管线具有适应隔震建筑物移动的变形能力,这对其管线提出更高的要求。

(3)软弱地基土的地方隔震技术的适应性问题。因为软弱场地土的卓越周期一般都很大,可能会与采用基础隔震的建筑物的自振周期很接近,从而容易使采用基础隔震技术后的建筑物产生共振,反而加大建筑物的震害。

(4)隔震装置的质量问题。对于一个基础隔震结构来说,隔震装置的质量是至关重要的,如橡胶支座的老化问题、铅芯支座的散热问题、滑动支座的大变形控制问题、隔震支座的抗拉强度问题等。

(5)基础隔震结构工程的总造价问题。采用基础隔震的结构造价增加了隔震装置的费用和隔震装置施工费用及将来的管理、维护费用,虽然从原则上来讲采用基础隔震的建筑物的上部结构的地震反应减小很多,即水平方向的荷载减小了很多,结构构件的截面大小选择、截面的配筋、节点区的设计上都可以减小很多,从而降低造价,但是在实际工程设计中还是有一定的难度。从目前的实际工程资料分析,还没有真凭实据来说明基础隔震结构的造价比传统结构的造价低,仅是停留在理论分析上。而采用基础隔震技术对移位建筑物进行加固,要额外增加隔震体系的造价。

(6)基础隔震结构计算模型问题。目前,基础隔震结构的地震反应分析大都采用层间剪切模型进行计算,而这个模型是能很好地适应于基础隔震结构还有待研究及实际地震的检验。

参考文献

[1] 周福霖. 工程结构隔震减震研究进展[M]. 北京:地震出版社,2004.
[2] 张新中. 建筑物整体移位及隔震加固方法研究[D]. 西安:西北工业大学,2007.
[3] 王开岭,雷静雅,杨辉. 隔震技术的发展应用研究[J]. 国外建材科技,2007,28(2):118-121.

第二篇　建筑物整体移位技术

第 4 章　建筑物整体移位工程的施工方法

4.1　建筑物整体移位工程施工的基本步骤

建筑物整体移位工程前期要做的准备工作包括工程资料收集、现场勘查和可行性论证。在确定要对建筑物实施移位后，施工可按照以下步骤进行：

(1)收集相关资料，熟悉设计图纸，进行整体移位工程施工方案设计和施工组织设计。

(2)作业场地开挖，建造移位轨道基础以便安装行走机构，进行建筑物新址基础的施工。

(3)行走机构安装。

(4)在可移动的行走机构上建造托换加固体系。

(5)将建筑物与原基础切割分离。

(6)布置施力设备，实施建筑物同步移动并进行全过程监测控制。

(7)移动就位后，建筑物就位连接及加固处理。

(8)移位工程检测和验收。

4.2　移位基础及轨道施工

4.2.1　移位基础和轨道应满足的要求

(1)保证足够的承载力和刚度以承受滚(滑)动支座移动过程中的作用力。

(2)有足够的施工精度，移位时轨道要达到规定的平整度，以保证托换体系受力均匀并减小摩阻力；爬(降)坡时要保证坡面符合设计坡度。

4.2.2　移位基础及轨道施工的步骤

(1)根据建筑物移动的需要划分施工段，然后分段把原基础两侧的填土挖去，形成施工作业面并对旧基础进行加固处理。

(2)按设计要求在托换墙(柱)两侧底部浇筑钢筋混凝土基础和移位轨道梁，并延伸到新基础，且严格控制移位轨道的平整度。

(3)可移动轨道、滚动支座安装由下至上依次为：轨道梁梁顶面找平→在梁上面铺装可移动轨道→安装滚动支座→安装托梁底模板(牵引钢板，采用 10 ~ 15 mm 厚钢板)。

施工时要求支模准确，模板固定牢靠，用水准仪检测支模的平整度，浇筑混凝土后严格控制基础顶面平整度。

在远距离移位过程中，必须结合新基础设计对移位轨道地基进行详细的地质勘察，在施工前还应采用钎探的方法，查明是否存在孔洞、暗沟、古墓等，并进行相应的处理。

4.3　托换加固体系的构造及施工

4.3.1　托换的概念及其作用

在对既有建筑物进行加固、移位或其他处理时，经常需要部分地或者整体地将其荷载转换到预先制作的稳定支撑结构上，以便于下一步的施工，这就是结构托换(Underpinning)技术。建筑物整体移位工程中要使结构成为可移动体,须将原结构安放在一个“底盘”上,这个“底盘”就是托换加固体系,它是指设置在待移位建筑物底部切断面以上用于托换原有建筑物荷载、加固建筑物切断面水平刚度并供牵引装置托带移位的水平托换底盘,主要由托换加固梁组成。

对移位建筑物实施托换加固并使之成为整体可移动体,是建筑物整体移位工程的关键技术,托换加固体系主要作用为:

(1)改变建筑物竖向荷载的传递路径。在建筑物移位前,原有建筑物的荷载按照“上部荷载→承重墙体(柱)→基础→地基”的路线传递;在托换完成及移动过程中,传力路线变为“上部荷载→承重墙体(柱)→托换加固梁系→滚轴→下轨道梁→基础→地基”。

(2)增加建筑物切割后墙、柱根部的整体性和水平刚度,承受各种移位施工方式和各种工况下的外部作用力,并靠其巨大的水平刚度协调所有墙、柱整体同步移动,减小因房屋各部位移动不同步引起的附加应力。

(3)为建筑物整体移位施工提供牵引力和顶推力的施力作用点。

(4)抵抗由于轨道平整度误差及不均匀沉降产生的竖向剪力,防止房屋在移动过程中开裂。

目前,常用的托换结构主要有墙体托换结构和柱托换结构。

4.3.2 墙体托换结构的分类和施工方法

对于砖混结构建筑物,其主要的承重构件为墙体,因此其托换加固体系的主要工作对象为墙体。通常对墙体的托换结构有两种,一种是钢筋混凝土双夹梁式墙体托换,另一种是钢筋混凝土单梁式托换。

4.3.2.1 双夹梁式墙体托换的构造和施工方法

如图 4-1 所示的双夹梁式墙体托换是在墙的两侧加上托换梁,将墙上的荷载通过托换梁和墙体之间的界面摩擦力传给可移动的由托换梁体系组成的“底盘”,然后托换梁将上部结构荷载通过位于梁底均匀布置的滚轴传到下轨道梁上,完成受力体系的转换。这种方法施工简单,工期短。其构造如图 4-1 所示。

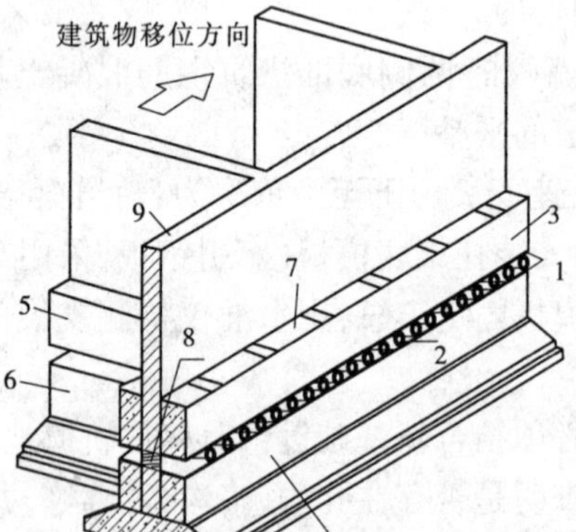

1—上、下轨道钢板;2—滚轴;3—平行于移位方向的纵向托换加固梁(上轨道梁);
4—平行于移位方向的基础梁(下轨道梁);5、6—垂直于移位方向的横向托换加固梁及下轨道梁;
7—抬梁;8—拟切断部分;9—原结构墙体

图 4-1 双夹梁式墙体托换构造示意图

双夹梁托换结构有以下特点：

(1)采用托换梁与原结构墙体之间砌体、混凝土界面连接技术,使托换结构与原结构连接在一起并共同工作。根据工程具体情况,有些结构还在墙体上植筋以增强与后浇混凝土的咬合摩擦力。

(2)双夹梁托换结构的做法是每隔一段距离(抬梁间距)在砖墙上掏洞(洞宽为抬梁宽度)、穿筋,与托换加固梁整体浇筑,形成托换加固底盘,施工后形成的托换底盘有较大的刚度和抗冲切能力,适用于建筑物远距离移位、旋转、顶升和爬坡。

(3)托换底盘作为移位的上轨道梁,托换加固梁上顶标高低于原室内地面标高,不影响移位后建筑的使用功能。移位完成后,可不拆除托换加固梁,而用细石混凝土将其与下部基础浇筑在一起,从而变成新的基础梁,在建筑物移位施工完成后能增加整个建筑物基础的刚度。

其施工方法示意图如图4-2所示,一般按以下步骤施工。

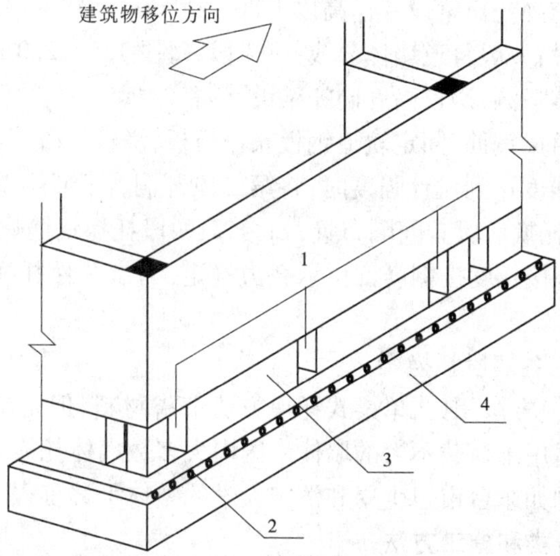

1—墙体凿洞(绑扎抬梁钢筋);2—滚轴上铺钢板兼作上轨道梁模板;

3—墙体表面凿毛;4—下轨道梁

图4-2　双夹梁式墙体托换结构施工方法示意图

(1)根据划分的施工段,将托换加固施工部分的墙体表面凿毛,除去杂物并用水清洗干净。

(2)在建筑物墙体设计位置开凿设计尺寸所需的抬梁洞口。

(3)设置轨道、滚轴及牵引钢板,绑扎抬梁及托换加固梁钢筋。

(4)支模并浇筑混凝土,浇筑混凝土时要先用高强度等级的水泥砂浆引浆后方可浇筑,以保证托换梁与墙体密实连接。支模时,应采用喇叭口,并浇灌适当高度的混凝土,同时在混凝土中加入少量的微膨胀剂,避免混凝土的干缩,最终形成托换加固梁体系。托换梁施工段的划分要尽量减少连接处理,达到提高施工工效、缩短施工周期和保证托换梁整体性的目的。一般轴线相交处墙体可划分一个施工段,施工段之间应间隔施工。

施工中应注意,墙体托换抬梁和两侧托换梁是一个整体,施工中在绑扎钢筋、支模、浇筑混凝土时应统一考虑。

4.3.2.2　单梁式墙体托换的构造和施工方法

单梁式墙体托换和双夹梁式墙体托换的区别为托换梁位于原墙体正下方，施工时分段制作滚轴上方的托换梁和滚轴下方的轨道梁，其构造示意图如图 4-3 所示，施工步骤如下。

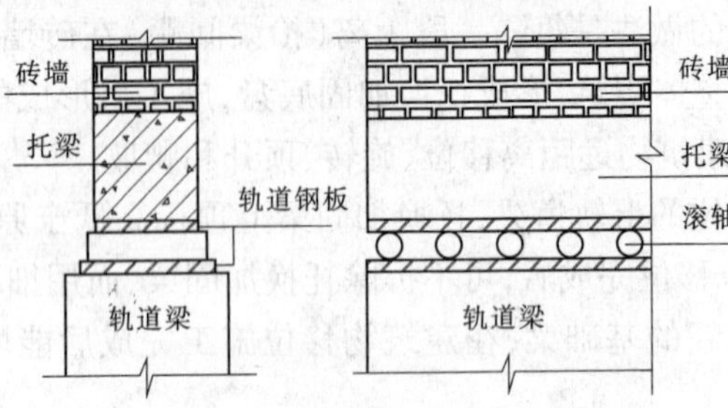

图 4-3　单梁式墙体托换装置构造示意图

(1)将墙体两侧开挖到托换梁设计标高以下。

(2)对墙体进行分段：一般每道墙体分成 3 ~ 4 段，每段 1.5 ~ 2.0 m。

(3)将其中一段墙体凿洞，洞口高度同托梁设计高度。

(4)绑扎托梁和轨道梁钢筋，固定轨道钢板兼作模板，浇筑混凝土，并甩出钢筋头。

(5)当本段混凝土强度达到设计强度时，将第二段开洞，浇筑第二段托梁和轨道梁。第二批托换墙段与第一批托换墙段宜间隔布置，如相邻，两段托换钢筋焊接连接。托换梁为临时性托换结构时，焊接搭接长度按钢筋抗拉承载力确定；为永久性托换结构时，应满足相关规范要求。

(6)按顺序依次施工各墙段托换梁。

和双夹梁式墙体托换方法相比，单梁式托换方法节省材料，但是施工复杂且工期长、托换梁系整体性稍差，仅适用于荷载不大的墙体。国内大多数墙体托换采用双夹梁式，仅少数采用单梁式托换技术，例如东台市卫生局和济宁大学的整体平移工程。

4.3.3　柱托换结构的分类和施工方法

对于框架结构、底框结构及有局部框架的混合结构，其框架部分的主要竖向承重构件为框架柱，对于此类建筑物移位工程，其托换加固的主要对象包括框架柱。

在建筑物整体移位工程中，需要部分或整体地将上部结构传递给框架柱的竖向荷载转换到一个有足够强度和刚度、可移动的支撑结构上，以便支撑结构和原结构能在牵引动力系统的作用下实现移位，这就是柱托换技术。

一般来说，框架柱托换荷载都比较大，而柱截面尺寸较小，托换要求较高，如何将柱传下来的竖向荷载托换到上轨道支撑体系上，是柱托换技术的核心内容。安全合理的柱托换体系应首先对原框架柱进行托换加固处理，其次要使处理后的托换体系具有较强的抗冲切能力，并且这种处理措施应该尽量减少对原结构的损伤，这也是柱托换不同于墙托换的最大技术难点。和墙托换体系类似，柱托换体系也要形成一个刚性的“底盘”，增加建筑物切割后墙、柱根部的整体水平刚度，承受移位施工时的水平顶推力和牵引力，并靠其巨大的水平刚度协调所有结构同步移动，减小因房屋各部位移动不同步引起的附加应力，抵抗由于轨道平整度误差及不均匀沉降产生的竖向剪力，防止房屋在移动过程中开裂。

建筑物整体移位工程中针对框架柱的托换方法主要有钢筋混凝土结构托换和钢结构托

换两类。钢筋混凝土结构托换体系强度高、水平刚度和空间刚度大,施工相对简单,缺点是自重大,托换加固体系不能重复使用,因而造价较高。而钢结构托换的特点是托换梁也有一定的承载能力,可以重复使用,不需要上轨道钢板,制作安装方便。

4.3.3.1　钢筋混凝土结构柱托换体系的构造和施工方法

从20世纪90年代开始,由我国陆续进行的建筑物整体移位工程实例可知,柱的托换形式多种多样。其共同点就是在托换体系和框架柱之间采用可靠的连接,使得上部荷载以剪力的形式传递给下面的支撑体系。根据连接方式的不同,钢筋混凝土结构的柱托换方法有焊接倒置牛腿式托换、穿筋抬梁式托换、设置抗剪齿槽式托换、植筋托换等。各种托换的构造示意图如图4-4所示。

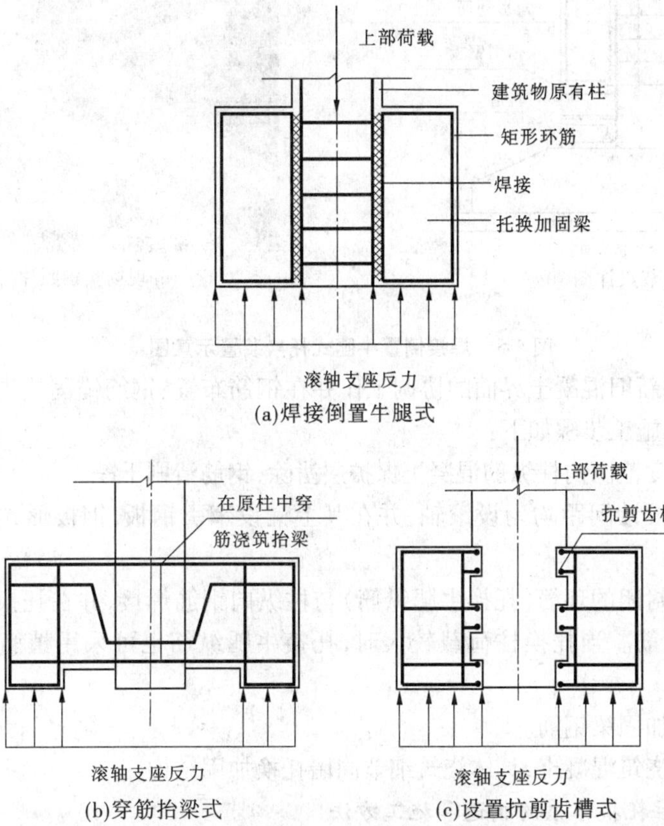

图4-4　钢筋混凝土结构柱托换构造示意图

穿筋抬梁式柱托换技术于1995年在福建泉州市自来水公司大楼移位工程中首次使用,具体做法是将柱两侧1.5 m范围内的基础梁混凝土凿掉,然后在柱底钻ϕ35圆孔,穿ϕ32钢筋,底座预埋2 cm厚的钢板,上面扎筋支模浇筑C30混凝土,形成一个宽2.5 m的行走底盘。这是国内较早出现的柱托换结构,优点是刚度大、安全性能好,但缺点是对原结构有损伤且设计保守、结构笨重、成本高。随后的柱托换装置在减小托换梁截面、加强连接节点构造方面作了很多改进,出现了许多新做法,其特点是在原结构柱四周设置侧梁,依靠植筋或者膨胀螺栓或者设置抗剪齿槽的方法增强新旧结构的结合能力,例如东南大学的型钢对拉螺栓柱托换装置。

焊接倒置牛腿式托换结构是一种新型的柱托换装置。它的做法是先将原结构框架柱托换区域的混凝土保护层凿去,然后在原柱纵筋上焊接矩形环筋,在轨道上设置滚轴后铺设轨道钢板,绑扎钢筋后支模浇筑混凝土。托换加固节点详图和施工现场实景如图 4-5 所示。为了与墙体托换加固结构衔接及便于施工,一般取牛腿的截面为矩形截面,截面尺寸和柱间墙托换梁相同。该类型柱托换加固装置在中粮河南平顶山直属粮库等多项移位工程中采用,获得了良好效果。

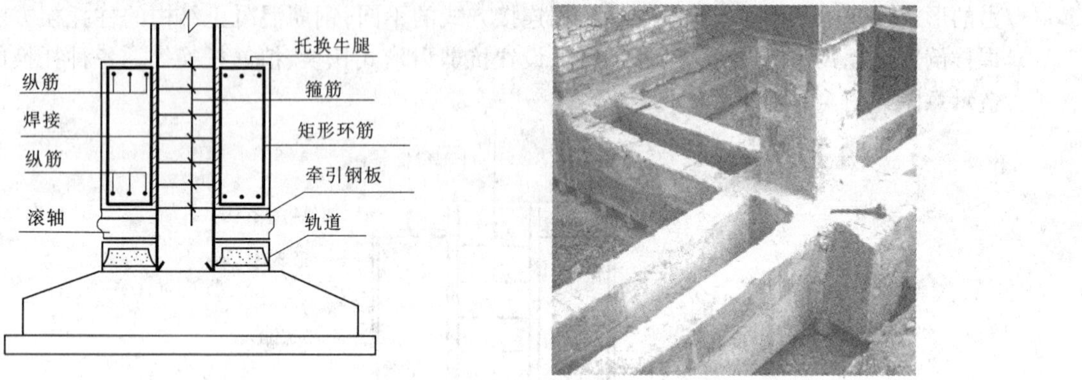

(a)托换节点详图　　(b)现场实景照片

图 4-5　焊接倒置牛腿式托换装置示意图

施工时应考虑新旧混凝土界面的协调工作并在钢筋布置、钢筋锚固或焊接长度方面采取加强措施。具体施工步骤如下:

(1)将托换高度范围内柱纵筋混凝土保护层凿除,钢筋清刷干净。

(2)沿轨道按设计间距均匀设滚轴,并在其上铺设牵引钢板,钢板形式同墙托换加固结构。

(3)柱每边设封闭的环筋(托换牛腿纵筋)与柱纵向钢筋焊接,并在托换高度范围内沿柱高设封闭焊接箍筋。当托换柱荷载较大时,托换牛腿纵筋也可采用植筋锚固技术植入柱内。

(4)绑扎托换加固梁钢筋。

(5)支侧模并浇筑混凝土,具体浇筑细节同墙托换加固结构。

4.3.3.2　钢结构柱托换体系的构造和施工方法

目前,较为成熟的钢结构托换装置是东南大学提出的型钢对拉螺栓的柱托换方法。其做法主要是在被托换柱的两侧设置两根 H 型钢(或工字钢),在柱的另外两侧设置两根槽钢,将槽钢的两端焊接到 H 型钢的腹板上,这样就由型钢和槽钢组成了一个矩形钢框。为增强结构的托换能力,型钢翼缘和柱接触部位的混凝土保护层应凿除,将型钢卡入,柱表面应凿毛,也可凿成齿槽。为防止型钢卡入部位上部保护层局部受压破坏,在节点上部可适当设置维护结构。在被托换柱的柱身钻孔穿螺栓,该螺栓亦穿过型钢和槽钢的腹板,并依靠螺母将型钢和槽钢紧箍在柱身上,矩形钢框内部填充混凝土。构造示意图如图 4-6 所示。

钢结构柱托换装置结合了钢结构和混凝土结构的优点,钢梁本身就有一定的刚度,加上内浇混凝土和外焊加劲肋,刚度足以满足设计要求,安装相对简单,不再需要轨道钢板,而且尺寸灵活不受限制,一般可以根据托换荷载的大小确定型钢形式和尺寸,多数情况下可以对

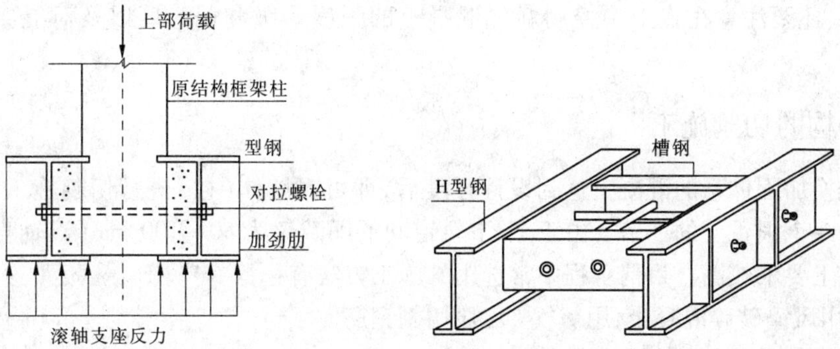

图 4-6　钢结构托换装置构造示意图

型钢回收再利用。使用钢结构托换技术进行框架结构移位工程的有南京市江南大酒店和中山市自来水公司商住楼等。虽然目前对钢结构柱托换装置的设计方法和应用实例并不多，但是鉴于上述诸多优点，钢结构柱托换技术将是很有发展前景的柱托换技术。

钢结构柱托换施工方法如下：

(1)在原结构柱身设计位置用取芯机钻圆孔。

(2)凿去混凝土保护层，露出柱筋，在型钢翼缘卡入位置切槽。

(3)在下轨道梁钢板上摆放滚轴。

(4)在柱身圆孔穿螺杆，杆身裹水泥浆或结构胶。

(5)滚轴上摆放型钢夹梁，在型钢腹板上相应位置打出穿螺杆的圆孔，将螺杆穿入并拧紧。

(6)在柱两侧和型钢梁垂直的方向焊接槽钢，上部预留孔，向内部灌注细石膨胀混凝土。

(7)施工上部维护结构，在钢夹梁上方柱四面打膨胀螺栓，并将短构造钢筋和膨胀螺栓、钢夹梁焊接。

(8)绑扎托架梁钢筋，将托架梁钢筋和型钢夹梁焊接。

(9)支托换节点和上拖架梁模板，浇筑混凝土。

因为柱中穿孔会减小柱截面尺寸，因此应分批间隔施工。

4.3.4　提高新旧结构界面抗剪承载力的施工措施

对于墙体托换和柱托换，新旧结构之间的抗剪承载力与施工质量有很大关系。目前，提高新旧混凝土界面结合能力的施工措施主要有：

(1)新旧混凝土接触面的处理。应彻底清除原结构混凝土的抹灰层，如果接触部位部分风化或软化、变质等，应将此部分混凝土全部剔除，直至露出坚实的混凝土。如果混凝土质量较好，则只须将接触面处作凿糙处理(以露出石子颗粒的一半为度)或用钢丝刷刷毛，以增强新旧混凝土的黏结力和机械咬合力。

(2)在结合面上涂抹界面剂。在旧混凝土接触面上涂抹水泥净浆、高强度等级水泥砂浆、混凝土界面处理剂、环氧树脂等，都能大大提高新旧混凝土的黏结强度。

(3)在界面上设置剪力传递元件。常用的抗剪元件是膨胀螺栓，使用电锤在旧混凝土上打孔后，将螺栓固定并膨胀锚固而成，也可用电锤成孔后，利用各种胶凝材料(主要是高分子聚合物)将钢筋锚固于孔中，起到抗剪和抗拉的作用。

另外,还要注意在施工中控制新浇混凝土的强度等级和坍落度以及对混凝土的合理养护。

4.4 结构的切割施工

在托换加固体系的混凝土达到设计强度后,即可对墙体(柱)进行切割施工,这也是移位工程中一个很重要的环节。由于上、下轨道间的间隙仅为 50 ~ 100 mm(滚轴直径),因而对切割施工要求较高。目前工程中常选用的施工方法有:

(1)用风镐破碎混凝土,用氧气、乙炔切割钢筋。

(2)用手锤、钢钎进行剔凿。

(3)采用钢筋混凝土钻石金刚线切割施工方法(如图 4-7 所示),可克服施工空间狭小的困难。该设备由一台大功率液压泵及一组多向导向轮和柔性锯索相连,将锯索围绕立柱定位在需切割的部位,液压机驱动导向轮高速旋转带动锯索进行线切割,该设备切割速度很快,但费用较高。

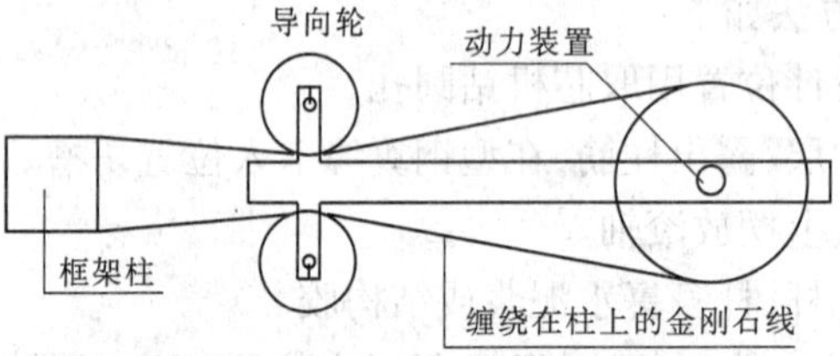

图 4-7 构件切割施工原理示意图

上部结构被切断后上部荷载就经托换梁传递给轨道和滚轴,由于应力滞后,构件经过一定沉降变形才能可靠地传递荷载,而沉降不均将对整个移动系统产生不利影响。因此,切割施工应先外后里、间隔进行,切割分离要尽量减少振动对结构的损伤,同一轴线的墙体或相邻柱子不得同时切断。在整个切割施工过程中应实时监测建筑物的变形、沉降和倾角。金刚石线切割断柱技术对结构产生的振动很小,是值得推广的断柱新技术。

4.5 移动系统施工

移动系统的施工包括行走机构及施力机构的施工。

4.5.1 行走机构

根据工程特点,行走机构一般可选用滑动式或滚动式。滑动式行走机构是在设计的上、下轨道钢板之间涂抹润滑剂,利用上、下滑道间的滑移实现移位,其优点是移位过程相对平稳,对结构产生的振动较小,且可控性好,适用于转向移位或者强度和整体性较差的结构;缺点是摩擦系数大,在使用滑动式移位时对顶推装置的要求有适当的提高,且造价较高。滚动式行走机构的优点是摩擦系数小,移动速度较快,造价低,施工简单;缺点是可控性和抗振动能力稍差。这两种行走机构都要求下基础梁顶面平整。施工时可每隔一定距离在基础中预埋钢构件,用于固定行走机构。

目前,多数移位工程采用滚动行走移位方式,施工中可根据移位路线、结构荷载等因素选用实心钢滚轴、内灌微膨胀高强混凝土无缝钢管滚轴或工程塑料滚轴。

滚轴选用以后,施工前应对滚轴进行抗压试验,滚轴的强度和径向变形要满足设计要求。行走过程中还要及时调整滚轴的角度和间距,以控制移动方向并避免荷载在滚轴上分布不均匀造成滚轴的破坏。

4.5.2 施力机构

施力机构的施工需考虑力的施加方式、施加位置、牵引设备选型及布置、拉杆及锚固等因素。根据外加施力机构安装的位置不同,建筑物移位的施力形式有牵引式、顶推式和综合式三种,其中牵引端和顶推端施力构造分别如图 4-8 和图 4-9 所示。其中牵引式适用于多层及低层建筑物的移位,其优点是施工操作相对简单,方向易控制,建筑物移位过程中不容易跑偏;顶推式适用于多层及高层建筑物移位,施力效率较高,但由于千斤顶的行程有限,建筑物每移动一段距离,就要重新安装千斤顶和垫块,作为反力支座的牛腿数量必然较多,施工周期长,且容易出现跑偏现象;综合式即牵引式和顶推式相结合,适用于高层及荷载较大的建筑物,但设备投入较大,造价较高。

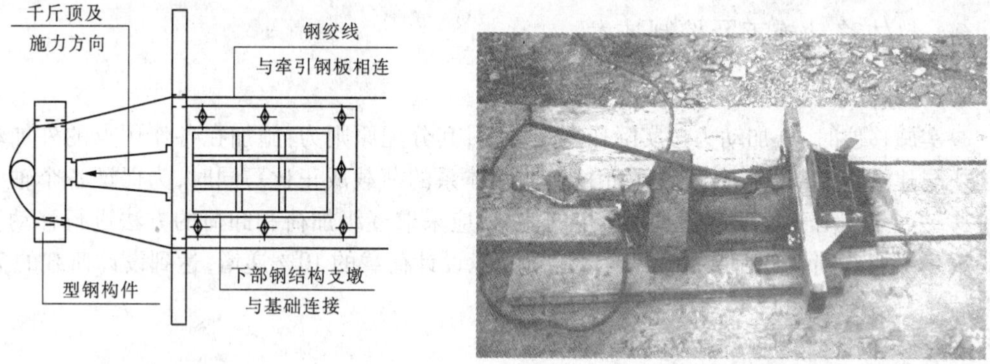

(a)牵引端施力构造　　(b) 牵引端实景照片

图 4-8　牵引端施力构造示意图

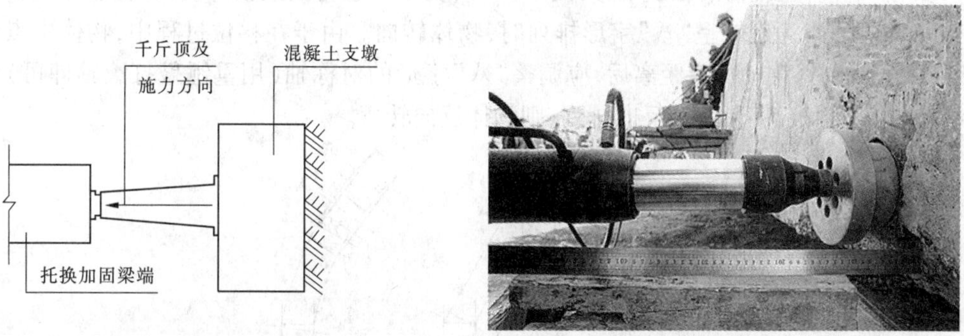

(a)顶推端施力构造　　(b) 顶推端实景照片

图 4-9　顶推端施力构造示意图

对于移位距离较远的工程,也可采用可移动支顶支座(钢支架,见图 4-10),钢支架与上、下轨道位于同一轴线上,通过钢插销与下轨道连接为一体,在施工下轨道时,大约每隔 2 m预留一组插销孔,这样楼体每移动 2 m,便可调整一次钢支架及千斤顶的位置,使千斤顶与楼体的距离不大于 2 m。其优点在于支顶垫块长度不大于 2 m,减少垫块总用量,同时避免垫块过长受力后不稳定的缺点,施工简单方便。移动式钢支架支座与固定支顶支座搭配使用,可以在建筑远距离移位工程中降低造价,提高效率。

牵引动力设备通常可用液压千斤顶、机械千斤顶、卷扬机等。使用时可根据被迁移建筑物的具体条件、结构形式、迁移距离、工期及造价等因素综合选定。

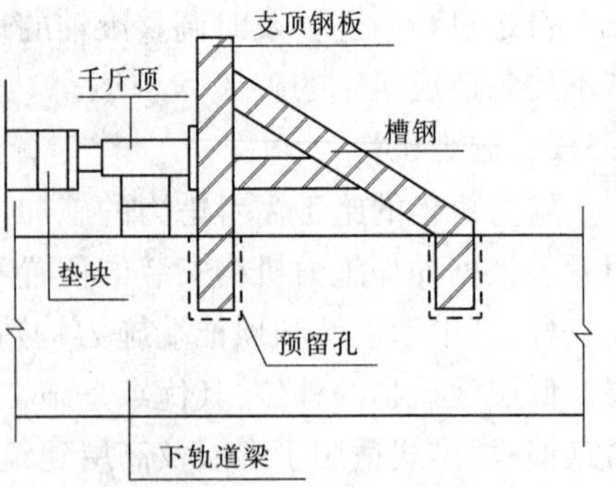

图 4-10 钢结构反力支座示意图

牵引动力设备通过牵引杆(索)将牵引力传至牵引钢板以拖动建筑物。牵引时如果牵引杆变形不一致,容易使建筑物偏离轨迹,所以在使用牵引动力设备时,牵引杆应采用高强低松弛材料,如高强度大直径的精轧螺纹钢筋,也可采用钢缆或钢绞线作为牵引索,以便随时控制建筑物移动的位置和方向,避免建筑物在迁移过程中产生惯性滑移,以提高移动的可控性。

4.6 整体移动施工及控制技术

4.6.1 移位动力施加

实施移位时,外加动力按实际作用点分配,其分配原则为:施加在各作用点的外加动力必须与建筑物上部结构传至该单元托换加固体系的荷载成正比。同时,为保证各个轴线同步移动并减小由于移动使建筑物产生的偏移,应采取逐级加荷和卸荷的方法进行移动。一般第一级加荷到设计荷载的30%,以后每级以设计荷载的10%递增,达到设计荷载的70%以后,以设计荷载的5%递增,直到建筑移动。

4.6.2 不同路线的移位施工方法

移位建筑物的行走轨迹通常有轴线方向平移、斜向平移和旋转,这3种行走轨迹是通过滚轴的三种不同排列来实现的,如图4-11所示,图4-11(a)为互相平行的滚轴(图中点画线)与轨道垂直,建筑物沿轴线平移;图4-11(b)为互相平行的滚轴与轨道斜交,建筑物斜向平移;图4-11(c)为滚轴呈“八”字形排列时,物体转向。由于在移位过程中,物体中点位置不断改变,所以每移动一定距离后,应调整“八”字形的对称轴(用重锤敲打滚轴即可)使其连续转向。若“八”字形滚筒反向排列,则物体反向转弯。

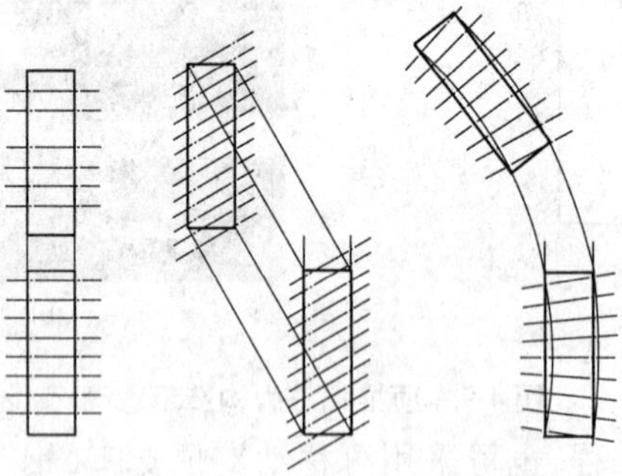

(a) (b) (c)

图 4-11 不同移位路线施工示意图

4.6.3 移位施工过程的监测

建筑物移位时的监测是十分必要的,直接影响到移位工程的安全,施工监测的主要内容有:

(1)姿态监测。移位过程中对结构整体水平倾斜度,竖向倾斜度和上下、两端相对位移差的监测，包括建筑物的水平角度、竖直角度、顶部与底部相对位移变形和墙体及柱子在移动过程中的垂直度等。

(2)沉降监测。在整个移位施工中房屋的整体沉降状态和两部分的相对沉降差的监测。如墙体、柱截断时的沉降、轨道梁的沉降等。

(3)位移监测。房屋在整个平移过程中所行走距离的监测。施工时根据移位总距离设置好各个观测点，做好详细记录。记录建筑物各点的前移距离与前移方向、建筑物同步移动状况及裂缝情况。

(4)振动监测。为了测试加荷和卸荷时的振动对房屋的影响，一般可在建筑物底层和顶层布置足够数量的加速度传感器来采集移动过程中的动力信号，然后进行加速度结果的数据分析。

(5)荷载监测：在房屋的静态与动态过程中，应该对房屋的局部薄弱部位进行应力应变监测；在平移过程中对上、下轨道梁关键部位的钢筋和混凝土进行应力监测，并设定报警值为结构出现危险提供预警。国内一些文献认为把托换梁应变超过500个微应变作为警戒线一般是比较安全的。

此外，还应注意评估和监测移位工程对场地周围的建筑物和市政设施的影响，要根据监测结果，及时对移位施工方案进行调整。

4.7 就位连接施工

为了保证就位后建筑物的整体性和抗震等安全性能，必须与新基础采取稳定可靠的连接。常用的连接方法有两种。

(1)滚轴保留在基础内部：在柱的托换梁上设有预埋件，建筑物移位就位后，通过钢板与下轨道梁上的预埋件焊接连接；上、下轨道梁间的滚轴保留在内部，滚轴之间的孔隙用细石混凝土浇灌密实。这样既能保证上部结构与新基础连接在一起，同时在遇到地震作用时连接钢板的变形、滚轴与填充混凝土之间的挤压变形可以吸收一部分地震能量，从而减轻地震对上部结构的作用，达到减震的目的。

(2)取出滚轴再浇筑混凝土：建筑物移位就位后，沿上轨道梁每隔一段距离(由设计确定位置及间隔长度)将滚轴取出，在托换加固梁与新基础之间浇筑微膨胀混凝土。待混凝土强度达到设计要求后，将其他区段的滚轴取出，再在上轨道梁与新基础之间浇筑微膨胀混凝土。最后，回填土至地面，再对建筑物进行恢复性装修即可。

4.7.1 承重墙体的连接

对于砖混结构，关键在于新砌墙体的强度与质量以及新旧墙体之间的处理。墙体连接设计应符合《砌体结构设计规范》(GB 50003—2001)及《设置钢筋混凝土构造柱多层砖房抗震技术规程》(JGJ/T 13—94)的要求，且墙体强度大于原有墙体强度。墙体的连接构造如图4-12所示，施工步骤如下：

(1)用千斤顶逐段顶住托换加固梁，撤下滚轴并及时按设计尺寸及间距放入预制钢筋混凝土垫块。

(2)将新永久基础内相应构造柱位置预埋钢筋撬起调直，将上部构造柱外露钢筋调直、对中，并将钢筋表面清刷干净。用专用夹具固定搭接钢筋，单面焊接。

(3)将迁移轨道梁与柱连接部位凿毛，清扫干净，墙两侧支侧模板，模板高于托换加固梁下皮不小于 100 mm。

(4)浇筑混凝土,分两次浇筑。先在一侧灌注混凝土并振捣,直到另一侧混凝土流出并超过半满时,再从另一侧灌注混凝土,并振捣密实。

4.7.2 框架柱根部的连接

建筑物整体移位就位后,当柱底与基础面间隙较小时,可采用预埋钢筋焊接,当间隙较大又有一定高度时,其连接一般采用钢筋混凝土现浇处理,如图 4-13 所示。当柱主筋每边不多于 4 根时,其连接采用主筋上下焊接,连接区箍筋加密并提高混凝土强度等级;当柱主筋每边多于 4 根时,除上述处理外,应对该段柱进行局部处理,可采用加大截面法或外包钢法。应注意混凝土浇捣质量,严格防止新旧混凝土之间产生隔缝。

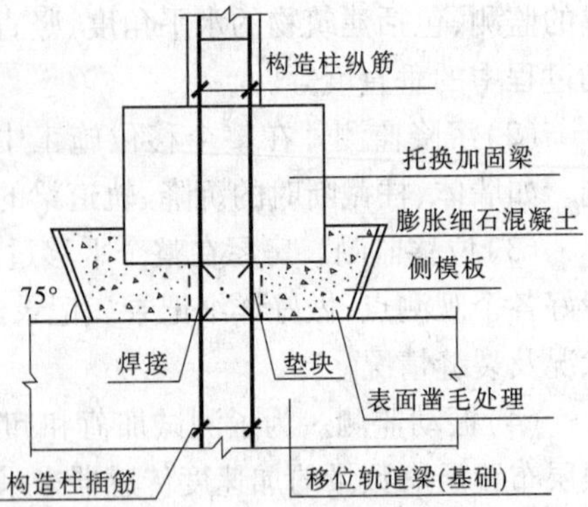

图 4-12　墙体就位连接节点构造示意图

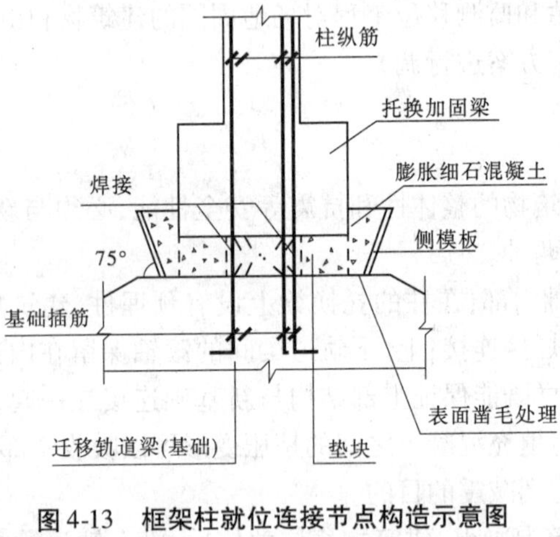

图 4-13　框架柱就位连接节点构造示意图

4.8　工程质量控制及验收

针对建筑物整体移位工程的特点,需要从施工准备、施工过程、施工结束后的竣工验收三个阶段对工程质量进行控制。

(1)施工准备阶段的控制。这一阶段的控制包括审查施工单位的质量管理体系、施工组织设计及对进场的施工设备和测量仪器进行检查。

(2)施工过程中的控制。根据建筑物的整体性、材料强度、变形的检测结果对原结构进行安全性评价,必要时进行相应的加固处理,使之满足移位要求。在轨道基础施工中,应重点控制轨道梁的标高及平整度,确保滚轴能平稳滚动。为使轨道梁和抬梁能够紧密结合,一方面要检查连接墙面的凿毛程度,另一方面要确保混凝土浇捣密实,以避免抬梁顶面与墙体出现间隙。对行走基础及新基础的施工要严格按照地基处理规范进行施工,严格保证压实系数以避免建筑物移动过程中出现大的不均匀沉降。

行走基础及新基础混凝土浇筑达到设计强度后,才可进行建筑物的移动。移动开始后要求每移动 5 m 进行一次沉降观测和轴线位置监测,防止沉降不均匀和建筑物移动偏离轴线。此外,要保证建筑物移动的连续性,避免在一个位置停留过久产生过大沉降从而对工程质量造成不利影响。

建筑物就位后,应主要检查建筑物墙体轴线与新址基础轴线是否完全重合,建筑物承重墙上是否产生新的裂缝,并采取相应的加固措施。检查结果符合设计要求方可进行连接加固施工。

(3)施工结束后的竣工验收。移位工程完工后,要组织相关各方人员进行竣工质量验收,施工过程中的各种施工记录及质量检测资料必须整理完整,并绘制竣工图,及时归档。建筑物的沉降观测必须跟踪进行,直到沉降趋于稳定。

参考文献

[1] 张新中,邓子辰,武宗良.综合楼整体迁移抬升工程方案设计[J].建筑技术开发,2004(6):78-81.

[2] 李爱群,吴二军,高仁华.建筑物整体迁移技术[M].北京:中国建筑工业出版社,2006.

[3] 刘艳,王志君,梁沙河,等.七层砖混结构整体降坡平移设计[J].建筑技术,2005(6):421-423.

[4] 孙吉堂.五层楼“搬家”[J].铁道建筑技术,1995(2):41-49.

[5] 李爱群,吴二军.我国建筑物整体平移技术及工程应用进展[J].江苏建筑, 2003(增刊):48-54.

[6] 吴二军,李爱群,郭彤,等.型钢对拉螺栓柱托换节点抗剪性能试验研究[J].东南大学学报:自然科学版,2003(9):631-634.

[7] 郭彤.结构托换技术及其在房屋平移工程中的应用[D].南京:东南大学,2002.

[8] 谢光.中山市某商住楼整体平移工程[J].建筑技术,2002(6):438-439.

[9] 李法冰,潘绍伟. 关于新旧混凝土界面性能的探索[J].四川建筑, 2003(12):78-79.

[10] 赵志方,周厚贵,等.新老混凝土粘结复合受力的强度特性[J].工业建筑,2002(10):37-39.

[11] 东南大学土木工程学院,东大特种基础工程公司.江南大酒店平移工程结构施工图(全套),2001.

[12] 杨赞琳,苏琳琳.斜向整体平移房屋技术[J].广西土木建筑,1999(12):153-160.

[13] 朱锋,孔令浩,邢海波.某保龄球馆整体旋转平移工程的研究与实践[J].土工基础,2005(6):2-4.

[14] 张寿维,苗克芳,袁广林. 山东潍坊某办公大楼整体平移技术[J].黑龙江科技学院学报,2002(3):34-37.

[15] 张新中,邓子辰,武宗良.砖混结构综合楼整体迁移抬升工程关键施工技术[J].建筑技术,2004(6):423-426.

[16] 福建省建筑科学研究院.YJG F42—98 建筑物整体移位施工工法[J].施工技术,2000(11):46-48.

第 5 章　基础和轨道设计

在建筑物整体移位工程中，轨道梁和地基处理及基础的费用占整个工程费用的50%以上，而且距离越长，费用越高。因此，地基处理方案和基础、轨道设置方案的选择和设计对于移位工程的成本和工期有着重要的影响。

5.1　移位前的地基处理

5.1.1　建筑物整体移位工程对地基的要求

建筑物在移位过程中，可将地基分为三部分：

(1)建筑物原位置地基。

(2)建筑物新旧址之间的过渡段地基。

(3)建筑物目的位置地基。

建筑物移动刚进入过渡段时，后一部分在原基础上，前一部分在过渡段轨道上，而原基础沉降一般已经趋于稳定，此时必须严格控制沉降差。如果房屋沉降差过大，将引起上部结构开裂甚至倒塌。地基处理前一方面要仔细分析待移位建筑物的荷载分布、上部结构刚度和整体性、基础形式和受力状况、建筑物各部分沉降大小及其沉降速率等；另一方面要从地基条件、处理要求、工程费用及材料等各方面进行综合考虑。除具有普通建筑地基处理的特点外，移位工程的地基处理要考虑以下两方面特殊因素的影响：

(1)沉降差的影响。严格控制新旧地基沉降差，确保建筑物平稳移动是制定地基处理方案时首先要考虑的问题。

(2)托换施工期内的影响。如预估的移位施工周期较长，就必须充分考虑由此产生的季节性变化而引起的温度和雨雪的影响，挖土后土层卸载和基坑排水而引起的影响，一些临时性支护结构的可靠性问题，使用期间荷载增减的实际情况，托换施工中和竣工后的周围环境变化，其中包括地下水位的升降、地面排水条件变迁、气温变化、环境绿化、邻近建筑物修建、相邻深基坑开挖及邻近打桩振动等情况的影响。

虽然理论上建筑物整体移位对地基来说属于动力荷载，但是因为移位的速度和加速度都被控制得很小，设计时可以按照静荷载考虑。

5.1.2　地基处理方法选择

常规的地基处理方法有很多种，结合建筑物整体移位工程的特点，地基处理方案的设计按照图 5-1 所示的步骤进行。

5.1.3　地基处理方案设计

同一般工程地基相比，移位工程的地基要考虑以下三种情况：

(1)远距离移位过程路线的地基处理，既要保证建筑物行进过程中不出现不均匀或过大的沉降，又要考虑移位建筑物荷载属临时性荷载，承载时间短的因素，因此可按临时性设计，但地基承载力设计值可考虑提高 0.25 倍，达到既经济又安全的目的。

(2)近距离移位则应重点考虑新旧基础交错时的变形协调问题。

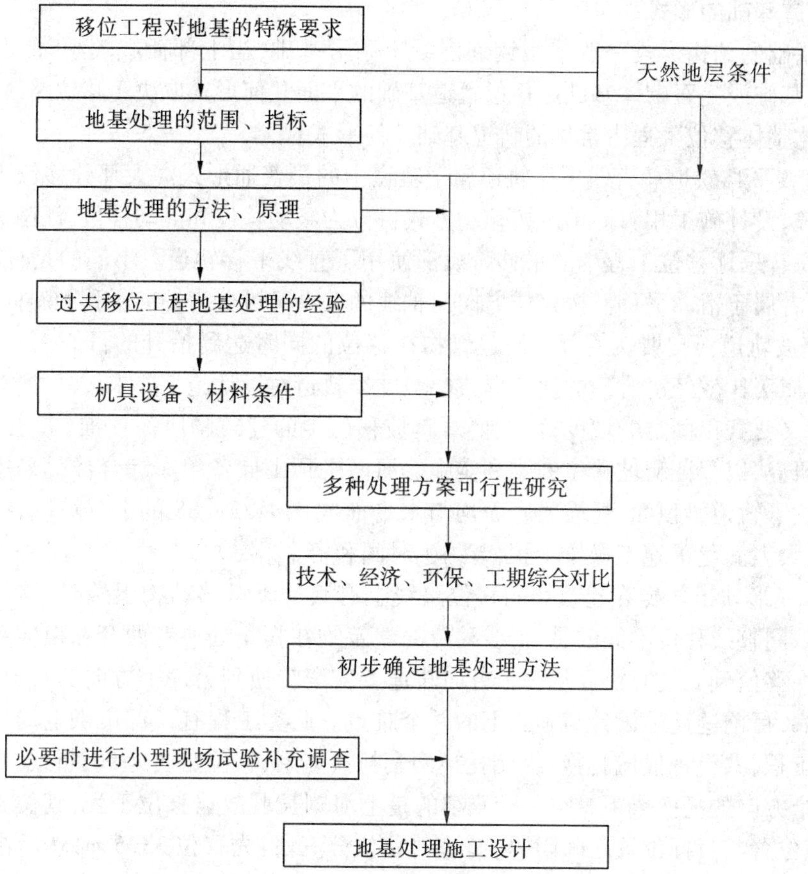

图 5-1　移位工程地基处理方法设计顺序

(3)移位就位后的新永久地基,应按新建工程根据现行规范要求进行设计,但应注意移位工程中结构及上部荷载的一次性到位与新建工程施工过程中上部荷载缓慢增加的区别。需要指出的是,对就位后的地基基础设计,若出现新旧基础的交错,应考虑既有建筑物地基承载力的提高造成的新旧基础间地基变形的差异,必要时应作加固处理。

5.2　基础设计

建筑新基础设计方法除与一般建筑设计中的基础设计相同外,还要考虑建筑移位到位后新基础与原建筑的可靠连接,包括抗滑移和抗水平力作用的连接构造。通常情况下,新基础顶面应大于建筑底部切割面,且新基础顶面应在上部构件对应位置预留连接构造钢筋。

5.2.1　基础设计荷载取值

建筑物整体移位过程中移动到某一特定位置的时间相对较短,对于近距离移位过程中基础的荷载可考虑为临时荷载,可考虑对上部结构的荷载进行折减,采用荷载的标准值用于移位构件的受力计算。对于移位过程中的临时基础,其地基承载力可采用土层的地基极限承载力取值,但极限承载力下的地基变形应满足下轨道梁的移位要求,若沉降变形太大,则移位工作就无法进行,特别是上轨道梁进入新设的基础时,新旧基础交接处其变形应一致,否则会增加移位的施工难度。

5.2.2　轨道基础的形式

轨道基础的结构形式一般采用钢筋混凝土条形基础，当上部荷载较小时，也可就地取材，选用砖基础或毛石砌体基础。移位轨道基础的平面几何形式取决于移位路线的需要，下面是建筑物整体移位工程中常见的轨道基础几何形式：

(1)直线平移轨道。直线平移轨道属于轨道中的最普通形式。大部分移位工程轨道属于此类轨道，设计施工相对简单。按移动方式可分为滚动移位和滑动移位，江南大酒店移位工程和上海音乐厅移位工程中的平移阶段都使用了直线平移轨道。不同的是，前者属于滚动平移，后者属于滑动平移。按移位方向与轴线的关系又可分为轴向平移和斜向平移。

(2)爬坡轨道。爬坡轨道可以使建筑物在移位的同时达到抬升的目的，它集平移与抬升于一身，属于比较经济合理的轨道形式。但此类轨道对设计施工要求较高，既要保证轨道处处平整，又要找出固定的坡度，而且要对爬坡移位中的建筑物所需顶推(牵引)力进行详细的试验研究，以保证爬坡移位的顺利实施。河南平顶山储备粮库综合楼就采用了这种轨道，切割面、下轨道梁顶面、托换梁底面均与水平面成0.45/39.88的上升坡度，使平移抬升一次到位，大大简化了施工操作步骤，节约了时间和资金。

(3)折线形轨道。当在建筑物的移位路线上有其他不可移动物阻挡时，移位路线常常变为折线。同直线移位不同的是，折线移位的建筑物在拐角处要有两套托换体系转换。而且建筑物在移位到此处时需要从一个方向轨道上安全转换到另一个方向的轨道上，转换必须安全可靠，目前这还是设计与施工上的一个难点。此类工程有江都市供电局生产调度楼双向平移工程，共设计横墙托换、纵墙托换两套托换体系，移位路线为90°折线，移位转向前后都有一个方向的托换梁下悬空。较复杂的是上海刘长胜故居移位工程，其位于上海闹市区，原建筑位置与目标位置之间阻隔物较多，移位分三段：先移位33.6 m，然后沿与原轨道成144°的第二轨道移位23.5 m，最后沿与第二轨道成36°的第三轨道移位22.4 m，达到预定位置。

(4)阶梯形轨道。当位置相邻的两栋或几栋建筑物需要一起移位但建筑物底部不同高时，常常将轨道设计成阶梯形，如图5-2所示。焦作矿务局王庄煤矿职工食堂及附属办公楼建成于不同时期，新旧建筑平面相邻且设有沉降缝。针对其有地下室且为设有沉降缝的两部分独立建筑物组成的联合体须同步平移的特点，设计为由水平框架与竖向框架相组合的空间框架结构作为轨道梁。

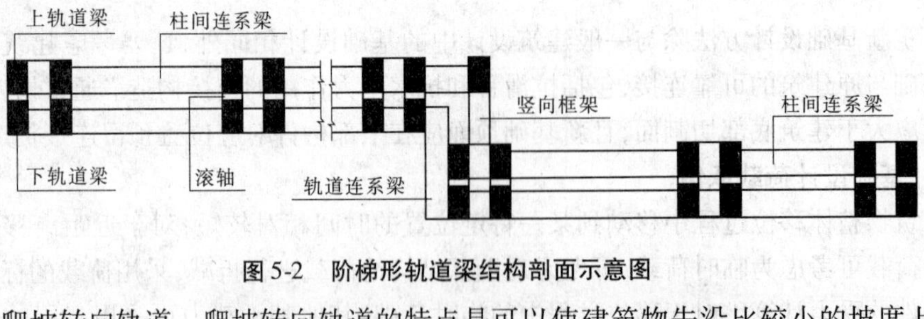

图5-2　阶梯形轨道梁结构剖面示意图

(5)爬坡转向轨道。爬坡转向轨道的特点是可以使建筑物先沿比较小的坡度上行，然后换向平移。安徽省工业设备安装公司商住楼移位工程即采用此类轨道，建筑切割面和轨道梁都与水平面成1:0.045的坡度，如图5-3所示，在转向后进入平移阶段，平移时结构就在几条不等高的轨道上通过滚轴移动。其特点有两个：首先是要设计出纵横两套轨道基础和托换体系；其次要在换向时作特别处理，移位采用了东大特种基础公司在换向处设置换向滑车的专利技术，移位效果较为理想。

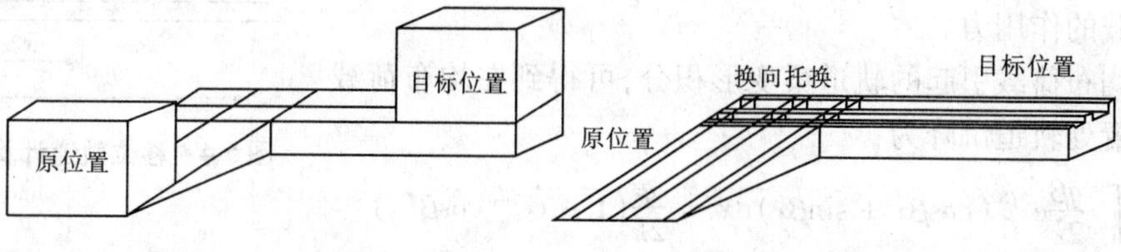

(a)移位路线示意图　　(b)移位轨道形式示意图

图 5-3　爬坡转向轨道形式示意图

5.2.3　基础承载力设计

在确定基础形式后，轨道基础可按墙下条形基础设计。在以往的设计中，下轨道通常利用建筑物原有基础和就位后的新永久基础及连接新永久基础和原有基础之间的过渡段临时基础，在这些基础上铺设钢轨道，该钢轨道可采用槽钢内填混凝土支撑，钢轨道上再设置滚轮及托换加固结构。这种方法充分利用了建筑物的自身结构，且构造比较简单，对于移位方向与建筑物原轴线一致的移位工程是比较理想的设计方法，其设计包括原有基础的受力验算、临时基础及建筑物就位后的永久基础的设计。

轴心受压条形基础宽度 b 的计算公式为：

$$b = \frac{F_k}{f_a - d\gamma_m} \tag{5-1}$$

式中　b——轴心受压条形基础宽度；

F_k——上部结构传至基础顶面的竖向力值；

f_a——修正后的地基承载力特征值；

d——基础埋置深度；

γ_m——基础底面以上土的加权平均重度。

针对就位后的地基基础设计，若出现新旧基础的交错，应考虑既有建筑物地基承载力的提高造成的新旧基础间地基变形的差异，必要时应在以下方面作加固处理：

(1)在旧基础地基经过长期压实和沉降趋于稳定的情况下，为了保证新旧基础均匀沉降，新基础在设计上要增大基础底面积和提高混凝土强度等级。

(2)对于移位后新基础和移位前的部分基础重叠部分，把原基础挖开，把混凝土底板周边凿毛露出底板钢筋，并与新基础底板钢筋焊接，同时增大新基础底面积。

(3)兼作行走轨道的原基础轨道梁要作局部加固。

5.2.4　基础沉降量计算

由于建筑物整体移位工程中的下轨道梁为临时构件，其设计可靠度往往低于新、旧基础的可靠度，因此建筑物移位过程中轨道的最大沉降一般在新旧基础之间的过渡段产生。而轨道梁下部所常用的钢筋混凝土条形基础通常可被简化为弹性地基梁进行内力和变形计算。轨道贯穿建筑物原基础、新基础和移动经过的地区，除移动距离很短（新旧基础出现搭接）的情况外，建筑物移动至过渡段时，平移轨道均可采用半无限空间体上的无限长梁计算简图进行受力分析（移位轨道一般满足长梁限定条件）。

建筑物在如图 5-4 所示的地基梁上缓缓平移时，一般在移位方向上沿托换梁下通长摆放滚轴，轨道上部受到近似于均布荷载的作用力。

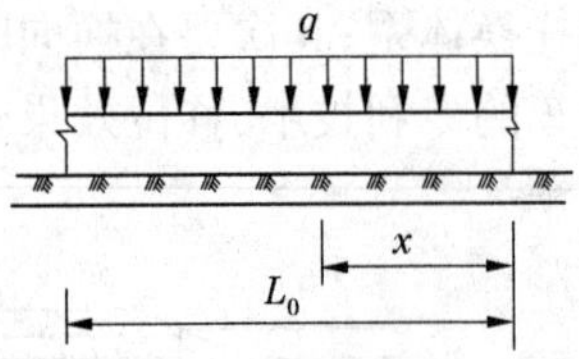

图 5-4 移位轨道计算简图

将均布荷载引起的轨道梁变形积分，可得到在均布荷载边缘位置处轨道沉降为：

$$y = \int_0^{L_0} \frac{q\beta}{2k} e^{-\beta x}(\cos\beta x + \sin\beta x)\,dx = \frac{q}{2k}(1 - e^{-\beta L_0}\cos\beta L_0)$$

式中 y——地基梁竖向变形；

k——地基的集中基床系数，kN/m，$k = k_0 b$（k_0 为基床系数，b 为梁底面宽），取 1 m 长为计算单元；

β——特征系数，$\beta = \sqrt[4]{\frac{k}{4EI}}$，$EI$ 为弹性地基梁的抗弯刚度。

基床系数 k_0 的取值可根据实测得到或根据地基土的种类和状态按照文献[13]中表格选定。

最大沉降量出现在荷载段中部，计算表达式为：

$$y_{\max} = \frac{q}{k}(1 - e^{-\frac{\beta L_0}{2}}\cos\frac{\beta L_0}{2})$$

最大沉降差为：

$$\Delta y_{\max} = y_{\max} - y = \frac{q}{2k} + \frac{q}{2k}e^{-\beta L_0}\cos\beta L_0 - \frac{q}{k}e^{-\frac{\beta L_0}{2}}\cos\frac{\beta L_0}{2} \tag{5-2}$$

轨道最大沉降量按下式进行验算：

$$\Delta y_{\max} \leqslant \Delta_{\lim}$$

式中 $\Delta_{\lim}$——建筑物整体移位工程中的沉降控制限值，在移位工程可靠度不低于原建筑结构可靠度的前提下，按《建筑地基基础设计规范》(GB 50007—2002)中规定限值的 50% 取值。

5.3 轨道的设计

5.3.1 轨道的分类及构造

滚动移位轨道由上、下两部分组成，上部钢板厚度一般为 10～20 mm，作为上轨道梁的模板与上轨道梁成为一体，并为建筑物移位时的牵引力提供施力点。下轨道一般由钢板和槽钢焊成并内浇膨胀细石混凝土（构造如图 5-5 所示）。

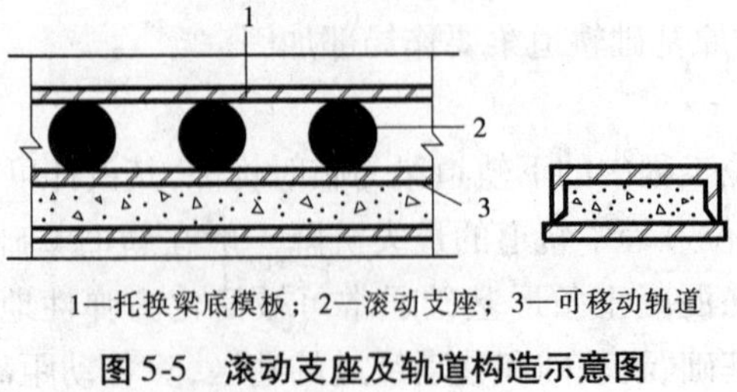

1—托换梁底模板；2—滚动支座；3—可移动轨道

图 5-5 滚动支座及轨道构造示意图

移位轨道和滚动支座的设计要求是：

(1)轨道必须平滑，以减小摩阻力。

(2)能承受滚动支座移动过程中的作用力，不发生大变形。

5.3.2 下轨道的设计

下轨道是指移动界面下面的轨道，一般由下轨道基础和铺设的钢板（或型钢）组成，通常将轨道基础梁称为下轨道梁。

在以往的设计中，下轨道的设计通常是利用建筑物原有基础和就位后的新永久基础及连接二者的临时基础，在这些基础上铺设钢轨，该钢轨可采用槽钢内填混凝土支撑，钢轨上再设置滚轮及托换加固结构。

该方法充分利用了建筑物的自身结构，设计方法比较简单且经济，对于移动方向与建筑物基础平行的建筑物移位工程是比较理想的设计方法，其设计具体应包括原有基础的受力验算、临时基础及建筑物就位后的永久基础的设计。

轴心受压条形基础宽度 b 的计算公式见式(5-1)。

5.4 滚轴的分析与设计

5.4.1 滚轴的受力特点

滚动装置位于托换加固梁以下，坐于下轨道之上，主要作用是在建筑物受力后能够使其平稳移动，它是上部结构与基础之间的可动支撑，它承受了建筑物移动过程中的全部竖向荷载。该装置设计时应考虑如下几个因素。

(1)由于建筑物要在滚轴的缝隙中实施切割，因此滚轴直径应保证上部结构和原基础切割分离时有一定的切割操作空间。工程中常用的滚轴直径为5～10 cm。

(2)考虑滚轴直径对牵引力的影响。工程实践表明，滚轴的直径越大，滚动摩擦系数越小，建筑物移动时所需的牵引力或顶推力也越小。

(3)滚轴应有一定的变形能力。由于托换加固梁及移位轨道平整度的误差，往往导致均匀分布的滚轴受力不均匀，严重时会引起上部托换加固体系的开裂，影响结构安全，因而滚轴应有一定的变形能力，以使滚轴受力均匀。

5.4.2 滚轴的分类

滚轴位于托换加固梁以下，下轨道之上，主要作用是在建筑物托换加固完成之后能使移位建筑物平稳移动。因此，所采用的滚轴材料应具有以下3方面的性能：①抗压强度大。②滚动摩擦系数小，便于结构在牵引力作用下移动。③高应力下弹性恢复力强，抗冲击荷载效果好，保证移位的平稳进行。目前，在建筑物整体移位工程中采用的滚轴按使用材料分主要有以下3类：

(1)实心钢滚轴。实心钢滚轴的优点是承载力比较高，需要的滚轴数量少；缺点是变形能力差，受力不均匀，自重大，造价高，施工难度大。

(2)无缝钢管内注高强填充材料。无缝钢管内的填充材料主要有高强膨胀混凝土、环氧树脂砂浆等。优点是造价不高且刚度适中；缺点是承载能力较低，需要的滚轴数量多，造成间距小，切割施工难度大，特别是移位过程中滚轴在上下轨道钢板的挤压下，内填充材料易碎裂脱出，造成滚轴破损失效。

(3)工程塑料合金滚轴。工程塑料合金滚轴由于自身材料的特点，弹性变形能力较强，承载力高，在建筑物整体移位过程中能通过较强的弹性变形和恢复力吸收冲击荷载，对产生的动力荷载具有明显的隔震作用，有利于结构平稳移位，且滚动摩擦系数小，移位效率高，缺点是造价较高。

根据以往资料得到的几种滚轴的滚动摩擦系数及极限压力如表 5-1 所示。

表 5-1　各种滚轴的滚动摩擦系数及极限压力

滚轴类型	滚动摩擦系数		极限压力(kN)
	光滑钢板面	有混凝土碎屑钢板面	
工程塑料滚轴	0.005 9	0.014 1	780
钢管混凝土滚轴	0.014 4	0.028 3	401
钢管聚合物滚轴	0.012 5	0.024 6	560

5.4.3　滚轴的设计计算

滚动支座的间距与支座本身的受力及上、下轨道梁的设计有直接关系，设计时应综合考虑，一般间距为 0.5 ~ 0.8 m。为确保建筑物移动的顺利进行，可考虑加密滚动支座的间距，使其受力趋于均匀，按下式计算滚轴间距：

$$S \geqslant 2.5D \tag{5-3}$$

式中　D——滚轴的直径。

滚轴直径大小与切割施工和滚动摩擦系数有关，目前建筑物整体移位工程中滚轴直径多为 50 ~ 120 mm。滚轴个数计算公式如下：

$$n = k\frac{\sum N}{F_0} \tag{5-4}$$

式中　n——滚轴个数；

$\sum N$——上部结构竖向荷载总和；

k——安全系数，滚轴在移位施工过程中实际受力为动力荷载，如果轨道不平则会造成局部压力过大，使得实际滚轴并非均匀受力，为保证移位中滚轴不被破坏，公式中的安全系数 k 建议取值不小于 3；

F_0——单个滚轴平均受压承载力。

当选择实心钢辊作为滚轴时，可不验算单个滚轴的强度，滚轴数量可根据混凝土局部受压来控制。在大多数移位工程中，采用空心钢管内填膨胀混凝土或砂浆的滚轴。受压后钢管内的混凝土的受力类似于劈裂破坏，根据劈裂破坏强度的计算公式，经推算可以得到滚轴的平均受压承载力计算公式如下：

$$F_0 = \frac{\pi d\beta l\alpha f_t}{2} \tag{5-5}$$

式中　d——滚轴直径；

l——滚轴长度；

β——考虑滚轴受压不均匀的计算折减系数，可取 0.8 ~ 0.9；

f_t——内填混凝土的抗拉强度标准值；

α——考虑钢管约束作用的混凝土强度增大系数，当钢管的壁厚为 5 ~ 6 mm 时，α 为 6 ~ 7。

将上述系数合并成一个综合系数 γ，则公式变形为：

$$F_0 = \gamma\pi d l f_t \tag{5-6}$$

滚轴的受力实际上由钢管与混凝土共同承担,钢管部分的作用再乘以增大系数考虑到综合系数γ中。根据部分已有工程中的滚轴试验资料,综合系数可取4~5。

滚轴选用以后,施工前应对滚轴进行抗压试验,滚轴的强度和径向变形要满足设计要求。行走过程中还要及时调整滚轴的角度和间距,以控制移动方向并避免荷载在滚轴上分布不均匀造成滚轴破坏。

参考文献

[1] 徐学军,愈强,等. 建筑整体平移工程中软土过渡段地基处理[J]. 建筑施工,2002(1):47-48.

[2] 杨小兵,侯建国,等. 建筑物平移技术概述[J]. 建筑技术开发,2003(10):61-63.

[3] 鄢仁辉. 八层办公大楼横向整体平移[J]. 福建建设科技,2004(4):17-18.

[4] 张新中,武宗良,邓子辰. 综合楼整体迁移抬升工程方案设计[J]. 建筑技术开发,2004(6):78-81.

[5] 吴二军,薛俊明,魏向阳,等. 江都供电公司生产调度楼双向平移技术[J]. 建筑技术开发,2004(7):64-66.

[6] 郑华奇,蓝戊己. 刘长胜故居整体平移工程的设计与施工[J]. 建筑技术,2003(6):414-416.

[7] 王丽霞,郭金刚,等. 建筑联合体同步迁移技术的研究与应用[J]. 建筑技术,2002(6):436-437.

[8] 朱宏平,邱小松,常恒光,等. 建筑联合体整体平移的基础处理技术[J]. 岩土力学,2003(2):30-34.

[9] 陈文海,韩丽平,等. 安庆某商住楼整体平移与爬升设计[J]. 江苏建筑,2004(3):47-54.

[10] 国振喜. 简明钢筋混凝土结构构造手册[M]. 北京:机械工业出版社,2004.

[11] 张天宇,侯伟生. 建筑群远距离整体平移工程实例[J]. 福建建设科技,2000(2):24-25.

[12] 吴二军. 建筑物整体平移工程轨道沉降与沉降差的计算方法[J]. 工业建筑,2005,35(增刊):879-880.

[13] 中华人民共和国建设部,国家质量监督检验检疫总局. GB 50007—2002 建筑地基基础设计规范[S]. 北京:中国建筑工业出版社,2002.

[14] 顾晓鲁,钱鸿缙,刘惠珊,等. 地基与基础[M]. 北京:中国建筑工业出版社,1993.

[15] 袁广林,袁迎曙. 大空间、复杂结构建筑物平移技术研究与应用[J]. 中国矿业大学学报,2001(3):135-138.

[16] 徐学军,吴二军,等. 楼房平移中的移动系统设计探讨[J]. 施工技术,2002(10):24-26.

第 6 章　托换结构的设计

托换加固体系的主要作用是承受上部全部荷载并将其托换传递到移动装置上,因此托换加固体系的受力状况十分复杂,上部荷载通过承压和咬合摩擦力的方式将力传递给托换加固体系,进而又通过滚轴或滑动装置传给下轨道和基础,这个过程中,在托换加固体系中产生了集压、弯、剪、扭、拉共同作用的复杂受力状态。另外,托换加固体系与原结构墙体为不同性质的非均质材料,新旧结构界面共同工作状况难以精确分析,原建筑物墙体既是托换体系的荷载,又作为托换加固体系的受力构件参与工作,使得托换加固体系的设计更加复杂,因此合理确定托换加固体系的力学计算模型是托换加固体系设计研究的关键。

6.1　墙体托换结构的设计方法研究

对如图 6-1 所示的双夹梁式墙体托换结构,在建筑物移动过程中,不同位置和不同方向的托换加固梁受力情况区别很大,因此根据受力特点托换加固梁可分为平行于移位方向的纵向托换加固梁、垂直于移位方向的横向托换加固梁和抬梁 3 类,下面分别对其进行受力分析并建立相应的计算模型。

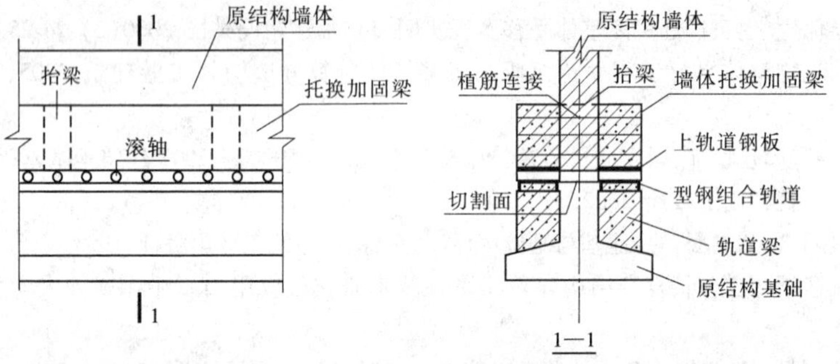

图 6-1　墙体托换装置构造详图

6.1.1　纵向托换加固梁的计算模型分析及设计方法

6.1.1.1　纵向托换加固梁受力分析

实施墙体托换后,墙体通过与纵向托换加固梁内侧面的咬合摩擦力将部分荷载传递给纵向托换加固梁,其余荷载则通过抬梁顶面承压方式传递给抬梁,并通过抬梁传递给两侧纵向托换加固梁,然后传递给滚轮(滑道)和基础。墙托换结构竖向荷载传递路径如图 6-2 所示。

6.1.1.2　纵向托换加固梁简化计算模型

经过大量的墙体托换结构对比分析,并结合作者参与的几项建筑物移位工程的实例验证,可将纵向托换加固梁视为支撑于抬梁上的倒置连续梁。其跨度为抬梁间距,通常按墙体竖向荷载在两侧纵向托换加固梁和相邻两抬梁间的传递荷载分担比 0. 5∶0. 5 计算,即墙体

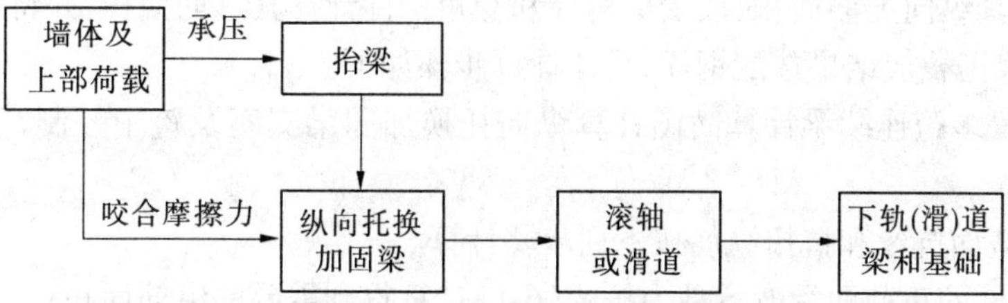

图 6-2　墙托换结构荷载传递示意图

竖向荷载的 50% 通过界面咬合摩擦力传递给两侧纵向托换加固梁，其余 50% 荷载则通过承压方式传递给抬梁，墙体传递给托换加固梁的荷载通过咬合摩擦力作用在托换加固梁内侧，对梁截面形成竖向荷载和扭矩，传力如图 6-3(a)所示。由于滚轮间距一般较小且布置均匀，其对托换加固梁的作用可以认为是均布荷载，则单侧托换加固梁的受力状况及计算简图如图 6-3(b)、(c)所示。

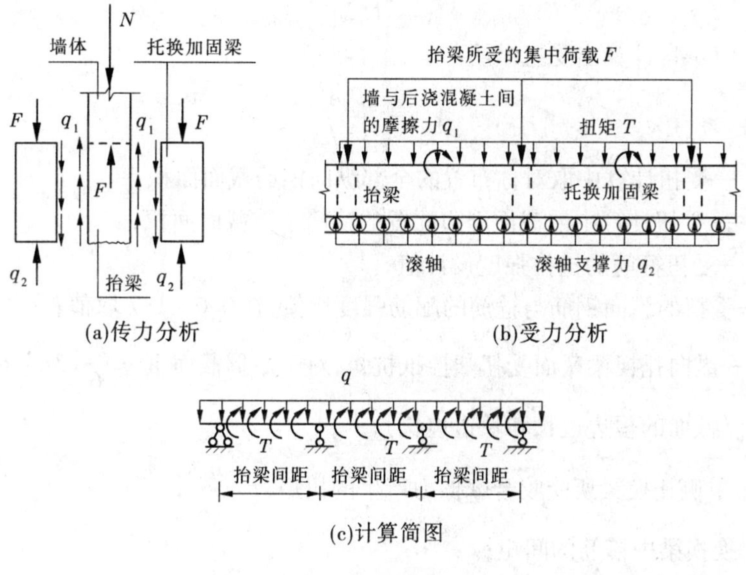

图 6-3　纵向托换加固梁计算模型

其中，q_1 为墙体通过咬合摩擦力传递给托换加固梁的均布竖向力，$q_1 = N/4$，N 为被托换墙段传至托换切割面的竖向均布荷载；F 为抬梁承担的上部荷载，$F = Nl/2$；T 为墙体通过咬合摩擦力对托换梁施加的与轴向垂直的平面内的扭矩，$T = \dfrac{q_1 b}{2}$，其中 b 为托换加固梁截面宽度；q_2 为考虑托换梁自重后滚轴对纵向托换加固梁单位长度的作用力，$q_2 = \dfrac{G}{2\sum_{i=1}^{n} L_i}$，$\sum_{i=1}^{n} L_i$ 为移位建筑物所有纵向托换加固梁(单侧)长度之和；q 为简化为倒置连续梁后的等效均布荷载，$q = q_2 - q_1$。

6.1.1.3　纵向托换加固梁实用设计方法

根据上述纵向托换加固梁的简化计算模型及荷载分析，可分别对纵向托换加固梁按受弯和受扭计算其纵向配筋面积，按受剪构件和受扭构件计算其箍筋面积，并将相应的计算结果叠加，然后根据叠加结果选配钢筋，具体计算步骤如下。

(1)按倒置多跨连续梁计算简图计算纵向托换加固梁支座及跨中控制截面的弯矩、扭矩和剪力。

(2)矩形截面抗弯和抗扭纵筋按下列步骤计算。

①受弯构件的正截面受弯承载力按式(6-1)计算得到需要的纵筋面积：

$$M \leqslant \alpha_1 f_c bx(h_0 - \frac{x}{2}) + f'_y A'_s(h_0 - a'_s) \tag{6-1}$$

混凝土受压区高度应按下列公式计算：

$$\alpha_1 f_c bx = f_y A_s - f'_y A'_s \tag{6-2}$$

②受扭纵筋通过抗扭纵筋与箍筋强度比 ζ 计算得出。

先算出抗扭箍筋 A_{st1} ：

$$\frac{A_{st1}}{s} = \frac{T - 0.35 f_t W_t}{1.2\sqrt{\zeta} f_{yv} A_{cor}} \tag{6-3}$$

再根据式(6-4)计算出受扭纵筋：

$$A_{stl} = \frac{\zeta f_{yv} A'_{st1} u_{cor}}{f_y s} \tag{6-4}$$

式中 A_{stl} ——受扭计算中取对称布置的全部纵向钢筋截面面积；

A_{st1} ——受扭计算中沿截面周边配置的箍筋单肢截面面积；

f_{yv} ——受扭箍筋的抗拉强度设计值；

ζ——受扭的纵向钢筋与箍筋的配筋强度比值，在0.6～1.7取值；

W_t——纵向托换梁截面受扭塑性抵抗矩，对于矩形截面 $W_t = \frac{b^2}{6}(3h - b)$（$b$、$h$ 为矩形截面的短边边长和长边边长）；

T——单侧托换梁所受咬合摩擦力产生的扭矩，$T = \frac{q_1 b}{2}$；

s——换换梁中箍筋的间矩；

f_y——受扭纵向钢筋的抗拉强度设计值；

A_{cor}—— 截面核心部分的面积：$A_{cor} = b_{cor} h_{cor}$，此处，$b_{cor}$、$h_{cor}$ 分别为箍筋内表面范围内截面核心部分的短边、长边尺寸；

u_{cor}—— 截面核心部分的周长，$u_{cor} = 2(b_{cor} + h_{cor})$。

③按照叠加原则计算抗弯和抗扭总的纵筋用量为

$$A_l^* = A'_{stl} + A_l \tag{6-5}$$

(3)矩形截面抗剪和抗扭箍筋按下列步骤计算。

①按抗剪承载力计算所需的抗剪箍筋 nA_{sv1}/s_v 。

构件的抗剪承载力按式(6-6)计算：

$$V \leqslant 0.7 f_t bh_0(1.5 - \beta_t) + 1.25 f_{yv} \frac{nA_{sv1}}{s_v} h_0 \tag{6-6}$$

式中 β_t ——剪扭构件的混凝土降低系数，即

$$\beta_t = \frac{1.5}{1 + 0.5\dfrac{VW_t}{Tbh_0}}$$

β_t 要满足 $0.5 \leq \beta_t \leq 1.0$ 的要求，当 $\beta_t > 1.0$ 时，应取 $\beta_t = 1.0$；当 $\beta_t < 0.5$ 时，应取 $\beta_t = 0.5$。

②按抗扭承载力计算需要的抗扭和抗箍筋 A_{st1}/s，用式(6-3)计算。

③按照叠加原则计算抗剪和抗扭总的箍筋用量为：

$$\frac{A_{sv1}^*}{s} = \frac{nA_{sv1}}{s_v} + \frac{A_{st1}}{s} \tag{6-7}$$

(4)按上述叠加结果选配纵向托换加固梁纵向钢筋及箍筋。

6.1.1.4 纵向托换加固梁的构造措施

(1)墙体托换加固梁的混凝土强度等级不应低于 C30。纵向钢筋宜采用 HRB335、HRB400 或 RRB400 级钢筋。

(2)同一构件中相邻纵向受力钢筋的绑扎搭接接头宜相互错开。钢筋绑扎搭接接头连接区段的长度为 1.3 倍的搭接长度，凡搭接接头中点位于该连接区段长度内的搭接接头均属于同一连接区段。同一连接区段内纵向钢筋搭接接头面积百分率为该区段内有搭接接头的纵向受力钢筋截面面积与全部纵向受力钢筋截面面积的比值，其值不应大于 50%。

(3)托换加固梁中箍筋应按抗扭构件要求做成封闭式，箍筋的间距不应大于 $15d$(d 为纵向受压钢筋的最小直径)，同时不应大于 200 mm；当一层内的纵向受压钢筋多于 5 根且直径大于 18 mm 时，箍筋间距不应大于 $10d$；当梁的宽度大于 400 mm 且一层内的纵向受压钢筋多于 3 根时，或当梁的宽度不大于 400 mm 但一层内的纵向受压钢筋多于 4 根时，应设置复合箍筋。

6.1.2 横向托换加固梁的计算模型分析及设计方法

6.1.2.1 横向托换加固梁受力分析

与建筑物移动方向垂直的横向墙体托换加固梁构造如图 6-4 所示，由于其下部没有滚轮的支撑，梁跨中在上部荷载作用下会产生一定的竖向位移，而平行于移位方向的纵向托换加固梁一般不会产生竖向位移，因此这两种类型的托换加固梁受力特点和计算方法有着本质的区别。

横向托换加固梁托换的竖向墙体荷载通过两侧横向托换加固梁传给相邻的纵向托换加固梁系，并通过纵向托换加固梁系下的滚轮(或滑道)传给轨道和基础。在此传力过程中，墙体竖向荷载在横向托换加固梁和相邻抬梁之间的分担比仍假设为 0.5∶0.5，通过咬合摩擦力传递给横向托换加固梁的竖向力对梁截面形成扭矩 T 和均布竖向荷载。

6.1.2.2 横向托换加固梁的简化计算模型

横向托换加固梁可近似按承受均布荷载的墙梁计算，墙梁荷载及设计方法按相关规范进行，与普通墙梁不同的是，要考虑扭矩作用，将墙梁计算与抗扭计算的结果叠加作为横向托换加固梁的配筋计算结果，并按受扭构件和墙梁要求采取构造措施。

6.1.2.3 横向托换加固梁的实用设计方法

对于梁下悬空的横向墙体托换加固梁，其计算简图为承受均布荷载作用的墙梁。通常有三类分析理论：第一类理论是全荷载框架理论，由于没考虑墙与梁共同工作，墙体仅为荷

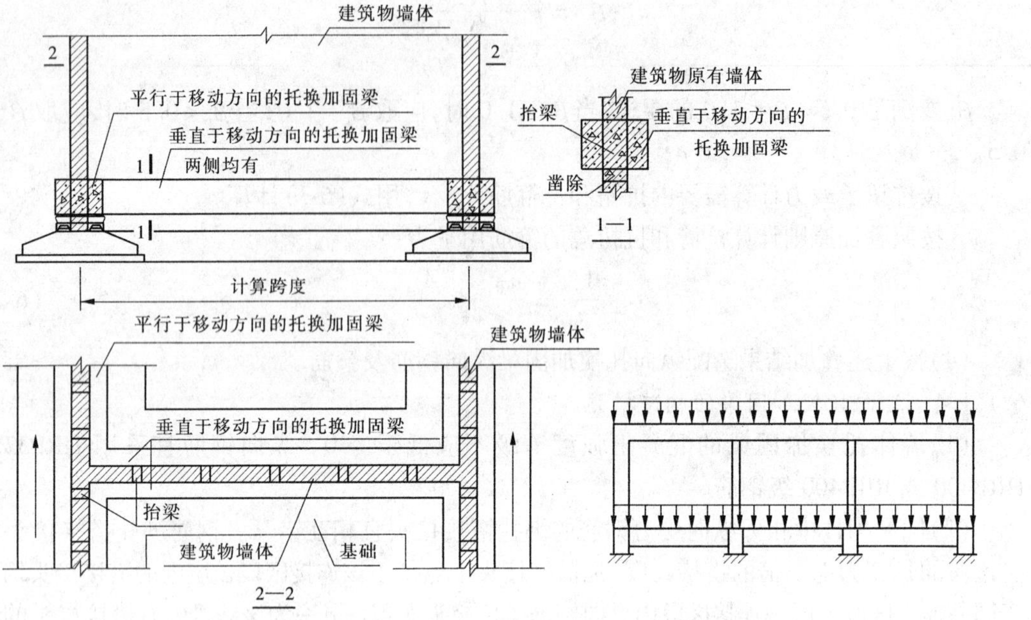

(a)结构示意图　　(b)计算简图

图 6-4　垂直于移动方向的托换加固梁的构造形式示意图

载,忽略了墙体对托换梁变形的约束作用,其结果是使计算的弯矩和剪力都偏大,其梁截面尺寸和配筋较大,偏于保守;第二类理论有三角形荷载法、墙梁法、折减荷载法等,其共同特点是适当考虑墙与梁共同工作,计算结果更接近于工程实际;第三类理论是有限元法,将上部各层砖墙(含洞口)与下部框架梁作为一个构件进行整体分析计算,求出梁中应力,梁可按偏心受拉构件计算。

综合对比以上方法,设计时按照承重墙梁进行分析计算,再对其设计结果利用有限元计算软件 ANSYS 进行分析验证。如图 6-4(a)所示,在外荷载的作用下,托梁以上的墙体以受压拱的形式向托换梁传递荷载,所以托梁起着拉杆的作用。工程实践表明,托梁跨中截面的受力接近于大偏心受拉构件,计算简图如图 6-4(b)所示。可按以下步骤对该方向的托换加固梁进行计算。

(1)跨中段按偏心受拉构件设计。跨中弯矩 M_{bi} 及轴拉力 N_{bti} 按下式计算:

$$M_{bi} = M_{1i} + \alpha_M M_{2i} \tag{6-8}$$

$$N_{bti} = \eta_N \frac{M_{2i}}{H_0} \tag{6-9}$$

对于简支托换梁:

$$\alpha_M = \varphi_M (1.7 \frac{h_b}{l_0} - 0.03) \tag{6-10}$$

$$\varphi_M = 4.5 - 10 \frac{a}{l_0} \tag{6-11}$$

$$\eta_N = 0.44 + 2.1 \frac{h_w}{l_0} \tag{6-12}$$

对于连续托换梁：

$$\varphi_M = 3.8 - 8\frac{a_i}{l_{0i}} \tag{6-13}$$

$$\eta_N = 0.8 + 2.6\frac{h_w}{l_{0i}} \tag{6-14}$$

式中 M_{1i} ——托换加固梁自重作用下跨中最大弯矩；

M_{2i} ——托换加固梁上墙体自重及楼盖和屋盖的恒荷载与活荷载作用下跨中最大弯矩；

α_M ——考虑墙梁组合作用的托换加固梁跨中弯矩系数；

h_b——托换梁截面高度；

h_w——墙体计算高度，取托换梁顶面上一层墙体高度；

η_N ——考虑墙梁组合作用的托换加固梁跨中轴力系数；

φ_M ——洞口对托换加固梁弯矩的影响系数；

a_i ——洞口边至墙梁最近支座中心的距离。

(2)由于托换加固梁一般为连续梁，邻近支座处按受弯构件计算，其截面弯矩 M_{bj} 可按下列公式计算：

$$M_{bj} = M_{1j} + \alpha_M M_{2j} \tag{6-15}$$

$$\alpha_M = 0.75 - \frac{a_i}{l_{0i}} \tag{6-16}$$

式中 M_{1j} ——托换加固梁自重作用下支座弯矩；

M_{2j} ——托换加固梁上墙体的自重及楼盖与屋盖的恒荷载与活荷载作用下支座弯矩；

α_M ——考虑墙梁组合作用的托换加固梁支座弯矩系数。

(3)托换加固梁斜截面承载力计算。

墙梁中托换加固梁各支座剪力 V_{bj} 可按下列公式计算：

$$V_{bj} = V_{1j} + \beta_v V_{2j} \tag{6-17}$$

式中 V_{1j} ——托换加固梁自重作用下托换加固梁支座边缘剪力；

V_{2j} ——托换加固梁上墙体的自重及楼盖与屋盖的恒荷载与活荷载作用下托换加固梁支座边缘剪力；

β_v ——考虑墙梁组合作用的托换加固梁支座边缘剪力系数。

对于结构受扭的配筋计算与建筑物移动方向平行的托换加固梁的受扭计算相同。结构最后所配的箍筋为抗剪与抗扭箍筋的叠加，纵筋为抗扭与抗拉纵筋的叠加。

6.1.2.4 横向托换加固梁的构造措施

(1)当横向托换加固梁高度 $h \geqslant 500$ mm 时，应沿梁高设置通长水平腰筋，直径不应小于 12 mm，间距不应大于 200 mm。

(2)横向托换加固梁的纵向受力钢筋应通长设置，不得在跨中段弯起或截断。钢筋接长应采用机械连接或焊接。

(3)托换加固梁跨中截面纵向受力钢筋总配筋率不应小于 0.6%。

(4)托换加固梁距边支座边 $l_0/4$ 范围内，上部纵向钢筋面积不应小于跨中下部纵向钢筋面积的1/3。连续托换加固梁梁中支座上部附加纵向钢筋每边延伸长度从支座边算起不小于 $l_0/4$。

6.1.3 抬梁的计算模型分析及设计方法

6.1.3.1 抬梁的受力分析及计算模型

抬梁是指在墙体托换加固体系中,每隔一定间距设置的与墙面垂直、贯穿墙体、连接墙体两侧加固梁的构件,其作用有以下三点:

(1)约束托换加固梁在墙体咬合摩擦力作用下的扭转。

(2)直接承担上部墙体的部分竖向荷载并将这些荷载传给两端的托换加固梁,因此承受较大的剪力。

(3)拉结两侧的托换加固梁,约束两端托换加固梁和墙体的相对滑移,增大托换底盘的整体刚度。

目前,工程中对抬梁计算方法的研究较少,大部分是凭经验按照同跨的托换加固梁对其进行配筋,或者按简支受弯构件对其进行近似计算,缺乏深入系统的分析研究。实际移位工程中的抬梁,其净跨度仅为托换梁所夹墙体的厚度,一般为200~300 mm,而截面高度一般与纵向托换梁相同,常高达400~500 mm,梁高度远大于跨度,其受力状态与普通简支梁及一般深梁的受力有着一定的区别。实际工程中抬梁的受力状况和截面特征如图6-5(a)所示,根据其截面特征和受力特点,可近似按均布荷载作用下的简支深梁计算,其跨度取墙体两侧托换加固梁中心的距离。

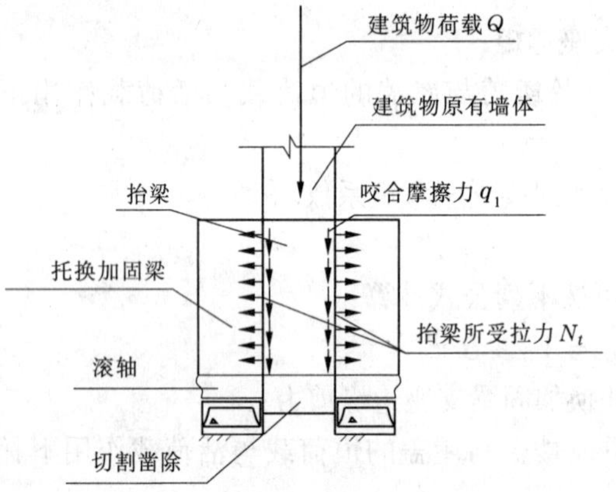

(a)抬梁构造

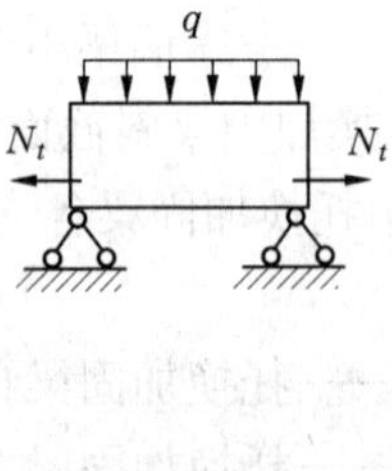

(b)计算模型

图6-5 抬梁构造与计算模型

在墙体竖向力作用下,建筑物原有墙体与两侧托换加固梁之间有相对滑移的趋势,产生咬合摩擦力,使托换加固梁有向两侧张开的趋势,由此产生的拉力由抬梁承受,如图6-5(b)所示。因此,还需对抬梁按轴心受拉构件进行计算,计算所得纵向配筋与按深梁计算结果叠加后即为抬梁最终的配筋结果。

6.1.3.2 抬梁的设计方法

抬梁的设计首先要确定抬梁间距,间距太大造成单根抬梁承受荷载过大和配筋过大,而且墙体和托换梁之间容易发生滑移,影响安全性和经济性;间距过小又势必增加成本,而且间距小也会增大施工期间对原结构墙体的削弱程度，同样增加了成本和降低了安全性能。为减少对原结构的损伤和便于施工，移位工程中对于抬梁一般以房屋的开间或进深为单位进行处理，通过抬梁把一个开间或进深的墙体分为2～4段。对一个开间（进深）来说，一般两端墙角处设抬梁，中间视开间（进深）距离再设1～3个，同时要保证抬梁间距在1.3～2 m。

抬梁设计步骤如下。

（1）深梁计算。深梁的跨度取墙体两侧托换加固梁中心的距离。钢筋混凝土深梁受弯构件的正截面受弯承载力按下列公式计算：

$$M \leqslant f_y A_s z \tag{6-18}$$

$$z = \alpha_d (h_0 - 0.5x) \tag{6-19}$$

$$\alpha_d = 0.80 + 0.04 l_0 / h \tag{6-20}$$

式中 x——截面受压区高度，当 $x < 0.2h_0$ 时，取 $x = 0.2h_0$；

h_0——截面的有效高度，$h_0 = h - \alpha_s$，其中 h 为截面高度；当 $l_0/h \leqslant 2.0$ 时，跨中截面 α_s 取 $0.1h$，支座截面 α_s 取 $0.2h$；当 $l_0/h > 2.0$，α_s 按受拉区纵向钢筋截面形心至受拉边缘的实际距离取用。

当 $l_0 < h$ 时，取内力臂 $z = 0.6l_0$。

钢筋混凝土深受弯构件在均布荷载作用下斜截面受剪承载力按下列公式计算：

$$V \leqslant 0.7 \frac{8 - \frac{l_0}{h}}{3} f_t b h_0 + 1.25 \frac{\frac{l_0}{h} - 2}{3} f_{yv} \frac{A_{sv}}{s_h} h_0 + \frac{5 - \frac{l_0}{h}}{6} f_{yh} \frac{A_{sh}}{s_v} h_0 \tag{6-21}$$

式中 l_0/h——跨高比，当 $l_0/h < 2$ 时，取 $l_0/h = 2$。

（2）抗拉计算。抬梁所受拉力可近似按如下公式计算：

$$N_t = q_1 l / \mu \tag{6-22}$$

式中 q_1——托换加固梁与托换墙体之间的咬合摩擦力，可取 $q_1 = N/4$，N 为建筑物墙体传至切割面的竖向均布荷载；

μ——托换加固梁与建筑物原有墙体之间的摩擦系数，综合考虑摩擦力与咬合力的作用，一般可取0.5～0.7；

l——相邻抬梁间距。

然后按照轴心受拉构件计算配筋：

$$A_s \geqslant N_t / f_y \tag{6-23}$$

式中 N_t——根据式(6-22)计算的拉力设计值；

f_y——钢筋的抗拉强度设计值；

A_s——抗拉钢筋的全部截面面积。

（3）将以上计算结果叠加后选配抬梁钢筋。

6.1.3.3 抬梁的构造措施

（1）抬梁的混凝土强度等级不应低于C30。

（2）抬梁应与两侧托换加固梁可靠连接。抬梁纵筋应沿水平方向弯折锚固入两侧的托换加固梁，锚固长度应按《混凝土设计规范》（GB 50010—2002）9.3.1条规定的受拉钢筋锚固长度 l_a 采用。当不能满足上述锚固长度要求时，应采取在钢筋上加焊锚固钢板或将钢筋末端焊成封闭式等有效的锚固措施。

(3)抬梁的纵向受拉钢筋的配筋率$\rho(\rho = A_s/(bh_0))$、水平分布钢筋的配筋率ρ_{sh}($\rho_{sh} = A_{sh}/(bs_v)$)($s_v$为水平分布钢筋的间距)和竖向分布钢筋的配筋率$\rho_{sv}$($\rho_{sv} = A_{sv}/(bs_h)$)($s_h$为竖向分布钢筋的间距)分别不宜小于0.25、0.25、0.2。

6.2 柱托换加固体系的设计计算

柱托换的目的就是要建立一个具有足够托换承载力和水平刚度的托换底盘(或称移位上轨道体系),这个底盘由不同方向的托换加固梁、柱托换节点和必要的水平支撑体系组成,所以柱托换结构的设计包括水平支撑系统的设计和柱托换节点的设计。对柱的托换需综合考虑托换节点的位置、截面尺寸、竖向荷载、施工能力、经济性和就位连接技术。

6.2.1 水平支撑系统的设计

在以往的建筑物整体移位工程中,采用过整浇混凝土楼板作为大底盘来增加底层平面刚度的措施,但材料用量过大,现已较少采用。目前移位工程中大多数采用的是由柱托换节点、墙体托换梁、支撑构件(互相交叉的斜向连梁)组成的平面托架,其具体形式的选择主要与房屋底层结构平面布置有关,很难对各式各样的结构提出统一的托换底盘水平支撑系统设置模式。这里主要对柱网规则结构和柱网不规则结构的水平支撑系统设计来分别进行讨论。

对于平面结构布置较规则的建筑物,托换梁应与柱间墙平行设置以方便对非承重墙的托换,若跨度不大的话一般无须设置支撑构件来增大水平刚度。对于大开间的无填充墙框架结构,应设计合适的托换加固梁和水平支撑并进行水平刚度验算,在刚度满足的情况下,要以减少构件数目和截面配筋为目标,对水平支撑系统进行优化。图6-6所示为某框架结构移位时的水平支撑系统,因为要旋转,所以对水平支撑系统的刚度提出了很高的要求。

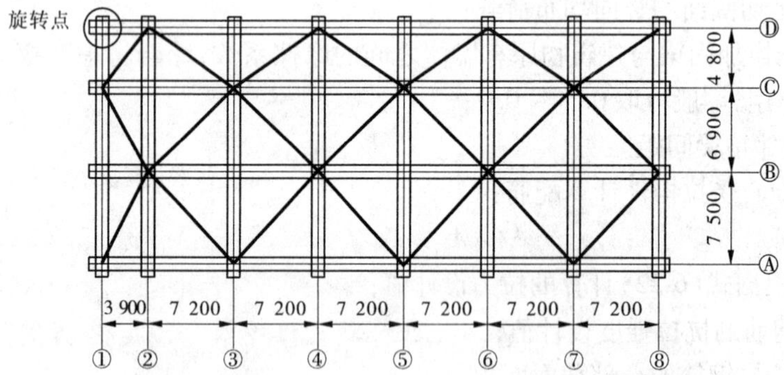

图6-6 由托换梁和支撑构件组成的水平支撑系统

框架结构建筑物移位时的水平支撑设计需要考虑以下几个因素。

(1)框架的跨度。水平支撑需要根据跨度来设置,跨度较小的区域一般不需要附加水平支撑,跨度较大的区域,水平刚度差,应布置水平支撑来加强。例如在上海音乐厅移位工程中,由于底层观众席部分跨度很大,在观众座位区增加了纵横梁各四条,斜向H型钢支撑

12 根,大大增强了整体刚度,保证了移位的安全实施。

(2)加载的位置及方式。水平支撑体系依靠外加荷载作用实现建筑物整体移位,因此荷载施加方式和施加位置决定了水平支撑承担的荷载工况。顶推、牵引、换向、旋转、抬升等都会对水平支撑产生不同的影响,具体工程设计时必须根据本工程移位方式及路线确定各种工况下的荷载组合,作为设计的荷载参数,其中旋转和抬升对水平支撑系统的刚度要求更高一些。

(3)水平支撑的使用期限。如果移动就位后建筑物底层楼面和地下室有特殊要求,水平支撑在就位后必须拆除,为了减少材料浪费和施工工作量,应考虑采用可方便安装拆卸的型钢支撑系统,在施工完成后可回收利用,降低成本。

有些移位工程属文物保护范畴,结构使用年限较长,因而整体性较差。采取先加固后移位的方法,这些水平支撑一般不宜拆除而应作为永久性构件使用,设计时一般采用钢筋混凝土构件作为水平支撑,而且水平支撑的形式要有利于就位后与新基础的连接。

(4)便于施工和减少成本。在水平支撑刚度满足设计要求的基础上,应考虑施工方便并采用经济合理的支撑形式。

以上所述是对柱网布置较规则的结构而言,对于柱网布置不规则或者移位方向倾斜于主要轴线的建筑物,很难按照以上方法直接在构件部位建立水平支撑。典型的工程如上海音乐厅和刘长胜故居,结构极不规则,柱网错综复杂,如果仍采用“一柱一轨”的轨道梁布置形式,则轨道梁数量众多,形成类似满堂的底盘形式,难以施工而且很不经济。在这种情况下,水平支撑系统可以完全不受原结构柱网的限制,把下轨道梁布置在荷载较大的柱下面,其他荷载较小的柱采用“托梁换柱”的方法,通过托梁将柱托换到相邻轨道上。这样设计的结果一方面可以有效减少轨道梁的总数量,另一方面也可以使轨道梁布置规则,受力明确,便于设计计算。“托梁换柱”的结构示意图如图 6-7 所示。

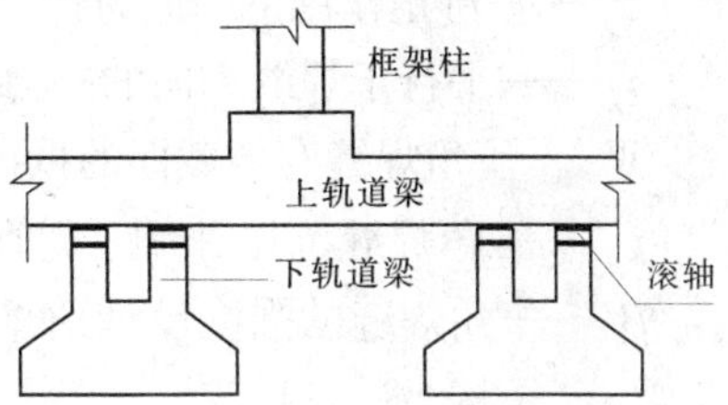

图 6-7 “托梁换柱”的结构示意图

6.2.2 钢筋混凝土柱托换节点的设计

根据钢筋混凝土柱托换节点实际构造,在柱托换节点设计时,往往近似按倒置牛腿模型进行设计,但大量工程实例和试验结果表明,托换加固时后浇牛腿的破坏机理与普通牛腿的破坏机理有所不同。对于普通的短牛腿,可认为其按照桁架原理进行传力,最后往往为斜压破坏;而后浇牛腿的破坏往往是发生在新旧混凝土交界面上的剪切破坏,因此其配筋除满足一般牛腿的计算要求外,还应按摩擦抗剪设计理论进行节点抗剪承载力验算。

柱托换节点设计计算可按以下步骤进行。

(1)按倒置牛腿计算其受拉钢筋。纵向受拉钢筋计算简图如图 6-8 所示。

柱托换节点的纵向受拉钢筋面积由下式计算:

$$A_s = \frac{F_v a}{0.85 f_y h_0} + 1.2 \frac{F_h}{f_y} \tag{6-24}$$

式中 F_v ——作用在牛腿顶部的竖向力设计值;

F_h ——作用在牛腿顶部的水平拉力设计值。

对于该倒置牛腿, F_v 取滚轮的支座反力, F_h 取零。

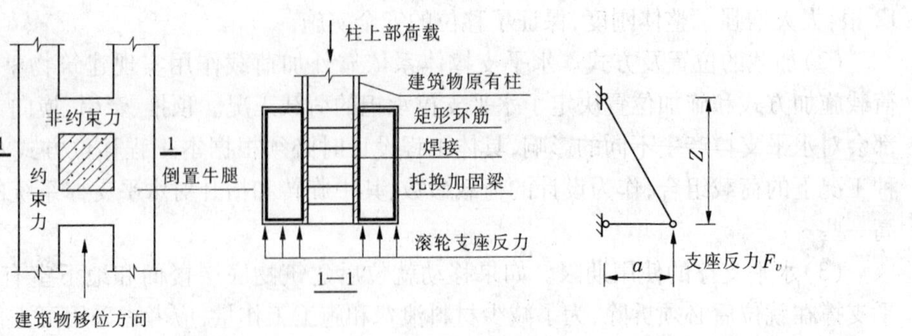

图 6-8　柱托换加固节点受力及构造示意图

当 $a < 0.3h_0$ 时，取 $a = 0.3h_0$。

(2)焊接牛腿的焊缝验算。焊缝的正应力和剪应力通过下列公式验算：

$$\sigma_f = \frac{M}{W_w} \leqslant \beta_f f_t^w \tag{6-25}$$

$$\tau_f = \frac{N}{h_e l_w} \leqslant f_f^w \tag{6-26}$$

$$\sqrt{\left(\frac{\sigma_f}{\beta_f}\right)^2 + \tau_f^2} \leqslant f_f^w \tag{6-27}$$

式中　σ_f——弯矩作用下的应力；

τ_f——平行于焊缝方向的外力作用下的剪应力；

W_w——角焊缝有效截面的抵抗矩；

f_f^w——角焊缝抗拉、抗压、抗剪强度设计值；

β_f——角焊缝的强度设计值增大系数，对承受静力荷载和间接承受动力荷载的结构，$\beta_f = 1.22$。

(3)按倒置牛腿计算其水平箍筋。由于牛腿是后浇构件，所以必须采取合理的构造措施来保证两侧托换牛腿中的纵向受力钢筋纵向连接，有两种处理方法：

①事先在框架柱上钻孔，将两侧牛腿的纵向受力钢筋从中间穿过，然后在两侧向上弯起。这种结构类似于上柱柱顶的牛腿构造，受力明确，计算简单，但是在框架柱上钻孔穿筋也有很多困难：截面较大的柱子很难钻出符合设计要求的通孔；钻孔若钻到原框架柱内部钢筋无法钻通则形成废孔或者钻断钢筋而严重损伤结构安全。所以，柱内钻孔穿筋的方法一般适用于荷载不大且柱内钢筋明确的框架柱托换。

②焊接矩形环筋也可以将纵向拉力传递给柱子纵筋的焊接段，因此需要在焊接段对箍筋进行计算。在焊接段下部 $2h_0/3$ 范围内的水平箍筋总截面面积应符合式(6-28)要求：

$$A_{sh} \geqslant \frac{F_v a}{1.7 f_y h_0} \tag{6-28}$$

水平箍筋的直径宜取 8～12 mm，间距宜取 100～150 mm。

(4)新旧混凝土叠合面的抗剪承载能力验算，采用摩擦抗剪设计理论。在多数情况下，剪切破坏会造成横穿构件的斜裂缝。但是当剪跨比很小时(如小于 0.5)，或者当一个可能产生剪切位移的特殊截面由于施工缝隙等原因被削弱时，剪应力就有可能沿着这个确定的平面造成滑移性破坏,这种破坏就称为界面剪切破坏,其剪力传递机理与斜截面有着本质的不同。根据文献,受大的集中荷载的构件或狭窄的突出构件的外边遭受的一类破坏称为剪摩擦破坏,而后浇牛腿发生在新旧混凝土交界面的剪切破坏就是典型的剪摩擦破坏的例子。

剪摩擦的原理如图 6-9 所示,在竖向力 V 的作用下,由于破坏面的凸凹不平,牛腿将向下和向外位移,在钢筋中产生拉应力。为了防止牛腿发生剪摩擦破坏,需要在可能的破坏面上配置足够的钢筋。

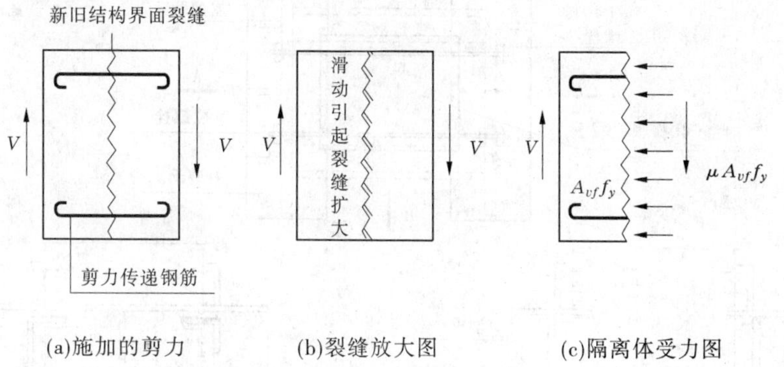

图 6-9　界面剪力传递机理

在图 6-9 中,垂直于界面的钢筋提供法向力,截面剪力用法向力乘以摩擦系数 μ 来表示,即 $\mu A_{vf}f_y$,令水平力之和等于零可得到:

$$V = \mu A_{vf}f_y = A_c\tau_v \tag{6-29}$$

式中　μ ——摩擦系数,在经粗糙处理过的硬化混凝土上浇筑混凝土时取 1.0,在未经粗糙处理的硬化混凝土上浇筑混凝土时取 0.6;

A_{vf} ——与界面垂直相交的钢筋面积之和;

f_y ——钢筋的抗拉强度设计值;

A_c ——剪切界面面积;

τ_v—— 界面上的名义剪应力,$\tau_v = \dfrac{V}{A_c} = \mu\dfrac{A_{vf}}{A_c}f_y = \mu\rho f_y$。

当所加荷载为中等水平时,从以上关系可以看出界面上剪应力与混凝土的强度无关,但当作用的剪力较大时,咬合机构中的混凝土就可能发生破坏。ACI(美国混凝土学会)为此规定了一个偏安全的上限 $\tau'_v = 0.2f_c$(f_c 为新旧混凝土中较小的轴心抗压强度设计值),以防止混凝土破坏。

实际计算中构件的界面抗剪承载力 V 应为:

$$V = \min\{V_1, V_2\}$$

$$V_1 = \mu A_{vf}f_y = A_c\tau_v$$

$$V_2 = A_c\tau'_v = 0.2A_cf_c$$

最后计算的柱侧面四周界面总抗剪承载力应不小于框架柱上部荷载。

6.2.3　钢结构柱托换节点的设计

同钢筋混凝土柱托换装置类似,钢结构柱托换装置首先也要考虑水平支撑的设计。总体的设计原则是在满足柱托换节点承载力要求和水平刚度要求的前提下做到经济合理与便于施工。其设计原则和方法与钢筋混凝土柱托换水平支撑体系相同,这里不再赘述。

目前,国内成功利用钢结构进行框架柱托换的主要是东南大学的专家提出的型钢对拉螺栓柱托换结构。该结构构造示意图如图 6-10 所示。

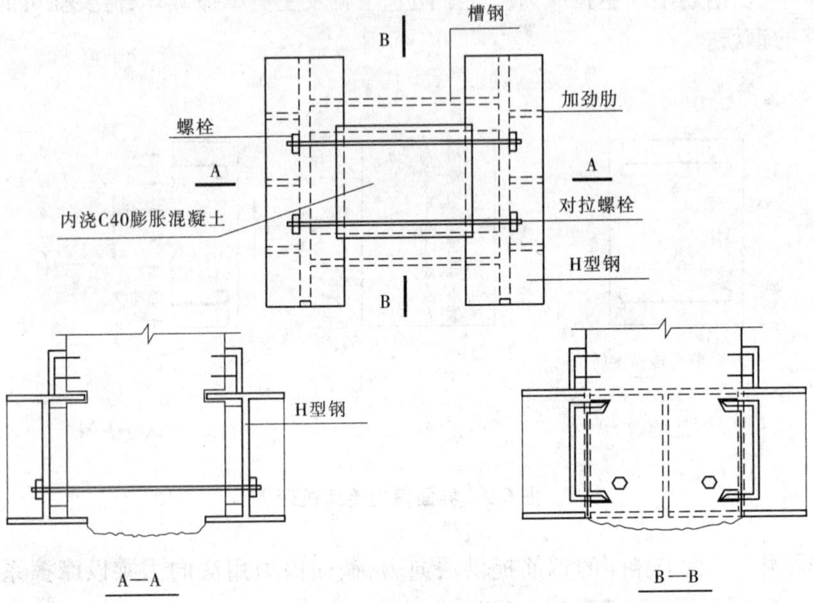

图 6-10　型钢对拉螺栓柱托换节点构造

柱轴力主要由以下几项的组合来承担:对拉螺栓的抗剪、新旧混凝土叠合面的抗剪承载能力、齿槽抗剪、型钢翼缘切入部分局部受压承载力。

对于型钢对拉螺栓柱托换节点的抗剪承载能力计算,文献[12]建议用以下公式:

$$V = 1.2(2nf_{sv}A_{sv1} + 0.3f_tA_{cv} + 0.9f_c\alpha l_c) \tag{6-30}$$

式中的三项分别为螺杆、填充混凝土、型钢翼缘卡入位置处柱身混凝土承担的抗剪承载力,n 和 A_{sv1} 分别为螺杆根数和单根螺杆截面面积,型钢翼缘卡入柱保护层深度 α 设计时取 25 mm,其他参数含义如下:

f_{sv} ——螺杆的抗剪强度设计值;

f_t ——填充混凝土界面的混凝土轴心抗拉强度设计值;

A_{cv} ——新旧混凝土结合面面积;

f_c ——混凝土抗压强度设计值;

l_c ——柱截面周长(乘以 0.9 的折减系数)。

6.3　算例及经济效益分析

【例 6-1】　中央储备粮平顶山直属库综合楼为混合结构,建筑面积约 2 000 m^2,主体四层,⑤ ~ ⑩轴为局部五层,底层门厅为局部框架结构,首层平面如图 6-11 所示。根据规划调查要求向北迁移 39.88 m,并且抬升 4.5 m,墙体、柱托换均采用钢筋混凝土托换结构施工,按照本书提出的托换体系设计方法设计,并与传统经验设计方法进行比较,证明本书提出的新设计方法具有明显的经济效益。

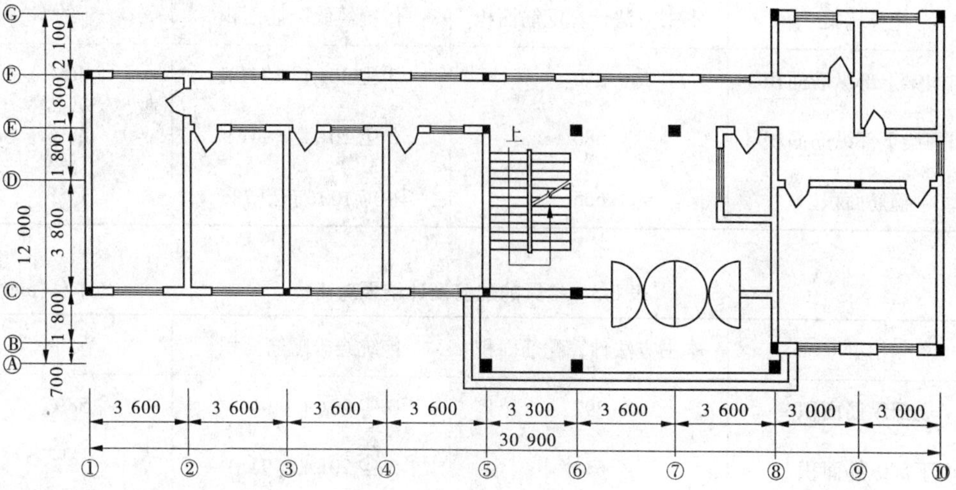

图 6-11　首层平面示意图

(1)纵向托换加固梁:取⑩轴线的托换加固梁和抬梁为研究对象,共 6 跨,每跨 2 m,托换加固梁截面:220 mm×500 mm,混凝土:C30,纵筋:HRB335,箍筋:HGPB235,上部传来荷载:1 862 kN,单跨托换加固梁一侧荷载:78 kN。纵向托换加固梁受力简图如图 6-12 所示。

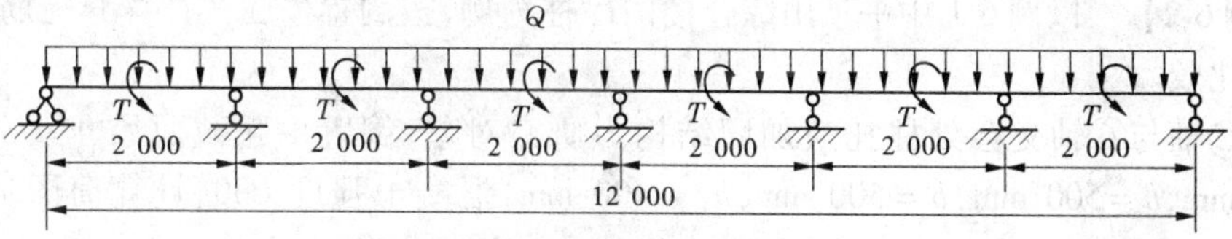

图 6-12　托换加固梁受力简图

(2)横向托换加固梁:取Ⓔ轴上②~⑤轴间墙体的托换加固梁为研究对象,共 3 跨,每跨 3.6 m,托换加固梁截面尺寸为 220 mm×500 mm,单侧托换加固梁所受均布荷载:38.1 kN/m。

(3)抬梁: 抬梁截面:220 mm×500 mm,荷载:1 862/6/2 = 155.2(kN)。

按传统经验配筋和根据以上提出的托换加固设计方法计算出的配筋结果对比如表 6-1~表 6-3 所示。

表 6-1　纵向托换加固梁的配筋设计结果对比　（单位:mm^2）

托换加固梁	本书方法计算配筋面积	传统经验配筋面积	节约率
上部纵筋面积(加固梁下部)	646	3 Φ 20(A_s = 941)	31%
下部纵筋面积(加固梁上部)	561	3 Φ 20(A_s = 941)	40%
箍筋面积	740	Φ10@100(面积 785)	6%

表 6-2　横向托换加固梁的配筋设计结果对比　（单位：mm^2）

托换墙梁	本书方法计算配筋面积	传统经验配筋面积	节约率
加固梁上部纵筋面积	510	3 Φ 20($A_s=941$)	46%
加固梁下部纵筋面积	580	3 Φ 20($A_s=941$)	38%
箍筋面积	665	Φ10@100（面积 785）	15%

表 6-3　抬梁的配筋设计结果对比　（单位：mm^2）

抬梁	本书方法计算配筋面积	传统经验配筋面积	节约率
上部纵筋面积	397	3 Φ 20($A_s=941$)	58%
下部纵筋面积	633	3 Φ 20($A_s=941$)	33%
箍筋面积	90	Φ 8@120（面积 419）	79%

由上面的算例分析可见，按照本书提出的墙体托换加固体系设计方法计算出的托换加固梁及抬梁纵筋面积远小于传统经验配筋面积，具有非常明显的经济效益，但按本书公式计算的纵横向托换加固梁的箍筋面积与传统经验配筋面积接近。

【例 6-2】　以例 6-1 中平顶山综合楼门厅柱为例，按倒置牛腿法计算其配筋并与传统经验法比较。

取Ⓒ轴与⑥轴交会处柱托换加固结构为研究对象，倒置牛腿截面尺寸 $a=110$ mm，$c=220$ mm，$h=500$ mm，$b=500$ mm，$h_1=400$ mm，混凝土强度 C30，计算简图见图 6-13、图 6-14。

图 6-13　倒置牛腿受力简图

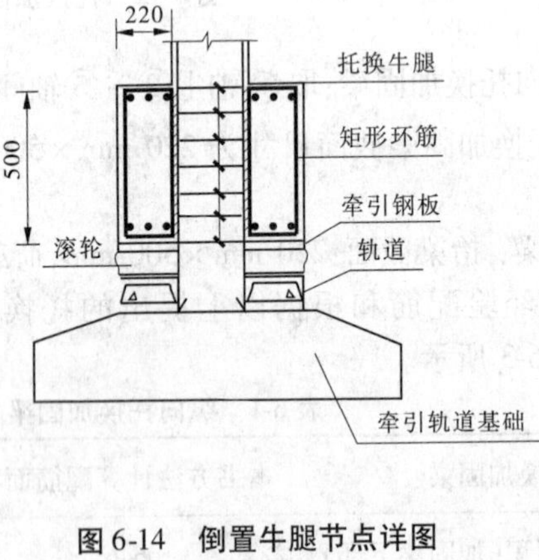

图 6-14　倒置牛腿节点详图

荷载 $F_v=785\ \text{kN}/2=392.5\ \text{kN}$，$F_h=0$，$M=392.5\ \text{kN}\times110\ \text{mm}=43.2\times10^3\ \text{kN}\cdot\text{mm}$

按传统经验配筋和根据以上提出的托换加固设计方法计算出的配筋结果对比如表 6-4 所示。

表 6-4 倒置牛腿配筋设计结果对比 （单位：mm^2）

托换牛腿	本书方法计算配筋面积	传统经验配筋面积	节约率
上部纵筋面积	750	3 Φ 20(A_s = 941)	20%
下部纵筋面积	750	3 Φ 20(A_s = 941)	20%
箍筋面积	375	Φ 10@100（面积 785）	52%

由上面的算例分析可见，按照本书提出的柱托换加固体系设计方法计算出的纵筋面积远小于传统经验配筋面积，具有非常明显的经济效益。

6.4 托换结构的有限元分析

6.4.1 墙体托换结构的有限元分析

本节将利用有限元软件 ANSYS 对建筑物整体移位墙体托换加固体系的设计进行深入的计算分析，验证所使用的墙体托换加固结构受力状态及应力分布是否符合设计要求。

6.4.1.1 参数选取及计算模型

按实际工程尺寸建立墙体双夹梁模型并进行有限元分析，墙体厚度为 240 mm，各部分托换梁截面均为 220 mm × 500 mm，托换梁下部设 10 mm 厚钢板，钢板下为滚轴和轨道基础。

由于墙体托换结构是由黏土砖、混合砂浆、混凝土以及钢筋组成，而且各材料结构形状及组合关系比较复杂，为简化计算，在 ANSYS 计算过程中，采取了以下假定：①假定凿毛的墙体与后浇混凝土托换加固梁之间没有相对滑移，变形协调；②假定上部荷载中均匀地施加在托换梁顶 0.5 m 以上的墙体断面上。

托换加固梁结构的各部分计算参数按以下方法设定（采用国际单位制 N、m、kg、s 等）。

(1) 托换加固梁材料：混凝土（C30），弹性模量 3×10^{10} Pa，泊松比 0.2。

(2) 墙体材料：烧结普通砖（M10 砖，砂浆 M5），弹性模量 2.4×10^{9} Pa，泊松比 0.15。

(3) 钢筋及轨道钢板：钢材（HRB335），弹性模量 2×10^{11} Pa，泊松比 0.3。

计算中将实际工程荷载转化为等效均布荷载施加在模型的上部墙体上，在 ANSYS 建模时对各种不同性质的材料进行以下简化：

(1) 单元类型。托换加固梁采用钢筋混凝土的整体式建模，托换加固梁采用 solid65 单元，该单元用于含钢筋或不含钢筋的三维实体模型，具有拉裂与压碎的性能，可以用单元的实体性能来模拟混凝土，而用加筋性能来模拟钢筋的作用。混凝土张开裂缝的剪切传递系数为 0.7，闭合裂缝的剪切传递系数为 1。

在考虑钢筋的作用时，首先对托换加固梁的弹性模量进行修正；其次，在模型材料实常数设置中将钢筋分散在托换加固梁之中。

(2) 有限元模型。由于建筑物的移动速度一般为 5 mm/min 左右，在启动加速阶段，其加速度约为 0.000 6 m/s^2，所以在建立模型分析时按照结构静力分析来考虑。按实际工程设计，每个开间和进深分别设三段抬梁将墙体隔成两部分。划分网格后产生 37 199 个节点，25 088 个六面体单元，有限元模型如图 6-15 所示。

6.4.1.2 计算结果分析

放大 100 倍后的墙体托换体系沿竖直方向的位移云图如图 6-16 所示。

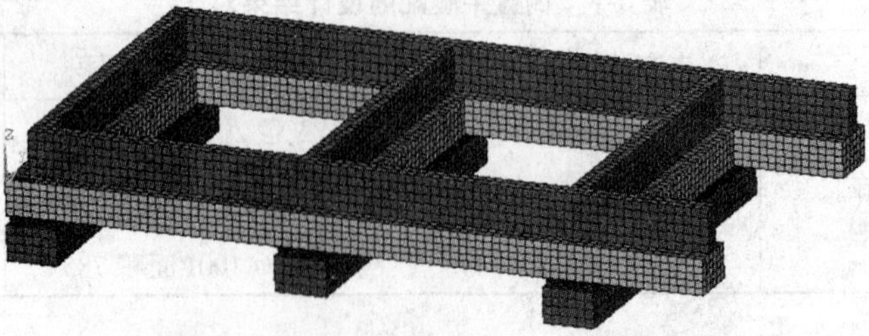

图 6-15　划分网格后的墙体托换加固体系

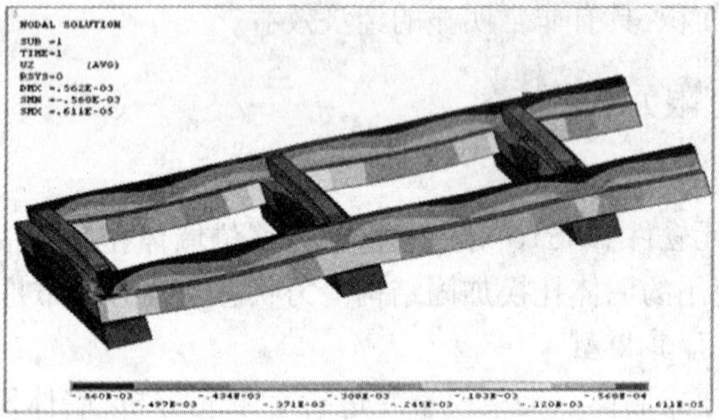

图 6-16　墙体托换体系沿竖直方向的位移云图　（单位:m）

6.4.1.3　对纵向托换加固梁的分析

下面分别对纵向墙体托换加固梁应力分布列图表分析，分析区域分别是梁顶面中线、梁内侧中线、梁底面中线。

（1）梁顶部应力分布。图 6-17 路径 2、3 分别对边跨外侧、边跨内侧的托换加固梁顶部应力进行比较分析。从图中可以看出，在纵向托换加固梁顶部，*Y* 方向普遍受拉，拉应力沿 *Y* 轴方向不均匀分布，在两侧及中间抬梁位置处拉应力迅速减小，而在两个抬梁之间拉应力最大，完全符合倒置连续梁的受力特点，这说明纵向托换加固梁简化为倒梁的合理性。另外，两幅图的共同点是 *Z* 方向的应力在抬梁位置迅速减小，说明抬梁较好地约束了该部位一地向拉应力的发展。

（2）梁内侧（墙体一侧）应力分布。图 6-18 中路径 4、6 反映了不同位置托换加固梁内侧（墙体一侧）的 *X*、*Y*、*Z* 方向应力分布情况，其中的 *X*、*Y* 方向应力很小，而 *Z* 方向的应力比较大，不同位置的托换加固梁在该区域最大应力基本相同，均为 1.2 ~ 1.3 *MPa*，比外侧最大压应力略小。其原因是托换梁内侧（墙体一侧）虽然受到横向托换梁传来的竖向荷载的影响，但其不直接与横向托换梁相邻，而且梁内侧最大压应力出现的位置也比外侧最大应力出现位置稍稍向中间偏离，说明纵向托换梁内侧的竖向应力不仅仅受横托换梁传来的竖向荷载的影响，而且受到所夹墙体传来的竖向咬合摩擦力的影响，最大压应力出现的位置说明了竖向咬合摩擦力对梁内侧的影响更明显。

（3）纵向托换加固梁与墙体间剪应力分析。在分析时对纵向托换加固梁与墙体界面按如图 6-19所示路径对剪应力数据进行提取，得到图 6-20中的结果。

从图 6-20 路径 1 ~ 8 所示的应力分布可以看出，纵向托换梁与墙体界面的剪应力自上而下逐渐增大，从两抬梁向跨中逐渐增加，最大值为 1.52 MPa，且绝大部分剪应力值小于 1 MPa。

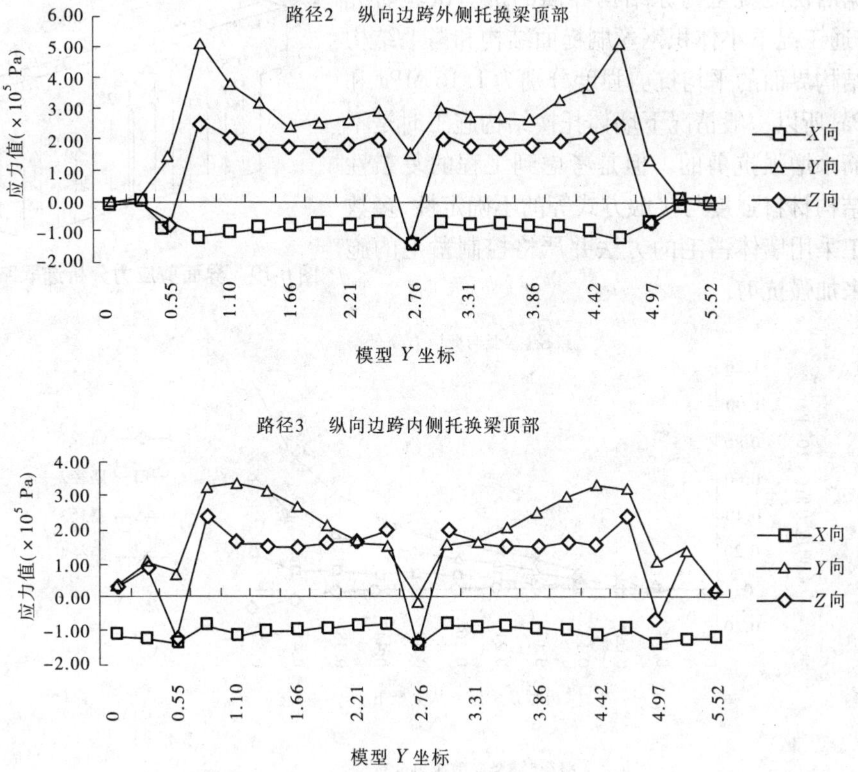

图 6-17　墙体托换加固体系沿各路径应力分布(一)

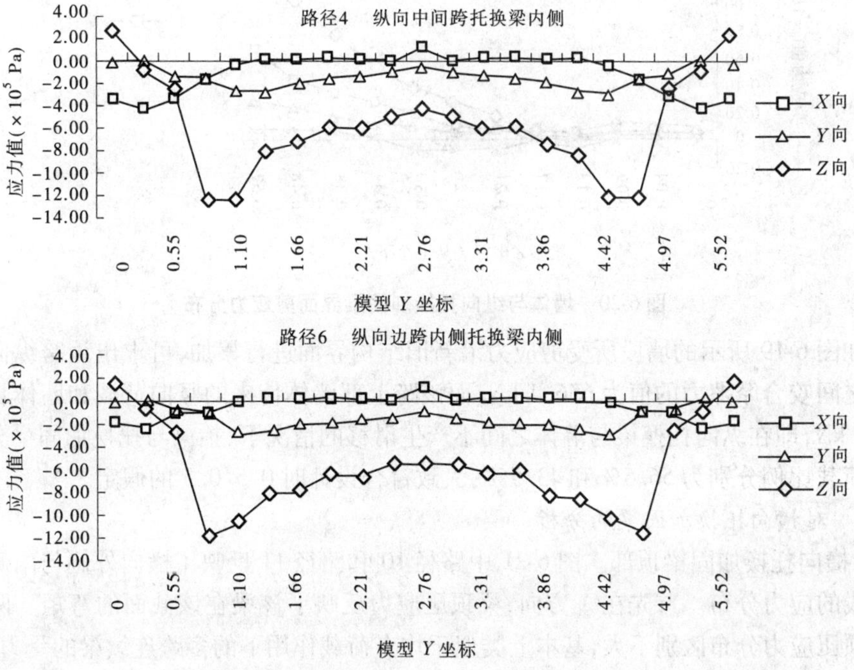

图 6-18　墙体托换加固体系沿各路径应力分布(二)

根据后浇混凝土与原结构界面的抗剪试验研究结果，普通工况下小体积钢丝刷糙面结构和凿毛结构的新旧结构界面的平均抗剪强度分别为 1.16 MPa 和 1.67 MPa，所以一般情况下墙体托换结构施工时是不需要植筋来增强抗剪的。但是考虑到工程的复杂性和新旧结构材料强度与接触方式等的不确定性，多数托换施工采用墙体凿毛的方法并严格控制凿毛的施工质量来加强抗剪。

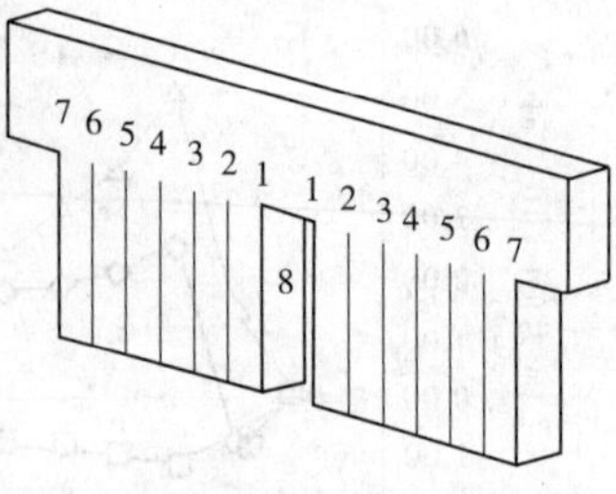

图 6-19　界面剪应力分析选取路径分布

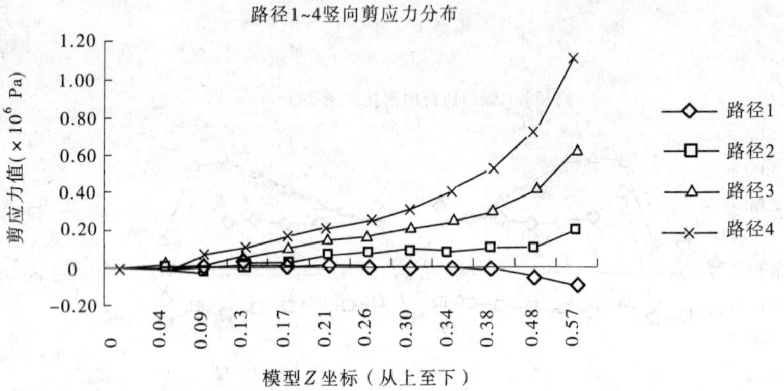

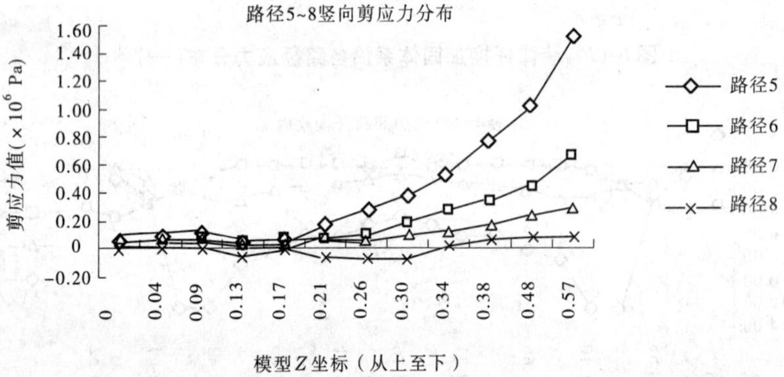

图 6-20　墙体与纵向托换加固梁界面剪应力分布

对如图 6-19 所示的墙段所受剪应力沿新旧结构界面进行累加，可求出该跨纵向托换梁与墙体之间咬合摩擦力的值为 656.4 kN，而该跨上部墙体传来的竖向荷载和墙体自重一共为 1 509 kN，即在纵向托换梁与墙体之间不产生滑移的情况下，抬梁与托换加固梁分别承担的竖向荷载比例分别为 56.5% 和 43.5%，大致符合设计时 0.5∶0.5 的假定。

6.4.1.4　对横向托换加固梁的分析

(1)横向托换加固梁顶部。图 6-21 中路径 10 和路径 11 反映了横向外侧与内侧托换梁梁顶中线的应力分布。首先在 X 方向，梁顶压应力反映了该梁在该截面的弯矩。两个位置梁的梁顶压应力分布区别不大，基本上类似于均布荷载作用下的多跨连续梁的受力，由于结构对称，左边跨跨中最大压应力为 0.6 MPa，而在第二道纵向托换梁交会处梁顶部拉应力达到最大值，约为 0.5 MPa，而且相邻几跨的跨中应力变化与五跨连续梁相邻跨的弯矩变化十分相似,验证了采用连续墙梁理论计算方法的合理性。

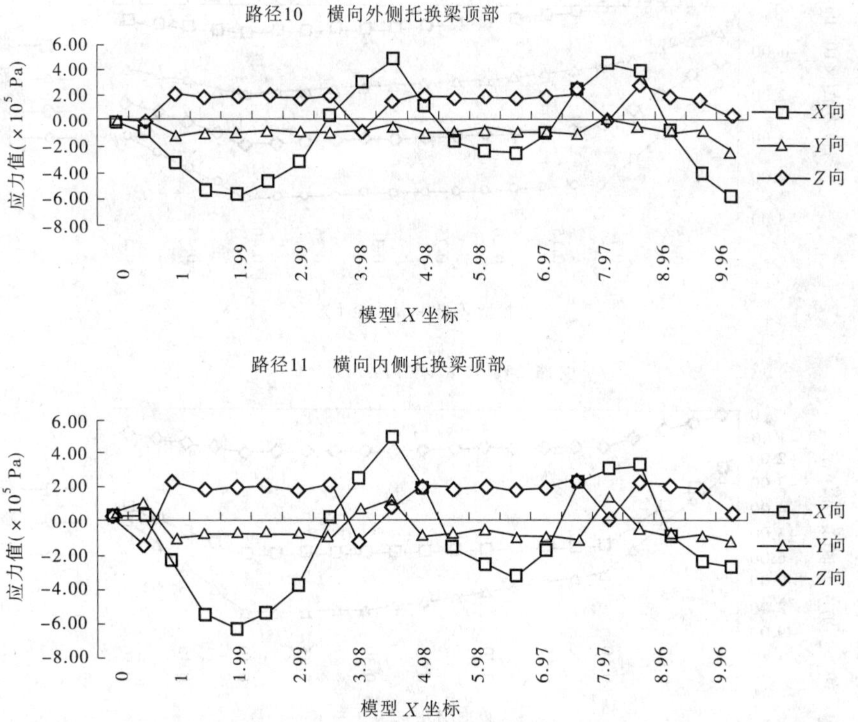

图 6-21　墙托换加固体系沿各路径应力分布

(2)横向托换梁与墙体剪应力分析。同样按照图 6-19 各路径分别提取横向托换加固梁与墙体界面的剪应力数据,如图 6-22 所示,从路径 1 到路径 6,剪应力从不足 0. 1 MPa 依次增大到近 0. 9 MPa。需要说明的是,路径 7 的剪应力大部分接近于路径 6,但是在最下面局部最大剪应力达到 14. 5 MPa,应予以剔除,故未在表中列出。这也表明托换加固梁该部位很容易和墙体产生相对滑移。除此之外,最大剪应力约为 0. 82 MPa。

用同样的方法分析发现,不同路径纵向托换梁与墙体之间的竖向剪应力值均小于横向托换梁与墙体之间的剪应力值。对横向墙段所受剪应力沿新旧结构界面进行累加,求出两托换梁之间咬合摩擦力的值为 734. 9 kN,占该墙段所传上布荷载和墙体自重之和1 509 kN 的 48. 7% ,而抬梁承担的竖向荷载的比例为 51. 3% 。这个比例与纵向托换加固梁的相关数据基本一致,说明了在设计时作出的抬梁和托换梁承担的竖向荷载比值为 0. 5∶0. 5 的假定是合理的。因此,可在设计时取总荷载的 50% 作为抬梁承担的竖向荷载。

(3)纵、横向托换加固梁与墙体界面剪应力对比分析。对比以上数据,发现对纵向托换梁来说,抬梁承担竖向荷载的比例达到了总荷载的 56. 5% ;而对横向托换梁来说,抬梁承担荷载占总荷载的 51. 3% 。从图 6-23 所示的结构变形图可以看出:由于托换加固梁的约束,在纵向托换加固梁上方所托换墙体内部形成了"内拱效应",该"内拱"以抬梁为支座,以抬梁与抬梁之间的中点为"拱顶"。该效应使得抬梁承担上部荷载的比例增大,墙体与混凝土梁之间的咬合摩擦力所承担上部荷载的比例减小,所以纵向托换梁和墙体的咬合摩擦力所占上部竖向荷载的比例仅为 43. 5% 。

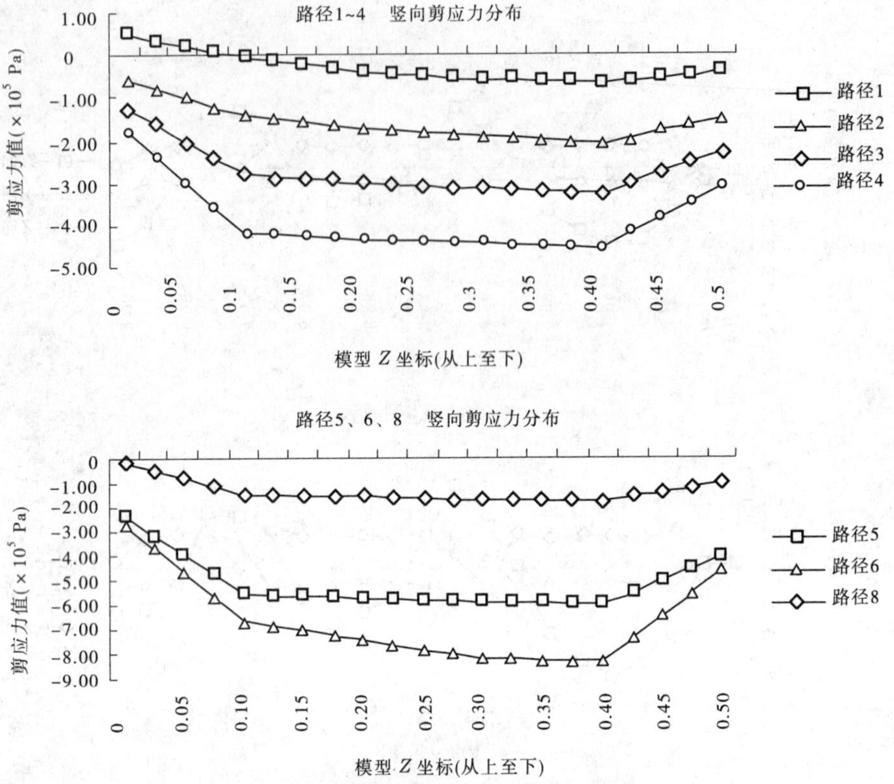

图 6-22　墙托与横向托换加固梁界面剪应力分布

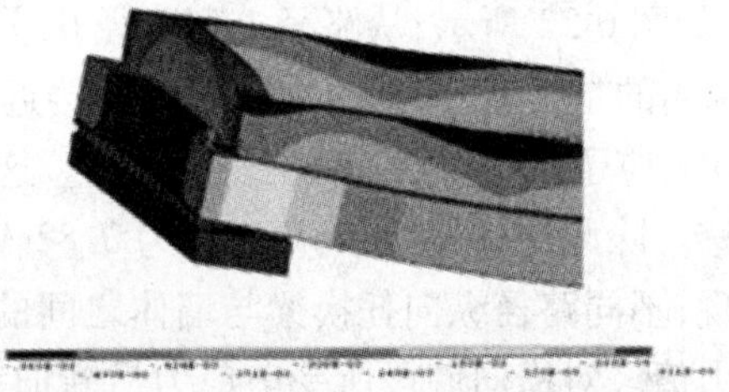

图 6-23　托换体系竖向变形云图(放大 100 倍)　(单位:m)

不同的是,对于横向托换梁来说,墙体和托换梁在梁跨中有较大的竖向变形,这造成墙体内"内拱效应"的作用很微小,使得墙体自重和上部荷载相对均匀地向下传递,所以抬梁承担上部荷载比例减小,达到 51.3%,横向托换梁与墙体的咬合摩擦力占到总荷载的 48.7%。这为今后同类工程在该方面的设计提供了理论依据。

6.4.1.5　抬梁受力分析

对抬梁提取纵切面轴向应力分布云图如图 6-24 所示,全截面处于应力较低的区域,和深受弯构件应力分布较为接近,下半部分均受拉,拉应力介于 0.1 ~ 0.3 MPa,其最大拉应力出现在梁底。对两处不同位置的抬梁梁底取路径分析,对梁底来说,最大拉应力出现在跨中,与深受弯构件的应力分布较为接近。

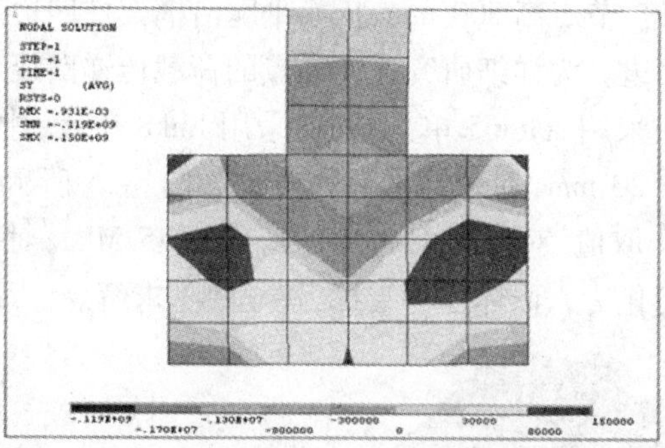

图 6-24　抬梁纵切面轴向应力分布云图(变形放大 100 倍)　(单位：m)

6.4.1.6　主要结论及建议

(1)对于与建筑物移动方向平行的纵向托换加固梁,按照倒置的弯、剪、扭共同作用的连续梁进行设计,托换梁箍筋按照抗剪箍筋和抗扭箍筋分别计算并叠加,纵筋计算按照抗弯纵筋和抗扭纵筋分别计算并叠加。然后,对有代表性的墙托换加固体系进行有限元分析,验证了上述计算理论的合理性并对设计提出修正和建议,得到如下结论:计算墙体与托换梁之间的咬合摩擦力造成的扭转效应时,应考虑墙体与托换加固梁之间的压力对扭矩进行折减,建议取原扭矩的 65% 作为修正后的计算扭矩;纵、横向托换梁交会处需要对托换梁进行箍筋加密,加密区域长度不小于抬梁间距的一半;与移位方向相同的托换加固梁梁底滚轴承受竖向荷载的大小排序依次为:中间跨托换加固梁 1 > 边跨内侧托换梁 > 边跨外侧托换梁;对与移位方向平行的托换梁下滚轴来说,其荷载分布情况为在抬梁之间中点达到最大的三角形分布;在墙体与两侧的托换加固梁结合状况良好的情况下,由于纵向墙体的"内拱效应",纵向托换加固梁与墙体之间的咬合摩擦力所占上部总荷载的比例较小,为 43.5%,考虑到新旧结构结合的一些难以确定因素的影响,设计时建议取 50%。

(2)对于横向托换加固梁可以按均布荷载及扭矩作用下的墙梁设计。跨中段按照偏心受拉构件设计,邻近支座处按受弯构件设计。经有限元分析,得出以下结论:垂直于移位方向的托换加固梁相邻几跨的跨中最大应力之比十分接近于连续墙梁相邻跨的最大弯矩之比,验证了采用连续墙梁理论计算的合理性;该方向的托换加固梁与墙体之间的挤压抵消了部分托换加固梁所受扭矩,但抵消的比例较平行于移位方向的托换加固梁小,建议取原扭矩的 80% 作为修正后的计算扭矩;在墙体与两侧的托换加固梁结合状况良好的情况下,由于与移位方向垂直的上部墙体有向下的竖向变形,造成"内拱效应"相对较弱,墙体自重和上部荷载相对均匀地向下传递,造成了该方向托换加固梁与墙体之间的咬合摩擦力所占上部荷载的比例为 48.7%,设计时建议取 50%。

6.4.2　钢筋混凝土柱托换装置的有限元分析验证

柱托换装置的特殊性也给计算带来了较大的困难,由于涉及不同材料、新旧结构相互作用,建筑物移位中托换柱节点的受力形态、传力途径、各部分的协同作用是较难确定的。为此,在理论分析、合理简化计算的同时,还利用有限元软件 ANSYS 建立实体模型进行了模拟研究。

柱托换节点的有限元模型取自某移位工程实例,其中框架柱截面尺寸为 400 mm×400 mm,原框架柱配筋为每边 3 Φ 20,托换牛腿受力筋为上下各 3 Φ 20,牛腿上设 3 Φ 18 矩形环筋与原框架柱纵筋焊接，节点高500 mm，托换牛腿沿框架柱四边设置，其中两条边为约束边，另外两条边为无约束边。为详细研究托换节点的荷载传递路线及应力分布，采用钢筋混凝土分离式建模，混凝土采用solid65单元，钢筋采用link8单元，建模时主要纵筋和箍筋都采用实际尺寸，保护层取20 mm，划分网格后的模型如图6-25所示。荷载的施加按照托换节点设计承载力600 kN取值，对柱顶面施加面荷载3.75 MPa，对基础梁下底面施加约束(All DOF =0)，将滚轴简化为六面体实体支撑，建立模型求解。

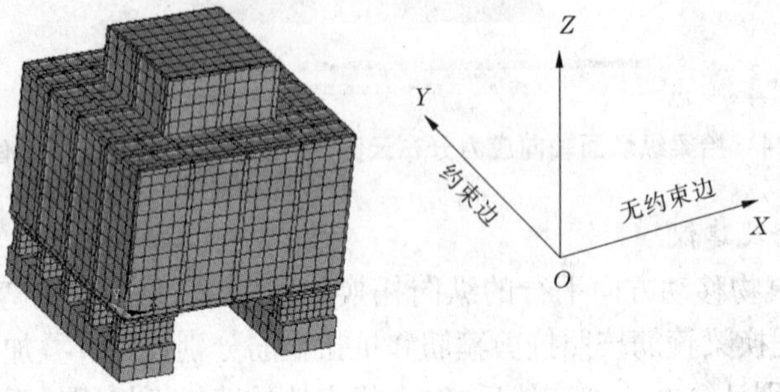

图6-25　柱托换加固体系模型

6.4.2.1　混凝土应力分析

图6-26和图6-27中给出了柱托换节点混凝土在 X 向应力分布和平行于 XOZ 坐标面的对称平面上的 Z 向应力分布及竖向剪应力分布。

从图6-26中可以看出，应力较大的区域集中在原框架柱柱身及托换牛腿和原框架柱接合部位，混凝土 X 向大部分受压，最大压应力值为14.4 MPa；只有少部分受拉，最大拉应力为1.4～2 MPa，与柱顶支承牛腿的受力特点十分相似，说明了采用牛腿模型计算的合理性。

为进一步研究竖向荷载在柱托换结构内部的分布情况，列出了不同截面的竖向应力(SZ)分布图进行分析，如图6-27所示。图6-27(a)表示的是平行于 XOZ 坐标面的对称平面上的竖向应力分布，图6-27(b)表示的是框架柱外表面和新浇混凝土的界面上(平行于 YOZ)的竖向剪应力(SYZ)分布。从图6-27(a)可以看出，该截面的竖向应力除柱上部和上轨道钢板附近的应力介于2～20 MPa外，大部分区域压应力小于2 MPa；中间部分压应力主要分布在一个“人”字形区域，压应力介于1～2 MPa；其他部位压应力较小，在柱下端甚至有部分区域受拉，但拉应力不超过0.5 MPa。

从图6-27(b)可以看出，剪应力的分布以上半部分居多，这和图6-27(a)中竖向压应力的变化是一致的。竖向剪应力分布情况很有规律性：主要剪切区域自上到下呈“酒杯形”分布，在最下面比较分散，该区域剪应力值介于2～4 MPa。这种应力分布主要是由于两个原因形成的：第一是矩形环筋的配置，从图6-27中可见配置3 ⌀ 18矩形环筋的区域和主要剪切区域是一致的，说明矩形环筋对该区域的抗剪加强作用十分明显，验证了配置矩形环筋和采用剪摩擦理论计算的合理性；第二是滚轴的位置，下面的深色区域所在位置和滚轴的位置是完全一致的，甚至有的滚轴下方出现应力集中造成压应力过大的问题，这一点可以通过设置轨道钢板和减小滚轴间距来加以避免。一般在墙托换时滚轴间距宜取200～300 mm，而柱托换由于集中荷载较大，滚轴间距不宜超过200 mm。这两点结论可为今后的设计计算提供必要的依据。

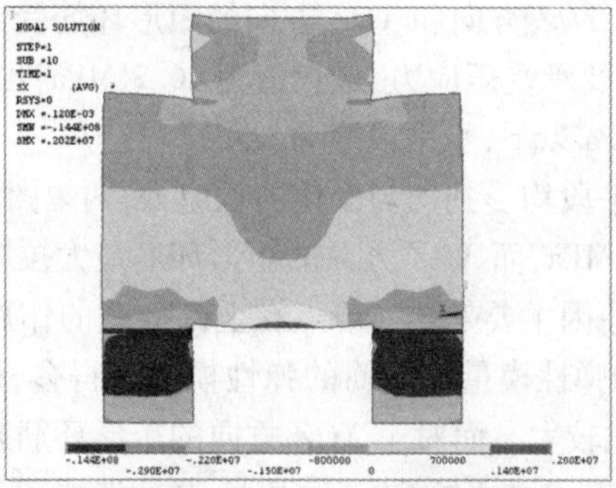

图 6-26　对称平面上的 X 向应力分布　（单位：Pa）

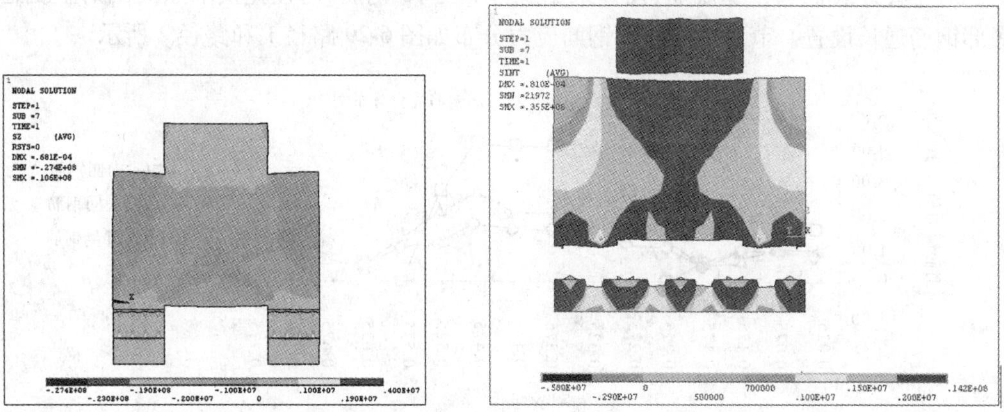

（a）平行于 *XOZ* 坐标面的对称平面竖向应力分布　　（b）新旧结构界面竖向剪应力分布

图 6-27　不同截面上的竖向应力分布　（单位：Pa）

6.4.2.2　钢筋应力分析

混凝土中的钢筋采用 link8 单元，主要分析结果为 ANSYS 输出的单元轴向应力，主要分析区域为矩形环筋和托换牛腿底部钢筋。在处理矩形环筋的焊接段时，将其按照柱纵筋面积增加考虑，折算为Φ 25 钢筋，其应力分布如图 6-28 所示。

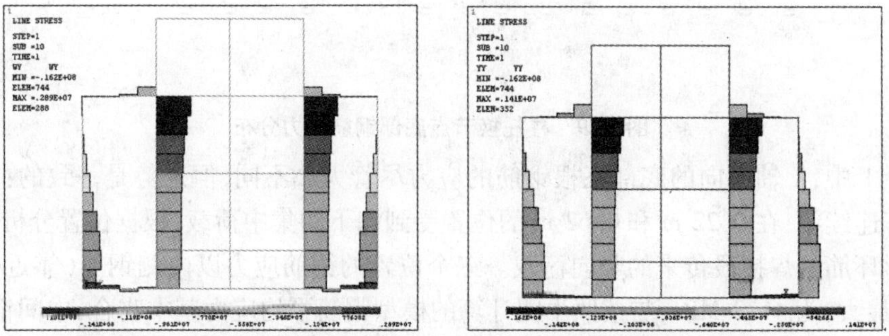

（a）*YOZ* 方向矩形环筋应力　　（b）*XOZ* 方向矩形环筋应力

图 6-28　矩形环筋上的应力分布　（单位：Pa）

从图 6-28 中可以看出，*YOZ* 方向和 *XOZ* 方向的矩形环筋受力比较相似，矩形环筋和柱纵筋焊接段应力为负值，主要承受压应力，最大值为 16.2 MPa，出现在焊接段最上端。除焊接段外的压应力均在 12 MPa 以下，水平段应力较小。

矩形环筋的最下边水平段均受到均匀变化的拉应力，两幅图不同的是在 *YOZ* 方向的矩形环筋最大拉应力为 2.89 MPa，而 *XOZ* 方向的矩形环筋最大拉应力仅为 1.41 MPa，前者是后者的 2 倍左右。分析其原因主要是托换节点在上部荷载的作用下，产生了 *Y* 轴方向的水平正应变，而 C30 混凝土的弹性模量比钢筋的弹性模量小得多，这就造成 *YOZ* 方向环筋中 *Y* 方向钢筋中拉应力相对比较大。而对于 *XOZ* 方向的矩形环筋来说，由于移位方向是 *Y* 轴方向，在滚轴的作用下托换节点在 *X* 方向应变很小，这就造成了 *XOZ* 方向环筋中 *X* 方向钢筋中拉应力相对较小。

对于柱外表面的牛腿底筋，设计采用底部 3 Φ 20 钢筋，与柱托换节点周围的上轨道梁底部钢筋通长设置。节点内的底部钢筋应力分布如图 6-29 路径 1 和路径 2 所示。

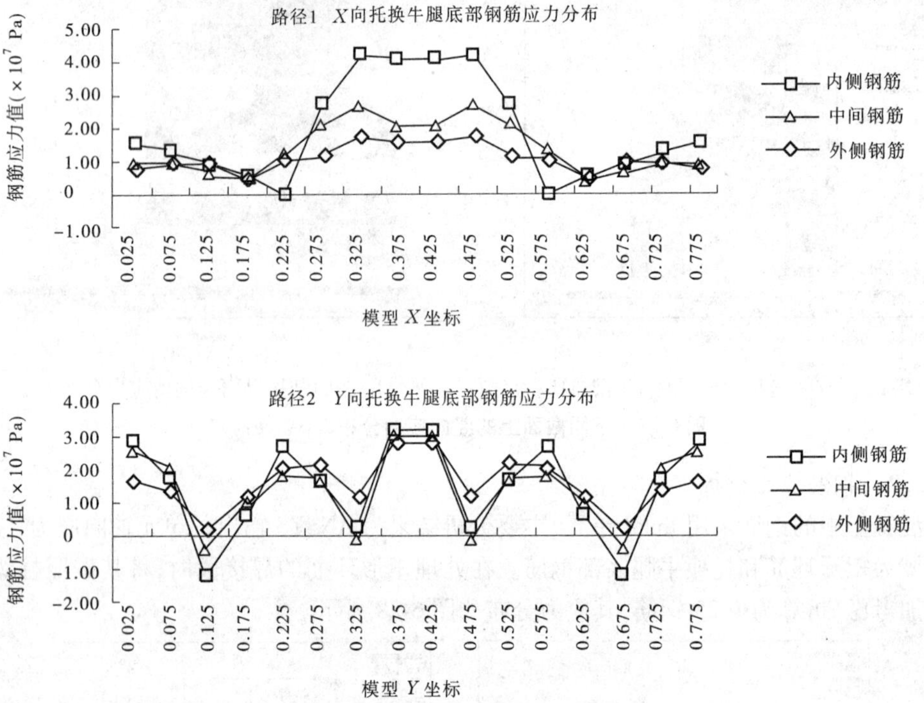

图 6-29 柱托换节点底部钢筋应力分布

路径 1 中，*X* 轴方向的底部三根钢筋的应力尽管大小不同，但走势是一致的：类似于倒置的三跨连续梁，在 0.22 m 和 0.62 m 的位置受到向下的集中荷载，根据位置分析这个荷载正是矩形环筋的焊接段传来的竖向荷载。三个位置的钢筋应力以内侧钢筋（靠近框架柱一侧）幅值最大，为 41.2 MPa，与按照牛腿计算的模型钢筋平均应力基本吻合；中间钢筋次之；外侧钢筋应力最小，介于 10 ~ 20 MPa。

从路径 2 中可以看出，*Y* 轴方向和 *X* 轴方向的底部钢筋应力分布区别很大：首先，最大拉应力均在 25 ~ 35 MPa，且内侧、中间、外侧的钢筋应力相差不大；其次，焊接段竖向荷载对其影响很小，而下部滚轴对其影响较大，钢筋拉应力的最大值均出现在下部相应滚轴的位置。该区域钢筋与下部滚轴之间仅有混凝土保护层和上轨道钢板相隔，距离仅为30～35 mm，而且根据图6-27(b)所示该区域处于应力较高区域，局部甚至出现应力集中现象。为增强安全性能，可采取两个措施：①减小滚轴间距；②适当增加托换节点底部钢板的厚度。这两个措施都可以有效降低钢筋应力和每根滚轴承担的荷载，减少应力集中带来的不利影响。

6.4.2.3 主要结论及建议

(1)三维应力分析比较真实地模拟了柱托换节点的受力行为，将结构的传力途径和主要应力分布都直观地反映出来。结果表明，焊接倒置牛腿式托换节点传力明确、安全可靠。

(2)矩形环筋的设置，对加强新旧结构的整体性和改变竖向荷载的传递路线起到了关键的作用。应力云图表明，矩形环筋的竖直部分的作用是和混凝土共同抗压；而水平部分的作用是拉结原框架柱和新浇牛腿，有效加强剪切面上的竖向抗剪。

(3)与移位方向平行的矩形环筋其水平段因结构在该方向有拉伸变形，所以拉应力较大，与之对应的垂直于移位方向的矩形环筋水平段拉应力相对较小，前者是后者的2倍左右。

(4)鉴于柱托换节点荷载(转化为等效面荷载)一般是墙托换结构的3～5倍，柱托换节点下部滚轴间距应适当减小，一般滚轴直径在50～120 mm。作者建议对于集中荷载较大的框架柱下方，滚轴间距可在150～200 mm取值。

(5)托换节点的应力分布也表明了按照倒牛腿法进行简化计算的合理性。柱托换节点在竖向荷载作用下的应力分布情况对其设计计算具有良好的指导作用。

参考文献

[1] 鄢仁辉，张天宇，侯伟生. 泉州某八层办公楼整体平移实例分析[M]//建(构)筑物地基基础特殊技术. 北京：人民交通出版社，2004：178-182.

[2] 沈蒲生，梁兴文. 混凝土结构设计原理[M]. 北京：高等教育出版社，2002.

[3] 刘继红，杭英，周云麟. 有限元计算连续无洞口墙梁的应力[J]. 低温建筑技术，2003(1)：47-48.

[4] 孙吉堂. 框架结构整体平移和旋转施工技术[J]. 建筑技术开发，2000(2)：64-65.

[5] 郑华奇，蓝戊己，朱启华. 上海音乐厅整体迁移限位技术的研究与应用[J]. 施工技术，2004(2)：9-11.

[6] 毕重，王清湘，何秀斌. 素混凝土托环柱承载力试验研究[J]. 辽宁工程技术大学学报，2005(10)：692-694.

[7] 车宏亚，颜德姮. 混凝土结构(下册)[M]. 北京：中国建筑工业出版社，1998.

[8] 中华人民共和国建设部. GB 50010—2002 混凝土结构设计规范[S]. 北京：中国建筑工业出版社，2002.

[9] 中华人民共和国建设部. GB 50017—2003 钢结构设计规范[S]. 北京：中国建筑工业出版社，2003.

[10] A H 尼尔逊，等. 混凝土结构设计[M]. 过镇海，方鄂华，王娴明，等译. 北京：中国建筑工业出版社，1994.

[11] 郭彤. 结构托换技术及其在房屋平移工程中的应用[D]. 南京：东南大学，2002.

[12] 吴二军，李爱群，郭彤，等. 型钢对拉螺栓柱托换节点抗剪性能试验研究[J]. 东南大学学报：自然科学版，2003(9)：631-634.

[13] 高剑平，潘景龙. 新旧混凝土结合面成为受力薄弱环节原因初探[J]. 混凝土，2006(6)：44-46.

第 7 章　移动系统设计

7.1　移动系统的组成

施力装置、支座、支顶垫块组成建筑物移位的移动系统。

7.1.1　滚轴和滑块的设计

滚轴的分析和设计在 5.4 节已有详述，在我国目前已经完成的建筑物移位工程中，约 80% 采用的是在滚轴上移位的方式，其余的采用在滑块上移位的方式。滑块主要由高精度钢板焊接后涂抹润滑剂而成，在建筑物移位工程中起的作用和滚轴类似。本节主要讨论在移动系统设计时如何根据工程特点选用滚轴和滑块。

滚轴的主要优点是摩擦系数小、移位方向可调整，而滑块的优点是移位时平稳、抗压强度高、可控性强，但缺点是摩擦系数较大。

选用滚轴还是滑块要考虑以下因素：

(1) 待移位建筑的规模。荷载较大的建筑物，一般需要很大的外加动力，增加了施工难度、施工成本和安全隐患，这时宜采用摩擦系数小的滚轴来完成移位。

(2) 待移位建筑物的整体性。建筑物移位过程中在起步的瞬间，静摩擦力突然变为滑（滚）动摩擦力，摩擦力数值减小会使建筑物产生前倾和振动，同样在停止瞬间滑（滚）动摩擦变为静摩擦，会使建筑物继续朝前惯性滑移和振动。层数较高或整体性不好的建筑物移位时对微小振动都较敏感，影响移位工程的安全，这时宜采用移动平稳、可控性强的滑块来完成移位。

(3) 移位路线的复杂程度。滚轴的特点是只能在垂直于轴向的方向移动，而滑块没有这个限制。如果采用滚轴移位，在移动方向改变（例如转向或旋转）时，需要人工干预调整滚轴方向，工作量很大且工期长，这时宜采用滑动方向灵活的滑块来完成移动。

7.1.2　施力装置设计

在建筑物移动过程中，使用的动力设备有螺旋千斤顶、液压千斤顶、卷扬机，还有大功率的多轮平板拖车等。其中千斤顶设备虽然比较简单，但是它有移动量直观、容易控制等优点，而且经济投入不大，可以重复使用，因而使用最为广泛。

一般工程中采用的施力方式如图 7-1 所示。为保证建筑物移动的整体同步性，宜在建筑物的牵引端和顶推端都设置动力设备，牵引端必须提供较大的锚拉力，该锚拉力可通过事先铺设的牵引钢板实现。该牵引钢板在放置滚轮之后、浇筑托换加固梁之前铺设，在端部设置供牵引用的牵引点，该钢板可兼作托换加固梁浇筑时的下模板；顶推端移动装置主要用千斤顶，可利用托换加固梁端作顶推点，施工时在基础上浇筑反力支墩及在新基础上预埋构件以便于固定安装反力支墩。

顶推端及牵引端施力构造如图 7-2 所示。

动力设计的基本要求是：施加在房屋各个轴线上的分力须与房屋上部结构传给该轴线上轨道梁的荷载成比例，以保证外加动力的合力通过房屋的重心，保证建筑物同步移位，避

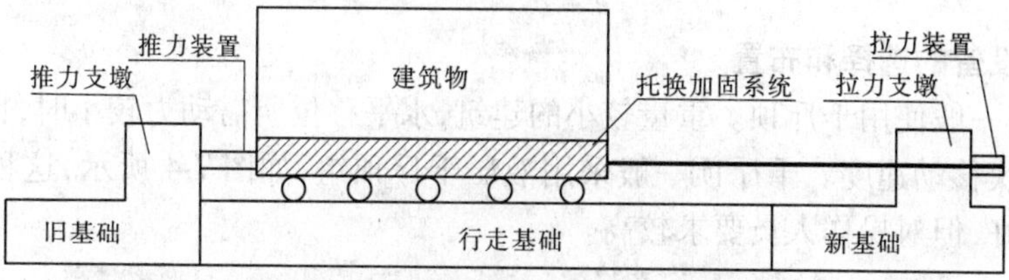

图 7-1　建筑物移动的施力方式

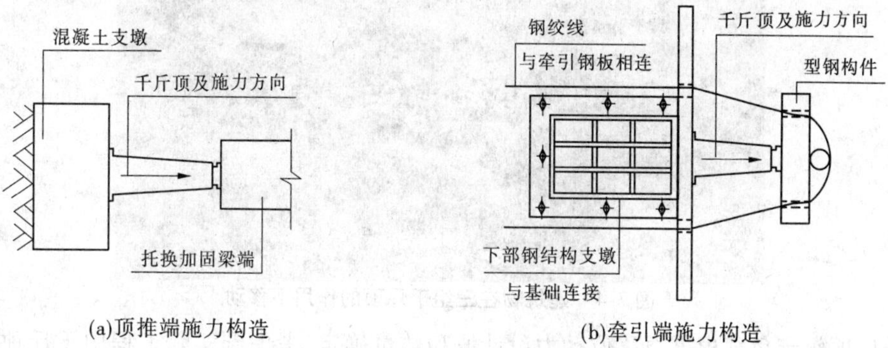

图 7-2　动力装置构造示意图

免移动过程中出现扭转或对上部结构造成损伤。外加动力大小与建筑物总重、行走机构材料等有关。各轴线所需外加动力 T 按下式计算：

$$T = K\frac{P(f + f')}{2R} \tag{7-1}$$

式中　P——该轴线墙、柱传来的竖向荷载,kN；

f——沿上轨道板的摩擦系数；

f'——沿下轨道板的摩擦系数；

R——滚轴半径,cm；

K——滚轴表面不平及滚轴方向偏位等原因引起的阻力增大系数,一般 $K = 2.5 \sim 5.0$,当轨道与滚轴均为钢材时 $K = 2.5$。

7.1.3　反力支座设计

反力支座固定在基础梁上,一般根据移位的不同阶段选用钢筋混凝土结构或者钢结构支座。其作用是作为固定构件为千斤顶提供反力。

钢筋混凝土支座连接在基础梁上,其受力类似于牛腿结构,其计算方法为常规方法,这里不再赘述。若根据估算需要施加的外荷载不大,一般采用可方便安装、重复使用的钢构件反力支座,钢结构支座通过钢插销与下轨道梁连接,构造如图 7-3 所示。其设计计算内容包括焊缝强度、横梁变形、斜杆强度、螺栓的抗剪强度验算,以及下轨道梁上预留孔部位混凝土的局部受

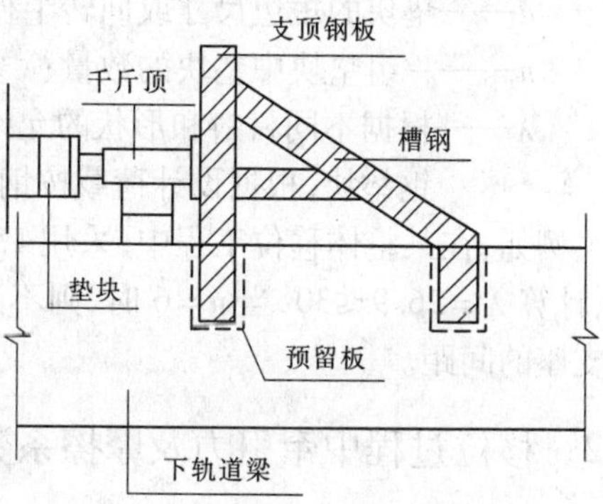

图 7-3　钢结构反力支座示意图

压等。

7.1.4 动力设备的选择和布置

动力设备一般使用千斤顶。重量较小的建筑，水平移位所需动力较小时，也可采用卷扬机牵引，以加快移动速度。千斤顶一般采用液压千斤顶组，如图 7-4 所示，这种千斤顶施力平稳、可控性好，但对操作人员要求较高。

图 7-4 建筑物在三组千斤顶的作用下移动

千斤顶额定负载根据总移位动力设计值和数量确定，考虑到实际工程中千斤顶受力的不均匀性，一般总额定负载不应小于设计水平动力的 1.5 倍。

千斤顶的布置根据水平动力方案确定。首先在顶推方案、牵引方案和推拉综合方案中选择，然后确定千斤顶施力位置。千斤顶要分组，水平动力设计值相近的千斤顶分为一组，每组配一台油泵，以利于同步加载平衡。

7.1.5 垫块稳定验算

当动力为推力时，由于千斤顶的行程很小（额定压力为 1 000 kN 的液压千斤顶只有 150 mm），完成一个行程后，需在千斤顶后加垫块，以便进行下一个移位行程。目前可选用的垫块有两种，一种是高强混凝土垫块，另一种是由若干根短钢管两端焊接钢板组成的钢垫块。垫块和千斤顶配合使用可以减少支座的数量，但垫块加得过多时很容易失稳。在压力不超过垫块的受压承载力设计值的情况下，垫块组的允许长细比按以下公式验算：

$$\frac{l \times 1.4^n}{d} \leqslant \lambda \tag{7-2}$$

式中 l——千斤顶后的垫块总长度；

d——垫块的短边尺寸或回转半径；

n——一组垫块中垫块的数量；

λ——根据不同材料和形状的允许长细比，对于矩形截面混凝土垫块，$\lambda = 30$，对于型钢垫块，根据设计荷载按钢结构设计规范确定允许长细比。

例如，在某整体移位工程中，采用 150 mm × 150 mm × 150 mm 的混凝土垫块，当 $n = 5$ 时，计算 $\lambda = 26.9 \leqslant 30$，当 $n = 6$ 时，则不满足上式，因此建议最多加 5 个垫块，并据此设计反力支座的间距。

7.2 移位过程中牵引力及摩擦系数的试验研究

7.2.1 试验研究目的

在建筑物整体移位工程中，合理确定滚轴移动机构滚动摩擦系数的大小一直是一个关键问题,它将直接影响到移位时对建筑物施力的大小,也就决定了施力机构的设计及施力点的布置,因而对建筑物整体移位工程的安全、经济和工期都有重要影响。目前,在我国的实际建筑物移位工程中,滚动摩擦系数一般是根据经验确定,各种资料中反映的数据差别较大,随着滚轴直径的变化,其值从0.01~0.15不等。例如文献[4]中对直径为140 mm、填充C60膨胀混凝土的钢管滚轴进行了测试,匀速移动阶段的滚动摩擦系数为0.016~0.033;东南大学在南京江南大酒店平移工程中对直径为60 mm填充C60膨胀混凝土的钢管滚轴进行测试,测得移位启动时的滚动摩擦系数为0.07,匀速移动阶段的滚动摩擦系数为0.04左右。福建建筑科学研究院建议移位启动时滚动摩擦系数取0.15,匀速移动阶段的滚动摩擦系数取0.08。

本试验设计的目的就是结合中央储备粮平顶山粮库综合楼整体移位抬升工程,通过对该建筑物整体移位抬升过程中的实际牵引力及顶推力的测定,再根据PKPM软件导算出的建筑竖向导荷结果,进而得到建筑物整体移位工程中的滚动摩擦系数的试验值,用于指导类似工程移动系统的设计。

7.2.2 试验概况

7.2.2.1 试验设备

除利用建筑物移位本身固有的装置(主要是牵引及顶推反力支座)外,使用的设备有:

(1)YJR-5A型静态电阻应变仪。

(2)拉压力学传感器。传感器的应变读数与实际测得荷载之间的对应关系见表7-1。

表7-1 拉压传感器标定值

30 t		70 t			
荷载(t)	型号	荷载(t)	型号		
	97806		971002	971007	971003
2	216	5	299	218	224
4	430	10	434	439	443
6	645	15	656	660	661
8	860	20	878	883	886
10	1 078	25	1 098	1 106	1 104
12	1 295	30	1 319	1 332	1 330
14	1 513	35	1 540	1 549	1 548
16	1 729	40	1 762	1 772	1 774
18	1 946	45	1 983	1 996	2 002
20	2 161	50	2 206	2 221	2 218
22	2 377				
24	2 595				

(3)其他设备,如位移传感器、百分表、水准仪、千斤顶、电线、螺丝刀等。

7.2.2.2 工程概况及设备布置

该工程位于河南省平顶山市,建筑面积约2 000 m^2,主体四层,⑤~⑩轴为局部五层,主体为砖混结构，底层门厅为局部框架结构，内部功能分为办公室及化验室两部分，首层示意平面如图 6-11 所示。

按结构分析软件 PKPM 导算的各轴线墙体荷载分布如图 7-5 所示。

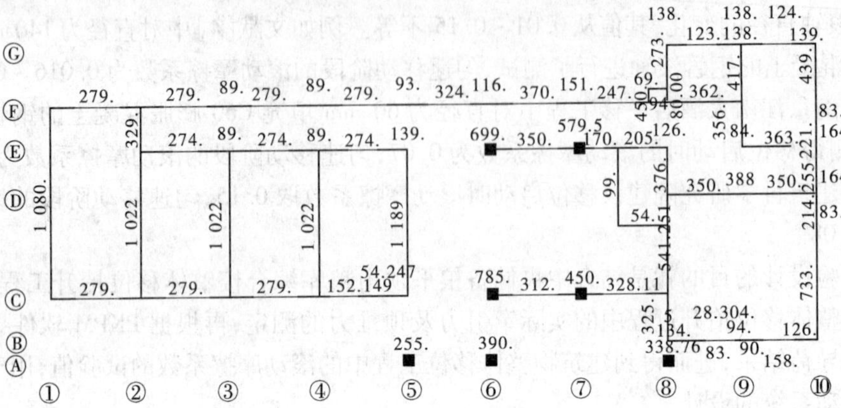

图 7-5　建筑物整体竖向导荷结果

托换及施力装置（包括顶推设备及牵引设备）布置示意图如图 7-6 所示。在顶推力和牵引力施力点处设拉压力学传感器，传感器布置方式如图 7-7 和图 7-8 所示。

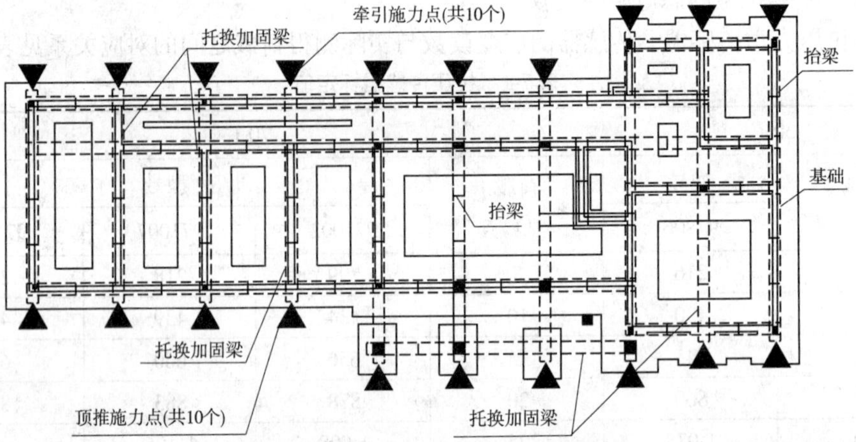

图 7-6　托换加固体系及施力点布置图

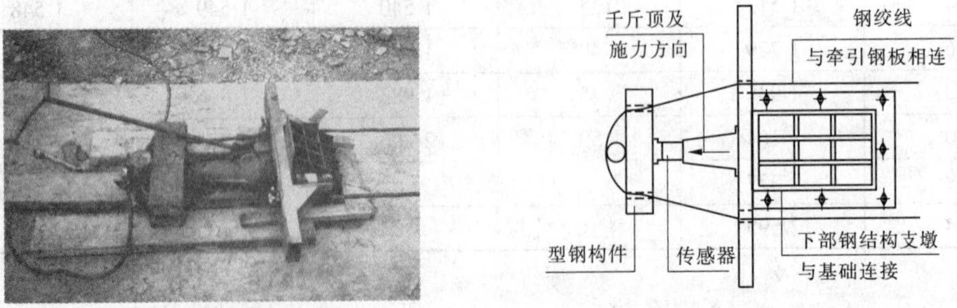

(a)牵引端实景照片　　(b)牵引端施力构造

图 7-7　牵引端传感器布置位置及反力支座构造

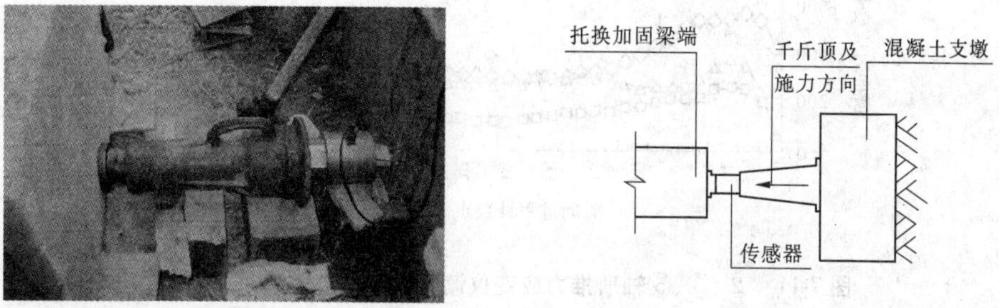

(a)顶推端实景照片　　　　(b)顶推端施力构造

图 7-8　顶推端传感器布置位置及反力支座构造

通过与传感器相连的应变仪读取数据,读数间隔为 3 s。

7.2.3　试验数据及成果分析

7.2.3.1　试验数据

通过现场试验,测得各轴牵引力实测值的应变仪读数与时间进程的关系曲线如图 7-9 ~ 图 7-12 所示。

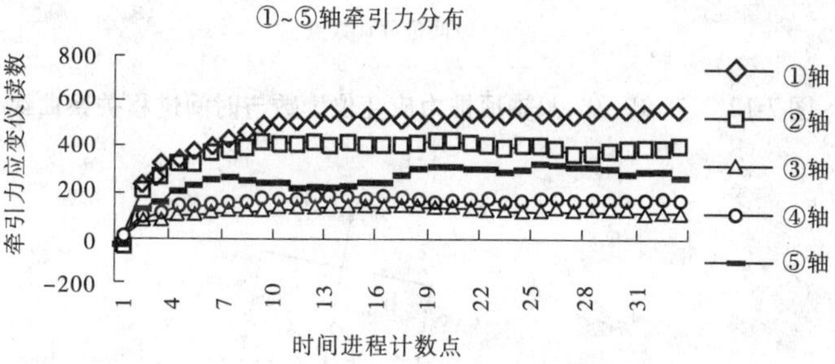

图 7-9　① ~ ⑤轴牵引力应变仪读数与时间进程关系曲线

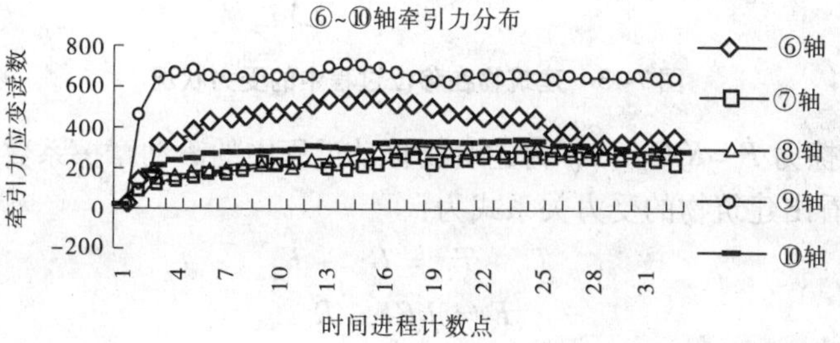

图 7-10　⑥ ~ ⑩轴牵引力应变仪读数与时间进程关系曲线

7.2.3.2　试验成果整理

本试验的目的是通过试验得到建筑物在移动过程中的实测滚动摩擦系数。建筑物在移动过程中的受力状态如图 7-13 所示。

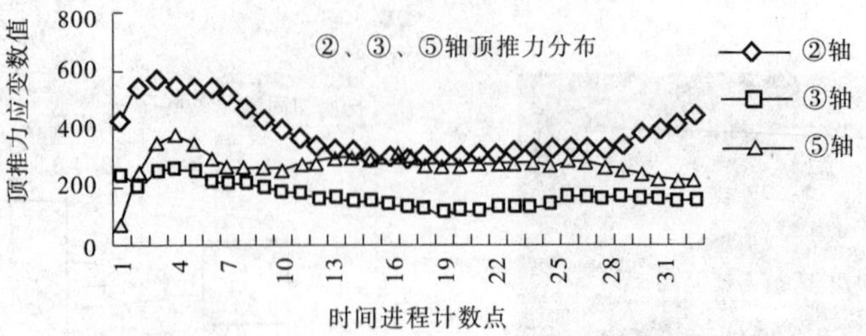

图 7-11　②、③、⑤轴顶推力应变仪读数与时间进程关系曲线

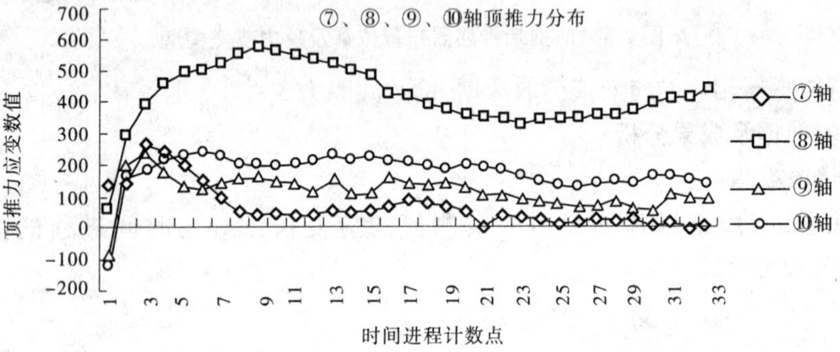

图 7-12　⑦、⑧、⑨、⑩轴顶推力应变仪读数与时间进程关系曲线

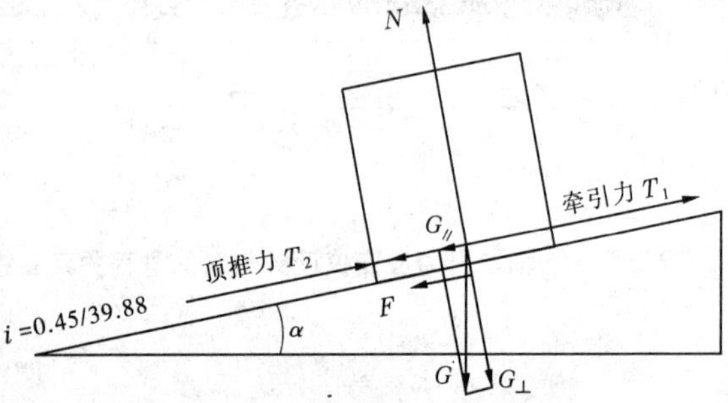

图 7-13　建筑物在移位过程中的受力状况

图 7-13 中摩擦力 $F=KfG_{\perp}/R$，f 为建筑物移动过程中的滚动摩擦系数，K 为阻力增大系数。从图中可以看出建筑物的受力关系式为：

$$T_1+T_2=G_{//}+F$$

$$F=KfG_{\perp}/R$$

其中

$$G_{\perp}=G\cos\alpha$$

$$G_{//}=G\sin\alpha$$

所以

$$f=R(T_1+T_2-G\sin\alpha)/(KG\cos\alpha)$$

从图 7-9～图 7-12 所示试验数据可以看出，在移位启动时顶推力在总驱动力中所占比例比牵引力大，随着移位进入匀速阶段，牵引力和顶推力趋于稳定发展阶段。试验数据的统计处理结果见表 7-2，通过本试验实测的滚动摩擦系数为 0.048。

表 7-2　试验数据统计处理及计算滚动摩擦系数

轴号	①	②	③	④	⑤	⑥	⑦	⑧	⑨	⑩
G(kN)	1 359	2 046	2 032	2 043	2 566	2 668	2 497	3 975	3 007	2 893
牵引端										
传感器型号	97806	97806	971002	971002	97806	97806	971002	971002	97806	971002
读数平均值	555.4	385.7	143.8	168.0	308.7	452.1	244.5	273.3	744.2	297.8
试验值 T_1(kN)	51.7	35.9	31.4	36.7	28.7	42.1	56.4	63.0	69.1	68.6
顶推端										
传感器型号		971007	971003		971007	971007	971003	971003	971007	971003
读数平均值		409.4	156.4		289.7	316.0	77.1	244.5	88.2	155.6
试验值 T_2 (kN)		93.2	35.9		66.4	72.0	17.2	54.6	20.2	35.7
两端合并										
T_1+T_2 (kN)	51.7	129.1	67.3	36.7	95.1	114.1	73.6	117.6	89.3	104.3
滚动摩擦系数 f	0.048									

从试验资料统计分析可以看出:

(1)由于监测的时间段为从建筑物启动到平稳移动的过程,因此从图 7-9 中可以明显看出牵引力由小到大再趋于平稳的变化过程,原因是牵引索(杆)在受力初期需张紧后方可全部起作用;在考虑各轴传感器标定值的情况下,从各轴曲线纵向比较可以看出,①轴的牵引力试验值较大,这是由于在该轴顶推方向没有顶推力的作用;⑥~⑩轴的牵引力试验值也较大,这是由于该部分处于建筑物的中心区域及局部六层的区域,上部结构荷载较大;总体来看是符合顶推力与牵引力之和与上部竖向荷载成正比的规律的;一些轴的牵引力较小,可能是由各个轴线之间的相互协同作用及各轴自身两端施力的相互影响等因素造成的。

(2)由图 7-11 与图 7-12 各轴顶推力应变读数与时间进程关系曲线可以看出:与牵引力相比,顶推力的规律性较差,大小变化比较明显,在建筑物移位启动初期,顶推力起的作用较大,一旦进入平移阶段,牵引力将起到主导作用。另外,仅有顶推力时,移位方向不易控制。在只有牵引力的作用下,虽然托换加固体系中的托换加固梁及牵引钢板可以保证建筑物自身在移位过程中的同步性,但是砖混结构的整体性较差,一旦建筑物自身移动不同步,就很容易产生裂缝,影响结构的整体性,从而造成危险。托换加固体系平面内的附加应力也较大,造成配筋量加大,因此顶推力的施加是有必要的,它不但可以提供建筑物移位的动力,还可以保证托换加固体系及建筑物自身在移位过程中的同步性,使整个建筑物在移位中达到一种动态的平衡。

(3)通过表 7-2 对试验数据的处理可以看出,本工程现场试验测得的有混凝土碎屑钢板面的钢管混凝土滚动摩擦系数为 0.048,比以往实验室实测摩擦系数 0.016 ~0.033 和 0.04 稍大,说明实际工程实测值与实验室测得结果还是有差别的。在实际工程当中,建筑物的轨道平整度可能较差,或轨道上清理不干净,以及滚轮滚动方向是否端正和一致等,都会使该值结果变大,可见本试验结果是可信的。综合以上分析和工程经验,建议钢管混凝土滚轴与钢板之间的滚动摩擦系数取值应在 0.05 ~0.1。

参考文献

[1] 刘津明. 建筑物整体平移技术[J]. 施工技术,2005(8):12-16.

[2] 东南大学土木工程学院,东大特种基础工程公司. 江南大酒店平移工程结构施工图(全套),2001.

[3] 徐学军,吴二军,黄国银,等. 楼房平移中的移动系统设计探讨[J]. 施工技术,2002(10):24-26.

[4] 姚忠国,黄自新,陈高瞻,等. 房屋整体平移技术及模拟试验研究[J]. 建筑结构,1995(11):53-57.

[5] 卫龙武,吴二军,李爱群,等. 江南大酒店整体平移工程的关键技术[J]. 建筑结构, 2001(12):6-8.

第8章 建筑物整体顶升与旋转

8.1 建筑物整体顶升技术

建筑物整体顶升技术是指将建筑物基础与上部结构在某一特定位置进行分离，在分离区设置若干支承点，通过安装在支承点上的顶升设备，使建筑物沿竖直方向平稳上升，从而达到结构整体升高或纠偏的目的。建筑物整体顶升也被视为建筑物整体移位技术应用中的一种特例。

8.1.1 建筑物整体顶升的分类

根据顶升目的不同，建筑物整体顶升可分为升高型顶升和纠偏型顶升两类。

(1)升高型顶升。此类顶升用于建筑物整体移位工程，通过顶升改变建筑物的高程。典型工程如上海音乐厅平移加顶升式的移位工程，该工程利用了59个高压液压缸，高精度地按照原结构各顶升点的实际荷重平稳地顶举起总重约5 800 t的建筑物，通过两次顶升，使建筑物整体升高3.38 m，施工中采用限位技术减小顶升过程中建筑物内部构件的附加应力。

(2)纠偏型顶升。纠偏型顶升是指采用千斤顶顶升的措施，通过调整建筑物各部分的顶升量，使建筑物沿某一水平直线作整体的转动而恢复到原来的竖直状态。

建筑物整体顶升技术最早被用于建筑物纠偏处理工程中，至今仍有相当数量的建筑物顶升工程是为了纠偏。对于建造在天然软土地基上的倾斜房屋，可供选择的纠偏方法比较多，有基底掏土纠偏法、辐射井纠偏法、钻孔取土纠偏法、堆载纠偏法、人工降水纠偏法和部分托换调整纠偏法、顶升纠偏法等，其中顶升纠偏法纠偏能力强、对场地要求低、安全性好，因而应用范围较广。

8.1.2 建筑物整体顶升设计步骤

(1)根据建筑物的基础形式、结构现状和裂缝分布情况，对结构进行整体安全性及可行性分析。主要考虑各种可能出现的不利因素及由此可能产生的各种结构内力的变化，如地下水位变化对建筑物的影响，局部构件之间出现不均匀变形所引起的结构受力改变的影响等，做好对原结构的计算分析工作。

(2)根据各轴线竖向荷载计算结果，合理估算确定顶升支承点的数量及位置。

(3)根据上部荷载及支承点位置，选择便于顶升作业的顶升设备和设备工作位置。

(4)根据顶升位置和顶升数量估算最大顶升荷载，然后确定托换加固梁截面和配筋。托换加固梁是关系到建筑物能否成功顶升的关键，因此必须保证其强度、刚度和整体性。

(5)按计算荷载重新计算千斤顶个数、分布位置及每个千斤顶的顶升力大小；纠偏工程中还需精确计算各顶升点的顶升量。

(6)顶升完成后的基础连接节点设计。

8.1.3 砌体结构顶升托换加固体系设计

砖混结构的荷载是通过墙体传递的，工程上一般采用钢筋混凝土托换加固体系并按分段托换法施工，将顶升托换体系加固成一个与上部结构墙体连成一体且本身具有较大刚度和承载力的支承梁体系。根据顶升技术原理，顶升过程中砌体与支承梁组成墙梁作用体系，其上部荷载主要通过墙梁下的支座传递给下轨道梁。依据《砌体结构设计规范》(GB 50003—2001)中墙梁的计算方法，并采用极限状态设计方法计算。

支承梁设计按钢筋混凝土受弯墙梁构件验算，验算其抗弯、抗剪及支承梁支座上原墙体的局部承压能力。如图8-1所示，根据上部结构荷载、墙段的长度和千斤顶的工作荷载计算出支承点的平均间距，将相邻三个支承点的距离之和作为支承梁的计算跨度。当墙体强度不能满足要求时，可调整支承点的间距或对墙体进行补强加固。

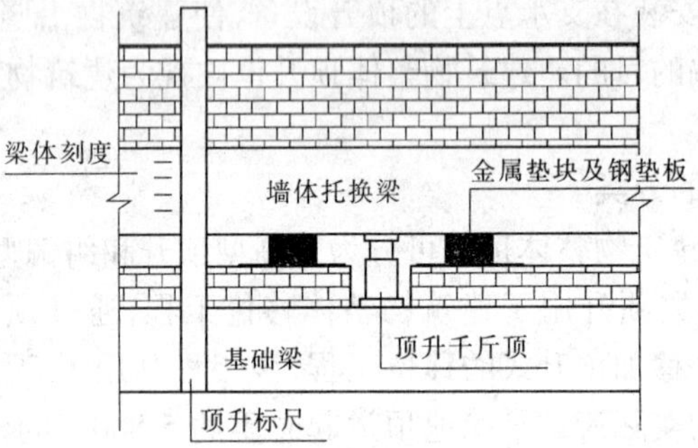

图8-1　墙体托换顶升施工示意图

8.1.4　框架结构顶升托换体系设计

对于承重构件为柱子的框架结构来说，顶升工程中的柱托换节点与建筑物整体移位工程类似，不同的是将滚轴换成垫块，再安装千斤顶。柱子荷载相对墙体荷载一般较大，需要在千斤顶下部设置有效支撑，即千斤顶的顶升工作承台，设计时通过将承台的尺寸和厚度加大后实现。承台设计时除需满足顶升的各项要求及安全外，还需考虑如何才能不影响建筑物顶升结束后的其他移位方式。柱顶升托换节点设计时按照6.2节中的方法对节点进行承载力验算、界面抗冲切验算及局部承压能力验算。

8.1.5　建筑物整体顶升的构造及施工

顶升工程中建筑物的沉降必须处于稳定或基本稳定的条件下，对沉降尚未稳定的建筑物，应在对其基础或地基进行加固处理后才能进行结构顶升施工。建筑物整体顶升工程的施工内容包括托换梁施工、观测点布置和测量、顶升施工和就位连接处理。

(1)托换加固梁施工。对结构墙体部分，托换加固体系有单梁托换和双夹梁托换两种形式。双夹梁托换一般用于建筑物整体平移加抬升的综合移位工程，其施工方法详见第4章，所不同的是，顶升托换梁并不是支承在滚轴和钢板上，而是支承在垫块和钢垫板上。单梁托换用于不含平移的顶升工程中，墙体的单梁托换需要分批分段进行，每段托换梁长度不大于1 500 mm，梁段之间要连接牢固，保证托换梁的整体刚度。托换梁浇筑完毕达到设计强度后，按设计的千斤顶位置在托换梁下墙体凿出洞口安放千斤顶，千斤顶和下部墙体之间安装钢垫板，安放完千斤顶并调制到工作状态后方可切断墙体。

顶升工程中的柱托换施工与建筑物整体移位工程中的柱托换相同，在第6章已有详述。

(2)观测点布置和测量。顶升前应定期对建筑物进行沉降和变形观测，分析沉降是否稳定。托换加固梁施工完毕后，在建筑物四角设置垂直照准工具，在上部结构的水平梁系和基础上分别设置观测点，以便在顶升作业过程中观测建筑物偏离、上升情况和基础沉降情况；在各千斤顶的墙边设置标尺，标明每次的顶升量和总顶升量，便于千斤顶操作人员观测和操作。

顶升作业前，对各观测点全部进行一次测量并记录；在顶升作业过程中每进行一次顶升后，对各观测点测量一次，以便及时调整各部位的顶升量；顶升工作全部结束后，再对各观测点全部测量一次并记录，根据需要用仪器核对垂直度。

(3)顶升施工。正式顶升前要进行一次试顶升，以全面检查各项工作及设备状况是否完备、正常。

顶升一般分阶段进行。第一阶段需先顶升 10 ~ 20 mm，目的是使托换梁和下部墙体脱离，并通过观测数据校核结构的水平角度；第二阶段为竖直上升阶段，顶升高度比结构的设计高度低约 10 mm；第三阶段为微调阶段，对各顶升点顶升量进行精确调整，使建筑物竖直顶升至设计高度。为了确保建筑物顶升时能同步整体升高，一般采用双控的措施来加以保证，也就是既控制千斤顶的压力上下限，又控制千斤顶每次顶升的行程。

顶升用的千斤顶以机械式螺旋千斤顶为主，油压千斤顶为辅。因为螺旋千斤顶只能上不能下，使用安全，但顶升时比较费时费力；油压千斤顶顶升时比较轻松，但容易漏油，过载时有失效的可能，单独使用不安全，把二者结合起来成对使用既安全又省力。当顶升的千斤顶行程不够时，要及时分台次在千斤顶下加塞垫块，防止因同时倒程使托换梁受力过于集中而发生危险。

(4)就位连接施工。顶升到预定位置后应立即将墙体主要受力部位垫牢，根据测量结果确认水平、竖直方位均符合设计要求时，才可以用混凝土进行墙体连接，待连接区混凝土达到设计强度后再分批卸除千斤顶，并及时用砖砌满千斤顶空隙。

8.1.6 建筑物整体顶升工程中的限位技术

对于大型工程的竖向顶升来说，千斤顶布置数量较多，如何使这些千斤顶的顶升力合力通过建筑物的重心，使移位中的托换梁保持水平且防止侧移和扭转，是一个非常重要的问题。这时通常需要采取限位措施：在结构的不同位置设置竖直限位柱，移位过程中通过观测并调整限位柱与四周限位梁之间的空隙来提高顶升的精确度。限位柱一般通过预埋件锚固于顶升基础内，其构造示意图如图 8-2 所示。

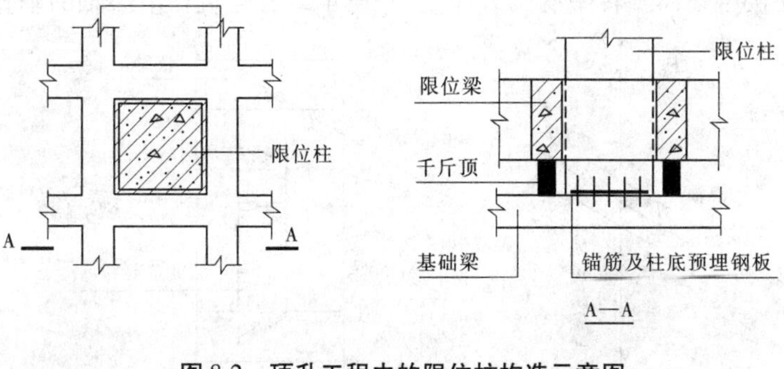

图 8-2 顶升工程中的限位柱构造示意图

在上海音乐厅移位工程中，针对结构占地面积大、顶升距离大、结构整体性差的特点采用了限位技术。在结构的北侧、东南侧和西南角共设置三根限位柱,在顶升过程中对限位柱进行了跟踪观察,当顶升到1.0 m时,有两处限位柱与限位梁间产生接触。这说明结构产生了轻微的顶偏现象,此时限位柱的一侧钢板与限位梁紧紧靠在了一起,再加上顶推系统的微调,有效抑制了水平偏转量的继续扩大。

对于大尺寸建筑物整体顶升工程,顶升一旦产生顶偏,便不可逆转,并且会随顶升高度的增加而增加。如果没有限位,偏移量可能会增大到危及结构安全的程度。

建筑物整体顶升工程中的限位技术有以下特点:

(1)限位的效果与限位装置的数量和平面布置有关。同一建筑物限位装置的数量应不少于两个,这个数量应随建筑物平面尺寸的增加而适当增加,限位装置应尽可能分布在托换体系的不同方向并形成一个几何不变体系。

(2)限位的效果与限位结构的施工质量有直接关系,只有当限位柱和限位梁的垂直度、平整度及限位柱和限位梁间的空隙满足设计要求时,限位装置才能更好地发挥作用。

8.2 建筑物整体旋转技术

建筑物整体旋转技术是指在不影响建筑物安全性和使用功能的前提下,改变建筑物的水平角度,是建筑物整体移位技术的一个重要组成部分。

建筑物整体旋转的方式主要有两种,一种是在移动过程中进行旋转,位置的移动和角度的改变同时进行;另一种是定轴旋转,即在旋转的过程中围绕着一个固定的旋转中心。选择不同的建筑物整体移动方式,就有不同的设计方法和施工方案。

8.2.1 建筑物整体旋转的技术原理

建筑物整体旋转时施力系统只能对上行轨道梁的端部沿梁轴线方向施加驱动力,这与楼房平移相同。显然,要想使楼房旋转只能改变滚轴的摆放角度,使其绕指定的旋转中心运动。下面就楼房整体旋转中滚轴的受力情况及作用进行分析。

如图 8-3 所示,如果滚轴受到一个水平驱动力 F 的作用,它可以分解成沿滚轴轴线方向的力 F_x 和垂直方向的力 F_y。很显然,分力 F_x 将使滚轴沿轴向滑动,分力 F_y 将使滚轴沿垂直于轴线的方向滚动。由于滑动摩擦系数一般是滚动摩擦系数的10倍左右,因此当滚轴轴向与上行轨道梁的夹角 α 大于6°时,滚轴将只能沿 F_y 方向产生滚动而不能沿 F_x 方向滑动。这样滚轴在楼房整体旋转中有两大作用,一是承载着建筑物沿滚轴的垂直方向转动;二

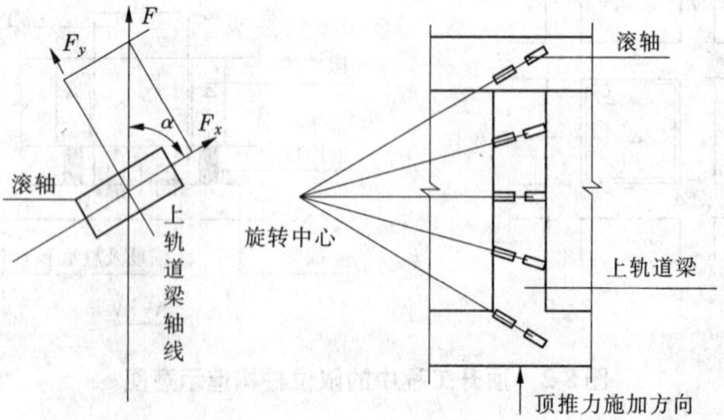

图 8-3 建筑物旋转原理示意图

是约束建筑物使其不沿滚轴的轴线方向移动。由此可以看出,如果在建筑物的上下轨道梁之间铺设足够数量的滚轴,每个滚轴的轴线都指向预定的旋转中心,施加驱动力后整个建筑物将沿预先设定的旋转中心旋转,再配以精确的监测控制手段即可使建筑物旋转到设计位置。从上面的分析也可以看出,要实现建筑物的整体旋转,必须降低滚动摩擦系数,若滑动摩擦系数较小将对旋转施工造成不利的影响,所以施工时要采取措施,适当增加滑动摩擦系数。

建筑物整体作定轴转动时,水平面的各点绕定点(定轴与水平面的交点)转动,此点称旋转中心。各点的运动方向和各点与旋转中心的连线方向垂直。换言之,如果能使平面内各点的运动方向与各点同旋转中心的连线垂直,则物体就能绕指定轴点旋转。这一点是靠滚轴的摆放来实现的,定轴旋转时所有滚轴的轴线延长线都要通过旋转中心。建筑物移位过程的旋转实际上是由很多小段的“定轴转动”和“平移”共同组成的,其在转动过程中不停地改变旋转中心。

8.2.2 建筑物整体旋转工程的设计

旋转过程中的建筑物受力状况与平移和顶升过程相比,受力复杂、难度高、风险大,在旋转过程中隐藏的安全隐患和不确定因素也较多,所以旋转方案的选择要考虑的因素也比较多。同直线平移工程相比,旋转工程的设计在以下几个方面有所不同。

(1)轨道的设计。轨道不是直线而是曲线,曲率的大小需要根据建筑物的长度、移动过程中现有场地状况来确定。移动半径较大,移动行驶轨道就大,便于控制移动的过程,移动过程中不至于出现过宽的裂缝,但这样也会加大建筑物移动前的加固工程费用;反之,可以节约建筑物移动前加固费用。移动半径较小,移动行驶轨道就小,就不便于控制移动的过程,移动过程中将会出现一些过宽的裂缝。因而,选择合理的半径是建筑物移动成功的关键。为便于监测和控制施工,旋转中心一般设在建筑物平面外,根据工程经验,最大旋转半径与顶推施力方向轴线的最大尺寸有关,前者一般取后者的2~4倍。

(2)动力系统设计。在施力方式的选择上,由于混凝土抗压能力远远大于抗拉能力,多数旋转工程采用顶推方式施加动力,仅有少数采用“顶推加牵引”方式施加。采用牵拉方式时应防止牵拉施力节点破坏。理论和实践都表明,相对于直线平移工程,建筑物旋转工程阻力大大增加,工程上不得不加大千斤顶吨位。单根轴线上的外加动力值应按照下式估算:

$$F' = 1.2T\sum_{i=1}^{n}\frac{1}{\sin\alpha_i} \tag{8-1}$$

式中 F'——建筑物整体旋转工程的单根轴线所需动力值;

T——建筑物直线平移工程中该轴线上所需外加动力值,计算方法见式(7-1);

n——建筑物该轴线托换梁下部所使用的滚轴数;

α_i——第 i 根滚轴轴向和外加动力方向的夹角。

实际工程中,建筑物整体旋转工程的外加动力往往是 T 的1.5~3倍。增大旋转半径有助于减小外加动力,既安全可靠又节省成本。

(3)托换加固梁的设计。旋转工程的托换加固梁同平移工程类似,在第6章已有详述。不同的是,旋转工程动力施加以顶推力为主,而且顶推力是直线平移工程的数倍,设计时要将新的顶推力数值和施力方式作为一种工况对原托换加固梁进行强度和刚度验算。相对于直线平移工程,旋转工程施力方式单一且数值较大,因此有必要对施力端进行局部抗压验算，如果不满足需要配置钢垫板重新验算。

不同方向的托换加固梁在建筑物直线平移过程中受力一般较为简单，水平支撑中的梁间连接杆件全过程受力也为单纯的受拉或者受压。但当建筑物整体旋转时，由于错综分布的滚轴的作用，用于直线平移的受拉连接杆可能变成压杆，而原来受压的连接杆也可能变成拉杆，因此计算时需要对每根杆件按照数值模拟计算方法计算出旋转过程的最大内力，作为设计依据。

8.2.3　建筑物整体旋转工程的施工

本小节仅对建筑物整体旋转工程特有的施工工艺及施工程序加以阐述，其他施工事宜详见第4章。建筑物整体旋转施工的首要问题是旋转速度，根据经验推算速度与支座半径大小成正比。

(1)调整滚轴方向的施工方法。建筑物整体旋转工程中的滚轴是承受竖向荷载的构件，自移位施工开始到移位完成后，滚轴一直处于受荷状态，而且在旋转过程中需要不停变换滚轴的方向。施工过程中调整滚轴的方向，一般有两种方案：

①将建筑物一次顶起，调整完滚轴方向后放下。其优点是：每根框架柱或者墙体同时起升，可以避免过大的竖向变形差(相当于不均匀沉降差)；其缺点是：建筑物总体重量大、顶升点多，需要的千斤顶数量很多，由于每个柱子或墙体传来的上部荷载大小不同，千斤顶和油压的配置方案极其复杂，若每个构件下千斤顶的顶升力与其轴向力不协调，就不能保证建筑物同步起升，从而使楼房处于一种相对不稳定的状态，一旦出现倾斜可能导致严重后果。

②多次顶升，每次仅顶起1～2个轴线，分批调整滚轴方向。其优点是：一次的顶升点少，需要的千斤顶数量少，容易控制，顶升过程中楼房的一部分支撑在千斤顶上，另一部分通过滚轴支撑在下轨道梁上，顶升方案安全可靠，容易操作；其缺点是：由于不是同步顶升，顶升柱与相邻的非顶升柱间必然存在一个竖向位移差(相当于不均匀沉降差)，相应地必然在上部结构中产生附加内力。根据《建筑地基基础设计规范》(GB 50007—2002)，对于框架结构相邻柱基的允许相对沉降差与柱距之比为0.002 1，当柱距为6 000 mm时，相应的允许沉降差为12.6 mm，而多数情况只需顶升2～3 mm，即可更换滚轴的方向。经计算分析，当局部顶升量为3 mm时，由于相邻框架柱的竖向位移差而在上部结构中引起的附加内力不会对结构产生任何损害。

临时顶升的节点构造如图8-4所示，为实现临时顶升并调整滚轴方向，需专门在上、下轨道梁设置顶升点，顶升点及千斤顶的布置必须保证节点内平衡受力。对框架结构来说，不能因受力不均在柱内产生附加内力将柱顶偏。墙体托换梁的情况也类似，不同之处是临时顶升要沿双夹梁对称布置，防止将墙顶偏。对于荷载相对较小的墙体旋转，也可以不顶升而使用敲击滚轴的方法调整墙体下滚轴方向。对于整个建筑物可以分区按次序调整，对于双向平移的建筑物在一个方向平移到位后换向平移时，滚轴方向最大可调整90°。

(2)同步监测。同步监测主要有两个内容：一是应力，主要指在复杂工况下监测托换梁的内力分布；二是水平角度，主要指精确测量建筑物的旋转角度及滚轴的角度。

由于错综分布的滚轴作用，托换加固梁的受力也极为复杂，很难精确计算每次调整后的内力重分布情况。在这种情况下，严密的同步监测是必不可少的。施工时，主要在托换加固梁的不同部位贴应变片，观察旋转过程中的应变数据并记录分析，以便研究复杂工况下滚轴对托换梁受力的影响，为今后托换梁的设计提供参考。

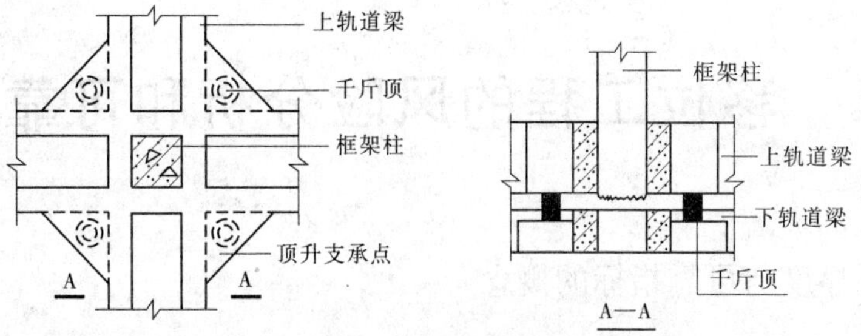

图 8-4　上、下轨道梁的临时顶升点构造示意图

同步监测的另一个重要任务是监测建筑物的角度变化情况并保证建筑物运行在设计轨道上。旋转过程中要求有详细的建筑物水平角度变化记录和运行路线记录，以指导下一步施工。

参考文献

[1] 谢光. 中山市某商住楼整体平移工程[J]. 建筑技术，2002(6)：438-439.

[2] 萧辉祥，陈景斯，陈湘兴. 危房基础加固整治及结构整体顶升技术[J]. 工程质量，2000(6)：37-40.

[3] 雷源铁，张昌伦，雷忠，等. 安徽省图书馆主厅屋盖整体升高做法[J]. 建筑技术，2004(6)：426-428.

[4] 铁朝永，吴勇明. 某牌坊整体迁移施工技术方案研究[J]. 建筑技术开发，2005(8)：114-116.

[5] 梁峰，卢文胜. 移位技术与建筑结构安全问题[J]. 结构工程师，2004(10)：24-27.

[6] 郑华奇，蓝戊己，朱启华. 上海音乐厅整体迁移限位技术的研究与应用[J]. 施工技术，2004(2)：9-11.

[7] 朱锋，岳占福，张峰. 建筑物无约束整体旋转平移关键技术研究[J]. 岩石力学与工程学报，2004(7)(第 23 卷增 2)：5253-5255.

[8] 艾廷华. 给予场论分析的建筑物群的移位[J]. 测绘学报，2004(2)：89-94.

[9] 徐学军，吴二军，黄国银，等. 楼房平移中的移动系统设计探讨[J]. 施工技术，2002(10)：24-26.

[10] 孙吉堂. 框架结构整体平移和旋转施工技术[J]. 建筑技术开发，2000(2)：64-65.

[11] 贾留东，张鑫，等. 临沂市国家安全局 8 层办公楼整体平移设计[J]. 工业建筑，2002(7)：7-10.

[12] 张鑫，贾留东，等. 临沂市国家安全局 8 层办公楼整体平移施工及现场监测[J]. 工业建筑，2002(7)：11-13.

[13] 吴定安. 上海音乐厅顶升和平移工程的液压同步系统[J]. 液压气动与密封，2004(1)：24-26.

第9章 移位工程的风险分析和可靠性评定

9.1 结构可靠度与可靠指标的概念

工程结构设计的基本目的是:在一定的经济条件下,结构在预定的使用期限内满足设计所预期的各项功能。结构在规定的设计使用年限内应满足下列功能要求:

(1)在正常施工和正常使用时,能承受可能出现的各种荷载作用。

(2)在正常使用时具有良好的工作性能。

(3)在正常维护下具有足够的耐久性能。

(4)在设计规定的偶然事件发生时及发生后,仍能保持必需的整体稳定性。

结构在规定的时间内,在规定的条件下,完成预定功能的概率称为结构的可靠度,可以采用以概率理论为基础的极限状态设计方法分析确定。根据不同的功能要求,通常可以分为以下两种极限状态。

9.1.1 承载能力极限状态

这种极限状态对应于结构或结构构件达到最大承载能力或不适于继续承载的变形。当结构或结构构件出现下列状态之一时,应认为超过了承载能力极限状态:

(1)整个结构或结构的一部分作为刚体失去平衡(如倾覆等);

(2)结构构件或连接因超过材料强度而破坏(包括疲劳破坏),或因过度变形而不适于继续承载;

(3)结构转变为机动体系;

(4)结构或结构构件丧失稳定(如压屈等);

(5)地基丧失承载能力而破坏(如失稳等)。

9.1.2 正常使用极限状态

这种极限状态对应于结构或结构构件达到正常使用或耐久性能的某项规定限值。当结构或结构构件出现下列状态之一时,应认为超过了正常使用极限状态:

(1)影响正常使用或外观的变形;

(2)影响正常使用或耐久性能的局部损坏(包括裂缝);

(3)影响正常使用的振动;

(4)影响正常使用的其他特定状态。

在结构可靠度分析中,结构的极限状态一般由功能函数来描述。当有 n 个随机变量影响结构的可靠度时,结构的功能函数为

$$Z = g(x_1, x_2, \cdots, x_n) \tag{9-1}$$

式中,$x_i(i=1,2,\cdots,n)$指结构上的各种作用和材料性能、几何参数等。

进行结构可靠度分析时,也可采用作用效应 S 和结构抗力 R 作为综合的基本变量,并作为随机变量考虑。

$Z=R-S$,Z 的不同取值分别对应不同的结构状态,如图 9-1 所示。

当 $Z>0$ 时,结构处于可靠状态;

当 $Z=0$ 时,结构达到极限状态;

当 $Z<0$ 时,结构处于失效状态。

方程 $Z=g(x_1,x_2,\cdots,x_n)=0$ 称为结构极限状态方程,它是结构可靠度分析的重要依据。结构能够完成预定功能的概率称为可靠概率 P_s;结构不能完成预定功能的概率称为失效概率 P_f。显然,二者是互补的,即 $P_f+P_s=1.0$。因此,结构可靠性也可用结构的失效概率来度量,失效概率愈小,结构可靠度愈大。P_f 原则上可以通过多维积分式 $P_f=\iint\limits_{Z<0} f_x(x_1,x_2,\cdots,x_n)\mathrm{d}x_1\mathrm{d}x_2\cdots\mathrm{d}x_n$ 计算求得。当仅有作用效应 S 和结构抗力 R 两个基本变量时,结构按极限状态设计应符合公式 $Z=R-S=0$,其中 R、S 均为正态分布,其均值和标准差分别为 μ_R、μ_S 和 σ_R、σ_S。其差 Z 也是正态随机变量,均值为 $\mu_Z=\mu_R-\mu_S$,标准差为 $\sigma_Z=\sqrt{\sigma_R^2+\sigma_S^2}$。

Z 的概率密度函数为

$$f_Z(Z)=\frac{1}{\sqrt{2\pi}\sigma_Z}\exp\left[-\frac{1}{2}\left(\frac{Z-\mu_Z}{\sigma_Z}\right)^2\right]\quad(-\infty<Z<\infty)\tag{9-2}$$

根据定义,结构的失效概率可表示为

$$P_f=P(Z<0)=\int_{-\infty}^{0}f_Z(Z)\,\mathrm{d}Z=\int_{-\infty}^{0}\frac{1}{\sqrt{2\pi}\sigma_Z}\exp\left[-\frac{1}{2}\left(\frac{Z-\mu_Z}{\sigma_Z}\right)^2\right]\mathrm{d}Z\tag{9-3}$$

结构失效概率 P_f 与功能函数平均值 μ_Z 到坐标原点的距离有关,取 $\mu_Z=\beta\sigma_Z$。由图 9-2 可见,β 与 P_f 之间存在着对应关系。β 值越大,失效概率 P_f 就越小;β 值越小,失效概率 P_f 就越大。因此,β 与 P_f 一样,可作为度量结构可靠度的一个指标,故称 β 为结构的可靠指标。β 值可按式(9-4)计算:

$$\beta=\frac{\mu_Z}{\sigma_Z}=\frac{\mu_R-\mu_S}{\sqrt{\sigma_R^2+\sigma_S^2}}\tag{9-4}$$

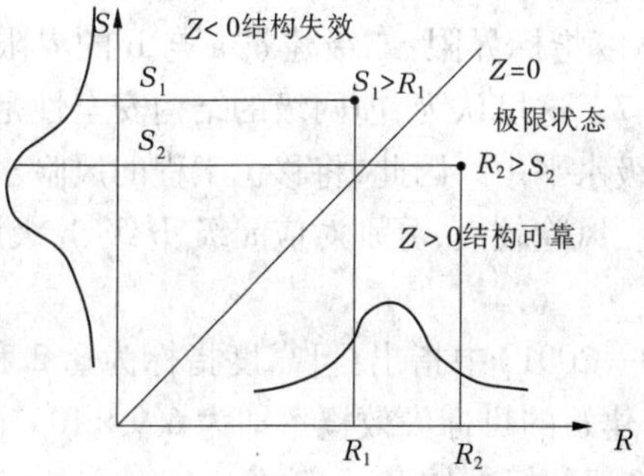

图 9-1　结构所处的状态

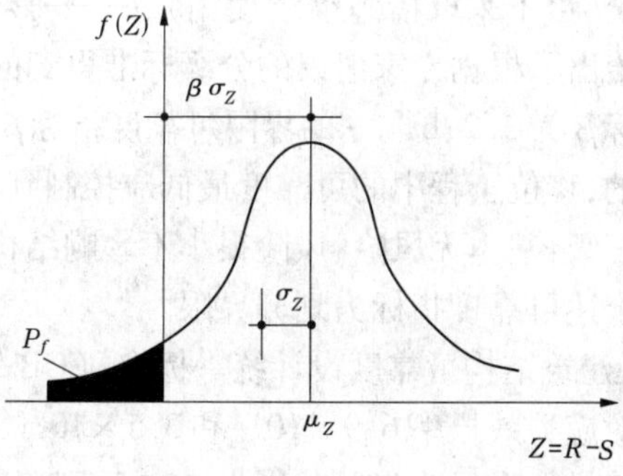

图 9-2　功能函数 Z 的分布曲线

β 与 P_f 在数值上的对应关系如表 9-1 所示。从表中可以看出,β 值相差 0.5,失效概率 P_f 大致差一个数量级。

表 9-1 β 与 p_f 的对应关系

β	P_f	β	P_f
1.0	1.59×10^{-1}	3.2	6.90×10^{-4}
1.5	6.68×10^{-2}	3.5	2.33×10^{-4}
2.0	2.28×10^{-2}	3.7	1.10×10^{-4}
2.5	6.21×10^{-3}	4.0	3.17×10^{-5}
2.7	3.50×10^{-3}	4.2	1.30×10^{-5}
3.0	1.35×10^{-3}		

由表 9-1 可知,失效概率 P_f 尽管很小,但总是存在的。因此,要使结构设计做到绝对的可靠是不可能的,合理的解答应该是使所设计的结构失效概率降低到人们可以接受的程度。

9.2 移位工程的风险评估指标和方法

9.2.1 风险评估指标的确定

建筑物整体移位工程的风险水平可以通过移位施工过程总可靠度或总失效概率进行评定,其值可由移位施工各阶段失效概率计算得到。

移位工程风险指标 η_m:

$$\eta_m = \frac{P_{fms}}{[P_{fs}]} \tag{9-5}$$

式中 P_{fms} ——移动过程中结构体系总失效概率;

$[P_{fs}]$ ——设计中可接受的目标失效概率。

9.2.2 风险评估方法和标准

这里采用半经验法进行风险级别的确定。在房屋鉴定规范中,根据专家建议,按主要构件的设计抗力和效应的比值大小将结构分为四级:a——安全(符合鉴定标准要求)、b——尚安全(可不采取措施继续使用)、c——影响安全(应采取措施)和 d——危及安全。相关规范给出了根据专家建议的分级标准得到的可靠度指标界限:二级建筑 a 与 b 的界限可靠度指标 β 为 3.2;b 与 c 的界限可靠度指标 β 为 2.7。这里认为,前两级的结构安全性是可以接受的,移位工程中的可靠度最低应控制到这两级水平中。因此,将移位工程的风险水平定义为三级:基本无风险、风险很小不影响结构安全、风险较大,分别对应 a 级、b 级、b 级以下,并以上述可靠度指标为划分界限。

《建筑结构可靠度设计统一标准》(GB 50068—2001)中指出:可靠度指标为 3.2 和 2.7 分别对应失效概率 6.9×10^{-4} 和 3.5×10^{-3},二级建筑的目标失效概率即为 6.9×10^{-4},代入式(9-5)中,令风险指数分别为 1 和 5,则移位风险评估标准如下:

$\eta_m \leq 1$ 时,基本无风险,移位工程安全可靠;

$1 < \eta_m \leq 5$ 时,风险很小,不影响结构安全;

$\eta_m > 5$ 时,风险较大。

移位工程中应避免出现较大风险的情况,工程的风险水平应采用结构体系可靠度或失效概率进行计算,但目前仍没有实用的结构体系可靠度的计算方法,因此这里建议采用移位工程中最不利受力的构件可靠度或失效概率代替结构体系可靠度,这样采用的失效概率是偏大的,对结构体系偏于安全。

9.3 移位施工对结构可靠度的影响

与固定不动的建筑物相比,整体移位施工主要在以下几个环节影响到了结构的安全。

9.3.1 加固托换施工对结构安全的影响

加固托换施工从两个方面影响结构的安全,一是托换结构本身的安全性,二是墙托换施工过程中对结构承载力的削弱。托换结构本身可以通过合理的托换设计和构造保证其可靠度不低于其他构件。施工过程中一些柱的托换方法需要凿除保护层或柱中钻孔,墙体托换中也需要对砖墙凿洞浇筑抬梁,墙柱截面尺寸的削弱必然造成构件的失效概率增大。

9.3.2 上部结构和基础切割分离施工对结构安全的影响

在目前已完成的建筑物整体移位项目中,切割分离主要是指墙体和柱的切割分离,传统的分离方法是用人工开凿或者风镐切割,会带来较大的局部振动,但对结构整体安全影响不大。如果能采用较先进的断柱技术,例如金刚石线切割设备切割就更安全了,引起的结构振动实测值非常小,对结构安全的影响基本可以忽略。

在切割过程完成以后,上部结构的竖向荷载全部由托换机构传到轨道梁上,托换机构的可靠度和轨道梁的可靠度直接决定了整栋建筑的安全性,这属于构件承载力的设计问题,不难保证安全可靠。上部结构的荷载由原基础转换到轨道梁上,可能会产生沉降,影响结构的可靠度。

9.3.3 同步移动施工对结构安全的影响

同步移动过程中有可能对结构产生安全性影响,这体现在以下 5 个方面:一是轨道梁可能产生的破坏;二是轨道梁的沉降差过大,可能造成上部结构水平梁或墙体开裂;三是加荷、卸荷和调整滚轴产生的振动可能对结构产生的不利作用;四是偶然因素作用,包括地震、大风等;五是扭转位移过大,可能产生脱轨破坏。

9.3.4 就位连接施工对结构安全的影响

就位连接时需要进行二次托换,即将上部结构从移动机构托换到新基础上,这一过程一般采用顶升方法逐段托换,对结构安全可能产生影响。另外,就位连接方法将影响就位后房屋的抗震性能。同时,新基础的承载力和沉降直接决定着房屋的安全性能。

9.4 建筑物移位工程可靠度分析

9.4.1 移位施工过程总可靠度

整个移位施工过程包括托换、切割、同步移位和就位连接 4 个关键环节,设移位过程的 4 个关键环节的构件可靠概率分别为 P_{sm1}、P_{sm2}、P_{sm3}、P_{sm4},则移位过程总可靠概率 P_{sm} 和失效概率 P_{fm} 为:

$$P_{sm} = \prod_{i=1}^{4} P_{smi} = \prod_{i=1}^{4} (1 - P_{fmi}) \tag{9-6}$$

$$P_{fm} = 1 - P_{sm} = 1 - \prod_{i=1}^{4} (1 - P_{fmi}) \tag{9-7}$$

式中,$P_{fmi}(i = 1,2,3,4)$ 为四个阶段的失效概率。

9.4.2 加固托换施工阶段结构可靠度

在加固托换施工阶段,将减小构件的截面尺寸或改变构件受力状态,常见的情况有削弱墙、柱的截面尺寸以及减小基础底面面积或改变基础的受力状态。当改变构件的受力状态时,可以对构件重新确定计算简图进行承载力验算,并按常规方法进行可靠度评估;截面削弱造成的失效概率采用如下方法评估。

托换施工中的截面削弱主要是降低竖向荷载的承载力,抗力和面积呈线性关系,用下式表示:

$$R = kA \tag{9-8}$$

设面积平均削弱率为 n ,则削弱后平均抗力为 $R = k(1-n)A$,因此抗力的平均值减小了 $\Delta R = knAV$,变异系数为 V, 构件的失效概率为

$$P_{fm1} = \Phi\left(-\frac{\mu_R - knA - \mu_S}{\sqrt{\sigma_R^2 + \sigma_S^2 + (knAV)^2}}\right) \tag{9-9}$$

9.4.3 上部结构和基础分离阶段的结构可靠度

柱和墙切割时,在托换结构安全可靠的前提下,施工本身是没有风险的,但在这一阶段存在两个因素可能对结构的可靠度产生影响:首先由于墙和柱分批切割,造成一部分结构在原基础上、另一部分在轨道梁上的受力状态,产生沉降差的可能是存在的;其次,完全切断后,结构托换体系受力代替了原基础受力,结构受力发生变化。在这两种情况下,决定结构可靠度的主要参数是轨道瞬时沉降引起的结构内力和托换节点的抗剪可靠度。

(1)移位轨道沉降对结构可靠度影响的控制方法。沉降差对结构构件内力的影响非常复杂,不同结构形式、不同层数、不同平面布置时的影响幅度不同,这里只通过控制指标将失效概率限定在一定的范围内。《建筑地基基础设计规范》(GB 50007—2002)规定了不同结构的沉降和沉降差限值[s],该限值隐含了一定的结构失效概率要求,这个失效概率即目标失效概率,用[P_f]表示。根据正常使用状态下的设计表达式,可以认为:

当永久沉降标准值 $$s_{l,k} \leqslant [s] \tag{9-10}$$

则满足 $$P_f \leqslant [P_f] \tag{9-11}$$

将式(9-10)用统计参数表示,有

$$\mu_{s_l} + \delta\sigma_{s_l} \leqslant [s] \tag{9-12}$$

式中,δ 为与保证率有关的系数,当变量为标准正态分布时结构具有 95% 的保证率,此时 $\delta = 1.645$。移位施工改变了结构沉降的正常过程,设被移动的建筑物使用时间为 t_0 ,此时沉降为 s_{t0} ,托换到轨道梁上后,轨道梁将产生瞬时沉降 s_d ,因此被移位建筑物的总沉降为两者之和,即

$$s_m = s_{t0} + s_d \tag{9-13}$$

此时的状态方程为

$$s_{m,k} = \mu_{s_m} + \delta\sigma_{s_m} \leqslant [s] \tag{9-14}$$

s_m、s_{t0}、s_d 都是随机变量,根据统计学原理

$$\mu_{s_m} = \mu_{s_{t0}} + \mu_{s_d} \tag{9-15}$$

$$\sigma_{s_m}^2 = \sigma_{s_{t0}}^2 + \sigma_{s_d}^2 \tag{9-16}$$

将式(9-15)代入式(9-16),移项得

$$\mu_{s_d} = [s] - \mu_{s_{t0}} - \delta\sqrt{\sigma_{s_{t0}}^2 + \sigma_{s_d}^2} \tag{9-17}$$

对式(9-17)采用分离系数法，并将 $\sigma_{s_{t0}} = V_{s_{t0}}\mu_{s_{t0}}, \sigma_{s_d} = V_{s_d}\mu_{s_d}$ 代入变形得：

$$\mu_{s_{d,k}} = \mu_{s_d} + \delta\sigma_{s_d} \leqslant \frac{(1+\delta V_{s_d})\left[[s] - \mu_{s_{t0}}(1+\delta\alpha V_{s_d})\right]}{1+\delta\alpha V_{s_d}} \tag{9-18}$$

令

$$[s_d] = \frac{(1+\delta V_{s_d})\left[[s] - \mu_{s_{t0}}(1+\delta\alpha V_{s_d})\right]}{1+\delta\alpha V_{s_d}} \tag{9-19}$$

$[s_d]$即为移位工程中不降低结构可靠度时，轨道梁应满足的沉降限值，即当满足 $s_{d,k} \leqslant [s_d]$时，结构可靠度不小于$[P_f]$。

(2)柱托换节点介入工作对可靠度的影响。柱托换节点受力代替了原基础工作，直接影响了整个结构体系的可靠度。根据本书提出的柱托换节点设计建议公式，对托换节点的可靠度问题进行近似估算。设计表达式为

$$K_S S \leqslant \frac{R}{K_R} \tag{9-20}$$

式中 S、R—— 托换竖向荷载和托换结构的实际抗力；

K_S、K_R—— 对应于效应和抗力的大于 1 的安全系数，结构失效概率为 $P(S > R)$。

根据式(9-20)计算的结构可靠度指标为

$$\beta = \frac{\mu_R - \mu_S}{\sqrt{\sigma_R^2 + \sigma_S^2}} = \frac{(K_S K_R - 1)\mu_S}{\sqrt{(V_R^2 K_S^2 K_R^2 + V_S^2)\mu_S^2}} = \frac{K_S K_R - 1}{\sqrt{V_R^2 K_S^2 K_R^2 + V_S^2}} \tag{9-21}$$

式中 V_R、V_S ——抗力和效应的变异系数。

由柱托换设计建议公式和试验结果可知，$K_R \approx 1.7$，$K_S \approx 1.7$。根据一些文献中介绍的统计资料，材料强度的变异系数一般为 0.1 ~ 0.2，这里取 0.15，恒荷载的变异系数为 0.1，活荷载的变异系数为 0.5，这里效应的变异系数取 0.3。将数值代入式(9-21) 得 $\beta = 3.586$，对应失效概率为 1.65/10 000，因此托换结构设计建议公式计算结果和设计规范中结构构件的可靠度水平相当。

(3)切割阶段的结构可靠度。切割阶段在保证轨道梁沉降满足上述规定和托换结构按建议设计公式进行设计的情况下，其构件的失效概率为

$$P_{fm2} = [P_f] \tag{9-22}$$

9.4.4 同步移位阶段的结构可靠度

同步移位过程中影响结构可靠度的因素如下。

(1)轨道梁破坏和轨道梁沉降。可通过对承载力和变形控制指标严格控制，避免可靠度降低。

(2)加、卸荷载产生的振动影响。根据实际工程动态监测结果和动力分析结果可知，建筑物移位振动加速度远远小于设计地震作用，因此不会对经过抗震设防的结构产生影响。

(3)风、地震等偶然因素作用。此类因素的影响显然可以忽略，原因是房屋设计基准使用期为 50 年，而移位施工工期为 3 ~4 个月，时间上相差 200 倍，偶然过大荷载发生的概率很小；并且分离后的结构构件在地震作用下比固结时受力小，尽管整体位移可能加大，但综合考虑失效概率非常小。

（4）扭转位移过大，可能脱轨。脱轨对结构的影响是致命的，因此施工中不允许出现，即控制其失效概率必须为0，此问题通过各轴的扭转位移限值控制。

由于这一阶段的影响因素既多又关键，因此在施工中的要求更为严格，其构件的失效概率反而较低。综上所述，这一阶段的最大失效概率不大于规范中的目标失效概率，偏于安全取较大值，即

$$P_{fm3} = [P_f] \tag{9-23}$$

9.4.5 就位连接后结构的可靠度

就位连接是将结构从轨道上平移至新基础上，新基础沉降必然会对结构可靠度产生影响。移位施工时产生的影响仍按式（9-24）的方法进行控制，由于新基础是永久结构，式中瞬时沉降用新基础的永久沉降代替，即满足下式

$$s_m \leqslant [s_m] = \frac{(1+\delta V_{s_d})\left[[s] - \mu_{s_{t0}}(1+\delta\alpha V_{s_d})\right]}{1+\delta\alpha V_{s_d}} \tag{9-24}$$

式中　s_m、$[s_m]$——新基础沉降和新基础沉降限值。

此时，失效概率为

$$P_{fm4} = [P_f] \tag{9-25}$$

当仍按常规方法进行设计时，下面分析一种特殊情况下新基础沉降对可靠度的影响。假设在建筑物使用时间 t_0 内建筑物在相应地基条件下完成了几乎所有沉降。此时极限状态方程中抗力（结构抵抗沉降的能力）不变，但沉降效应随机变量由一个变成了两个，并且独立同分布。设沉降的分布服从正态分布 $N(\mu_S, \sigma_S^2)$，则总沉降效应服从正态分布 $N(2\mu_S, 2\sigma_S^2)$，其失效概率计算公式为

$$P_{fm4} = 1 - \Phi\left(\frac{\mu_R - 2\mu_S}{\sqrt{\sigma_R^2 + 2\sigma_S^2}}\right) \tag{9-26}$$

式中参数由建筑沉降的统计数据得到。

9.5 建筑物移位工程可靠度计算的工程应用

9.5.1 工程概况

该工程为中央储备粮平顶山直属库综合楼，建筑面积约2 000 m^2，主体4层，⑤～⑩轴为局部5层，主体为砖混结构，底层门厅为局部框架结构，内部功能为办公室及化验室两部分，首层示意平面图见第6章图6-11。

根据总体规划调整要求，该建筑物计划向北整体移位39.88 m，移至距离该单位北边线4.0 m处，并整体抬高0.45 m。

9.5.2 结构可靠度计算

（1）托换阶段结构可靠度。本工程受轴力最大柱为Ⓒ轴与⑥轴交会处柱，截面尺寸500 mm×500 mm，C30混凝土，托换施工时，四周保护层（25 mm）凿除，则计算得截面削弱率为0.002 5。保护层凿除后，忽略框架柱纵筋的竖向承载力，则平均抗力 $\mu_R = \mu_{fc}(1-n)A_c = 30\times(1-0.002\ 5)\times500\times600 = 8\ 978$（kN），柱的实际计算轴力为 $\mu_S = 785$ kN，用实际轴力代替效应平均值。取效应抗力的变异系数为0.1，则有：$\sigma_R = 897.8$ kN，$\sigma_S = 78.5$ kN，代入式（9-9）中得：$P_{fm1} \approx 0$。

(2)分离阶段的结构可靠度。本工程切割阶段,由于此时轨道基础下的地基仍为原基础范围内的地基,所以地基变形不会太大,远小于建筑物移出原基础范围后在轨道上产生的沉降,而托换结构的设计是根据混凝土结构规范提出的公式设计的,所以此阶段结构的失效概率 $P_{fm2} \leqslant [P_f]$,我们取 $P_{fm2} = [P_f] = 6.9 \times 10^{-4}$。

(3)平移阶段的结构可靠度。由于这一阶段的影响因素既多又关键,因此在施工中的要求更为严格,其构件的失效概率反而较低。综上所述,这一阶段的最大失效概率不大于规范中的目标失效概率,偏于安全取较大值,即 $P_{fm3} = [P_f] = 6.9 \times 10^{-4}$。

(4)就位连接阶段的结构可靠度。由于缺乏对基础沉降的统计参数,假定这一阶段的失效概率增大到原来的1.5倍,即 $P_{fm4} = 1.5 \times 6.9 \times 10^{-4} = 1.035 \times 10^{-3}$。

(5)平移工程总可靠度。$P_{fm} = 1 - P_{sm} = 1 - \prod_{i=1}^{4}(1 - P_{fmi}) = 1 - 0.997\,62 = 2.38 \times 10^{-3}$,代入式(9-5)中,得出平移风险指数为 $\eta = 3.5$。

由于 $\eta_m \leqslant 1$ 时,基本无风险,平移工程安全可靠;$1 < \eta_m \leqslant 5$ 时,风险很小,不影响结构安全;因此 $\eta_m > 5$ 时,风险较大,因此 $\eta = 3.5$ 属于风险很小的一种,不影响结构安全。

参考文献

[1] 中华人民共和国建设部. GB 50068—2001 建筑结构可靠度设计统一标准[S]. 北京:中国建筑工业出版社,2002.

[2] 吴二军,李爱群. 建筑物整体平移工程的可靠度计算和风险评估[J]. 建筑技术,2004(6):412-414.

第三篇　既有建筑物的基础隔震加固技术及施工方法

第 10 章 既有建筑物的基础隔震加固技术

10.1 引言

基础隔震是指在建筑物上部结构底部与基础之间设置柔性隔震构件和消能构件,使上部结构与基础分离,通过隔震消能体系隔离、耗散、吸收地震波向上部结构的输入,延长结构基本周期,降低建筑物地震反应。大量研究结果表明,采用隔震体系的上部结构的变形类似于刚体平动,地震反应没有放大现象,仅相当于原结构所受到的地震作用的 1/4 ~ 1/12,确保了建筑物在受到强烈地震作用时不出现大破坏或倒塌。既有建筑物的基础隔震加固技术则是根据基础隔震原理,对既有建筑物进行抗震加固,其思路是在充分利用既有建筑物上部结构抗震能力的基础上,根据既有建筑物的特点,在建筑物的下部插入隔震装置(如隔震支座、阻尼器、限位装置以及回复装置),从而隔离、耗散、吸收输入上部结构的地震能量,使其达到既有结构所能抵抗的水平,实现提高既有结构抗震能力的目标。

既有建筑物的基础隔震加固技术可以分为如下两类:

一类是对原位建筑的基础隔震加固技术。大量既有建筑物虽然目前还可以正常使用,但均是按建设之初的建筑结构规范进行设计的。随着社会和经济的发展,建筑抗震技术也在日新月异地发展更新,规范标准对建筑结构的可靠性要求也在不断提高,这就产生了一个问题:这些既有建筑物虽然还在设计基准使用期内,但却不能满足现行规范抗震设防标准。一些使用年限更长的古建筑,在经历了历史的风雨以后,均出现了或多或少的影响结构安全的缺陷,有的甚至面临着崩溃的危险,所以必须对其进行加固。而传统的抗震加固技术如粘钢法、外包钢法以及增大截面法等加固方法往往会改变其原貌,这样的抗震加固方法会使这些古建筑失去其原有的价值。针对这些问题,可以采用基础隔震技术对其进行加固,既可以提高其抗震性能,又可以避免传统抗震加固方法对古建筑物保护产生的不利影响。

另一类是结合建筑物整体移位的基础隔震加固技术。随着我国城市化进程的不断加快,城市改造与既有建筑物拆迁安置的矛盾日渐突出。在城市规划改造期间,很多建筑物建造时间不长,还具有一定的使用价值,但由于规划的原因,投入使用不久便阻碍了城市建设的发展,根据城市新规划而需要拆除易地再建。这种做法造成了大量的人力物力消耗,影响了正常的生产活动,给居民生活造成不便,并带来财产上的巨大浪费,同时也会产生严重的环境污染。有时为减少损失,不得不修改规划,又会给城市建设造成永久的缺憾,甚至产生新的问题。建筑物整体移位技术的出现,为解决这些问题提供了一个行之有效的方法,并且已经在城市规划改造过程中起到了巨大的积极作用。由于移位建筑物受到设计标准及使用年限等因素影响,其结构可靠性已无法满足现行标准的要求,因此可以将基础隔震加固技术引入建筑物整体移位工程中,在移位施工的同时,对建筑物进行隔震加固施工,提高移位后建筑物的结构安全性。

对既有建筑物采用基础隔震技术进行加固,可以产生巨大的经济效益和社会效益。其优点之一是不影响建筑物二层及二层以上用(住)户的正常使用。因为基础隔震加固技术的实施只需要在建筑物的底层为其提供施工操作的空间，而采用传统的抗震加固改造技术，如粘钢法、外包钢法以及增大截面法等，均需要对整个建筑结构进行“手术”，这就使得建筑物内部的器械、设备以及生活用品需要移出建筑物或停止使用，极大地影响到正常生产生活。特别是有些装修高档的建筑物，由于抗震加固的需要，必须对其装饰进行拆除，这就会产生很大浪费，而隔震加固技术则完全可以避免这种不必要的浪费。另外，在建筑物的整体移位工程中，可以采用滚轴隔震、滑移隔震以及滚轴和橡胶垫混合隔震等技术，在建筑物移位到指定位置后不把滚轴取出，而是把建筑物移位时用的滚轴作为滚轴隔震的隔震元件，在采取一定的复位、限位措施后，即可完成对其隔震加固改造，这样既可以提高上部结构的抗震性能，也可以缩短施工工期。基础隔震加固技术对古建筑物加固保护尤为适用。

目前，隔震技术的发展已经进入推广使用阶段，国内外的隔震房屋已越来越多，我国的《建筑抗震设计规范》(GB 50011—2001)(2008 年版)也已经将隔震和消能减震设计纳入其中。既有建筑物基础隔震加固技术是隔震技术应用的新领域。在自然资源日渐匮乏和人们更加重视环境保护的今天，对既有建筑物基础隔震加固技术的应用研究则显得更为重要。

10.2 基础隔震结构的技术要求

10.2.1 隔震建筑的设计原则

在隔震结构的设计中，应通过对结构的整体特性、结构布置、结构刚度等的分布合理设置，控制结构地震发生时的反应性能，达到减小地震反应的目的，一般需遵循以下原则：

(1)隔震建筑的设防目标可以高于传统建筑。合理设计的隔震建筑一般可达到“小震不坏，中震不坏或轻微破坏，大震不丧失使用功能”的设防目标。

(2)隔震建筑结构的体形基本规则。应控制隔震支座的布置及结构的刚度使其分布均匀，尽量使结构刚度中心与上部结构的质量中心的偏移小一些，这样做可以保证结构不因太大的扭转作用而发生意外破坏。

(3)基础隔震技术对低层、多层建筑较为适用，隔震建筑的房屋高度和层数应符合有关设计技术规范中的相应规定。

(4)由于建筑隔震技术的特点，隔震建筑一般更适合Ⅰ、Ⅱ、Ⅲ类场地，并且在结构设计中选用刚性较好的基础类型，以保证隔震层的稳定性和在地震中运动的一致性。

(5)一般来说，隔震建筑隔震层的抗拉能力比较薄弱，根据剪切型结构的特点，为了保证隔震结构的稳定性，确保隔震结构的抗倾覆能力及地震时有效防止上部结构与隔震层之间的脱离，应对隔震结构的高宽比加以控制，隔震结构的高宽比应满足表 10-1 的要求。当高宽比不满足要求时，应进行罕遇地震下的抗倾覆验算。

表 10-1　隔震建筑最大高宽比

设防烈度	6	7	8	9
最大高宽比	2.5	2.5	2.5	2.0

10.2.2 隔震加固设计的注意事项

在既有建筑物的隔震加固过程中，由于在建筑物下方增设隔震层，改变了支撑系统，需要加大原有基础尺寸，使得基础工程量大大增加。与新建建筑物相比，既有建筑物的改造受到很多条件的限制：要求隔震加固施工不影响建筑物的正常工作；要保持内外装修的连续性、一致性；还要确保通往建筑内的管线等。进行隔震改造方案设计时应注意：

(1)全面了解和把握建筑物现状、原有设计图纸、现场调查场地及建筑物耐震情况；

(2)确定建筑物在形态、材料等方面继续保留原样的程度和范围，在此基础上确定耐震加固及隔震层的位置等；

(3)考虑临时支撑或提升建筑物所需的空间和工作面；

(4)改造施工时采取措施，避免建筑物因不均匀沉降而受到破坏；

(5)明确设计标准，设定楼地面的强度，满足既有建筑物的承载力、变形能力、使用功能；

(6)考虑相应水平位移的对策，还要注意外观的连续性和亲和感，特别注意楼地面、墙等处的伸缩连接的位置；

(7)为使设备管线适应隔震层的位移和变形，常采用柔性连接或球型接点，但要考虑安放装置及检修的空间。

此外，建筑物在长期使用中必须保证所设定的安全距离，设计人员在工程竣工前，应提供以下说明：确立有效的维护管理体制；为隔震建筑的业主和使用者制定使用管理手册；在隔震层可移动部位周围设置明显标志。

10.2.3 隔震结构的计算要点

(1)隔震支座的受压承载力设计值应符合以下要求：①当形状系数 $S_1 \geqslant 15$，$S_2 \geqslant 5$ 时，对于甲类建筑，压应力设计值不宜大于 10 MPa；对于乙类建筑，压应力设计值不宜大于 12 MPa；对于丙类建筑，压应力设计值不宜大于 15 MPa，但对于直径小于 300 mm 的隔震支座，压应力设计值不宜大于 12 MPa。②当形状系数不满足上述要求时，压应力设计值应适当降低，当 $5 > S_2 > 4$ 时降低 20%，当 $4 > S_2 > 3$ 时降低 40%。

(2)隔震层连接部件(如隔震支座或抗风装置的上下连接构件及连接用预埋板等)应按罕遇地震作用进行强度验算。

(3)抗风装置应按下列要求进行验算：

$$\gamma_W V_{WK} \leqslant V_{RW} \tag{10-1}$$

式中 V_{RW}——抗风装置的水平承载力设计值，当抗风装置作为隔震支座的组成部分时，取隔震支座的水平屈服荷载设计值，当抗风装置单独设置时，抗风装置的水平承载力可按材料屈服强度设计值确定；

γ_W——风荷载分项系数，取 1.4；

V_{WK}——风荷载作用下隔震层的水平剪力标准值。

(4)隔震层各隔震支座在罕遇地震作用下的最大水平位移应满足下列要求：

$$U_{\max} \leqslant 0.55d \tag{10-2}$$

$$U_{\max} \leqslant 3t_r \tag{10-3}$$

式中 $U_{\max}$——罕遇地震作用下考虑扭转影响时隔震支座最大水平位移；

d——隔震支座的直径；

t_r——隔震支座橡胶层总厚度。

(5)在罕遇地震作用下，隔震支座不宜出现拉应力。

10.2.4 隔震结构的构造要求

隔震设计除需满足隔震结构的安全性能及充分发挥每个隔震支座的承载力和水平变形

能力外,还需要满足一定的构造布置原则。以框架结构为例,其隔震层构造如图10-1所示。

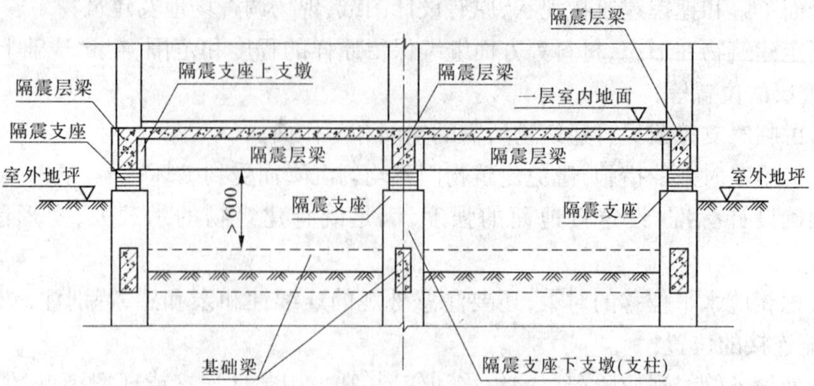

图10-1　框架结构隔震层构造

10.2.4.1　隔震层的布置原则

(1)隔震层由隔震支座、阻尼装置和抗风装置组成,阻尼装置和抗风装置与隔震支座可以合为一体,也可以单独设置,必要时可以设置限位装置。

(2)隔震层的刚度中心宜与上部结构的质量中心重合。

(3)隔震支座的平面布置宜与上部结构竖向受力构件的平面位置相对应,隔震支座的底平面一般宜布置在相同标高位置上,必要时也可以布置在不同的标高位置上。

(4)同一房屋选用多种规格型号的隔震支座时,应注意规格型号尽量统一,并注意充分发挥每个隔震支座的承载力和水平变形能力。

(5)同一支撑处选用多个隔震支座时,隔震支座之间的净距应大于安装和更换时所需的空间尺寸。

(6)设置在隔震层的抗风装置宜对称、分散地布置在建筑物的周围。

(7)抗震墙下隔震支座的间距不宜大于2.0 m。

10.2.4.2　隔震层的主要构造措施

(1)隔震支座与上部结构、下部结构之间的连接螺栓和锚固钢筋,均必须在罕遇地震作用下对隔震支座在上下连接面的水平剪力、竖向力及其偏心距进行验算。锚固钢筋长度宜大于20倍钢筋直径,且不小于250 mm。隔震支座连接构造详见图10-2。

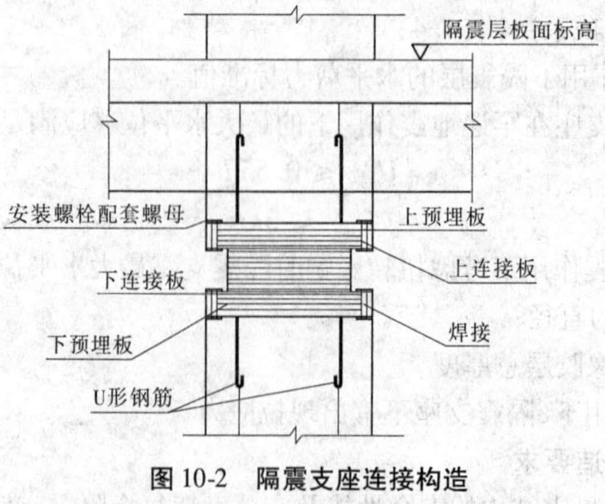

图10-2　隔震支座连接构造

(2)与隔震支座连接的梁、柱、墩等应具有足够的水平抗剪和竖向局部抗压承载能力，并采取可靠的构造措施，如加密箍筋或配置网状钢筋。

(3)穿过隔震层的竖向管线(含柔性导线)应符合以下要求：直径较小的柔性管线在隔震层处应预留足够的伸展长度，其值不应小于 150 mm；直径较大的管道在隔震层处应采用柔性接头，并保证能发生 150 mm 以上的水平变形。

(4)隔震层所形成的缝隙可根据使用功能的要求，采用柔性材料封堵、填塞。

(5)基础隔震建筑的上部结构及隔震层部件必须和周围的固定物脱开，如图 10-3 所示，图中上部结构与水平方向固定物的脱开距离 h_1 不小于隔震层在罕遇地震作用下最大水平位移的 1.2 倍，且不小于 150 mm，通常设计为 300 ~ 400 mm；对于竖向的安全距离 h_2，应考虑到支座橡胶的变形(徐变、温度变形、水平变形时的竖向沉降等)，通常 h_2 不小于隔震支座中橡胶总厚度的 1/25 加上 10 mm，且不小于 15 mm。

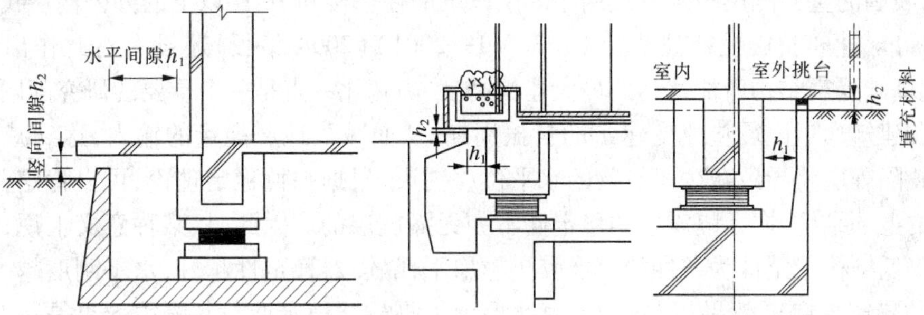

图 10-3　上部结构和隔震层与周围固定物脱开示意图

10.3　隔震设计中的注意问题

隔震结构设计现已经纳入了我国的抗震设计规范，成为一种实用的结构设计方法，但是目前结构工程师对隔震设计实际工程接触并不多。隔震设计时应注意有些问题，比如减震系数的正确选用和隔震建筑的稳定性等问题。

10.3.1　减震系数的选用

水平方向减震系数是多遇地震下结构隔震与非隔震时各层层间剪力进行对比的最大值，反映了隔震设计的减震效果，水平方向减震系数最小值为 0.25。

水平方向减震系数的计算公式为$\sqrt{2}\left[\left(\frac{Q_{g1}}{Q_1}\right),\left(\frac{Q_{g2}}{Q_2}\right),\cdots,\left(\frac{Q_{gn}}{Q_n}\right)\right]_{\max}$，其中 Q_{gn}、Q_n 分别为结构隔震与非隔震时各层层间剪力，式中的$\sqrt{2}$系数等于将隔震结构的地震作用提高了 0.5 度。隔震层以上结构水平地震作用和抗震验算，承载力大致留有 0.5 度安全储备，减震系数将隔震建筑设计和传统抗震设计联系起来。根据隔震层算出的水平向减震系数确定上部结构的计算所采用的烈度，如表 10-2 所示，根据对应所降低烈度进行上部结构常规的抗震计算。工程设计经验表明：隔震垫的刚度越小，水平方向减震系数越小，隔震效果越好，但隔震层的位移将越大，因此设计中须调整二者的关系，满足设计要求。

表 10-2　水平方向减震系数与地震烈度变化对应关系

层间剪应力最大比值	0.53	0.35	0.26	0.18
水平向减震系数	0.75	0.50	0.38	0.25
相当于降低烈度	0.5 度	1.0 度	1.5 度	2.0 度

10.3.2　隔震建筑高宽比

基础隔震结构是利用水平刚度很小的隔震层,使结构的基本自振周期加长而远离地震波的卓越周期,因而上部结构所受的地震作用与隔震前相比大大减小。对位于坚硬场地上的中、低层建筑,隔震后结构的地震反应会大大降低,隔震效果非常明显;而对高柔结构,其自振周期较大,或软弱场地上,输入地震波的卓越周期较长,则隔震效果不如上述结构明显。鉴于此,我国的基础隔震技术一般用于 8 层以下的住宅楼和 10 层以下的办公楼。我国现行的国家标准《建筑抗震设计规范》(GB 50011—2001)(2008 年版)还没有对此作出明确规定,因此基础隔震结构所能达到的最大建筑高度、高宽比一直是一个重要的研究问题。

隔震建筑通过隔震垫改变建筑的自振周期,从而减少地震能量的输入,达到减震的目的。设置隔震层将导致减少建筑物的水平位移约束,根据弹性稳定理论,可以肯定,两个完全相同的上部结构,嵌入隔震层的稳定性不如无隔震层的。因此,从某种意义上说,结构减震是以降低结构稳定性为条件的。橡胶垫越扁平,隔震器稳定性越好,水平刚度越大,水平刚度大的隔震器隔震效果相对较差,由此揭示了隔震器稳定性与其隔震效果是一对矛盾。设计研究中,协调矛盾是重要的,国内外文献建议隔震支座直径与高度比取值为 3 ~ 6;隔震建筑的稳定与隔震层位置也有关系,隔震层位置越接近地基,建筑的隔震效果越好,隔震层位置越靠上,稳定性越好,隔震效果越差。

隔震结构在地震中发生提离倾覆,是一个较为复杂的运动过程。把隔震房屋看做一个刚体,整个上部结构浮置在基础隔震层上。一般隔震结构在隔震层上下均未连接,即使隔震层上下有连接,但由于橡胶隔震支座受拉易产生内部损伤,一般也不允许其受拉,因此隔震结构抵抗倾覆的力矩只能由上部结构自身重量来提供,而倾覆力矩则是由上部结构水平地震作用力产生的。本书以隔震结构不发生提离作为判定条件(即隔震层边缘橡胶隔震支座不产生拉应力),根据结构的实际高度,计算出隔震结构的最小宽度,从而算出结构的高宽比。决定隔震结构高宽比限值的主要条件有两个:①隔震层边缘橡胶垫不受拉力。②隔震层边缘橡胶垫所受压力不超过橡胶垫的极限抗压强度。满足这两个条件,就可以保证在地震动力荷载作用下整体结构不倾覆。将橡胶垫不受拉力作为第一个决定因素是因为橡胶垫的抗拉强度很小,而且迄今为止,对橡胶垫抗拉能力的研究很不充分。假设橡胶垫所受压力为正,当橡胶垫所受到的压力为负值时,隔震层就不能继续工作。

为了防止隔震建筑失稳,《建筑抗震设计规范》(GB 50011—2001)(2008 年版)规定:隔震支座在压应力下的极限水平变位,应小于其有效直径的 0.55 倍和各橡胶层总厚度的 3.0 倍二者中的较大值;在经历相应设计基准期的耐久试验后,隔震支座刚度、阻尼特性变化不超过初期值的 ±20%;徐变量不超过各橡胶层总厚度的 5%;隔震层橡胶支座在罕遇地震作用下,不宜出现拉应力。

10.3.2.1　隔震结构体系倾覆受力分析

1)橡胶垫的受力状态

橡胶垫的受力由两部分组成:一部分为重力(f_g),另一部分为水平地震作用。重力在橡胶垫中产生的是均布荷载(令此时一排纵向橡胶垫所受分布力的总和为f_g),而水平地震作用或者风荷载作用产生的是一端受拉、另一端受压的不均匀荷载(令此时边缘一排橡胶垫所受分布力的总和为f_m)(如图10-4所示)。

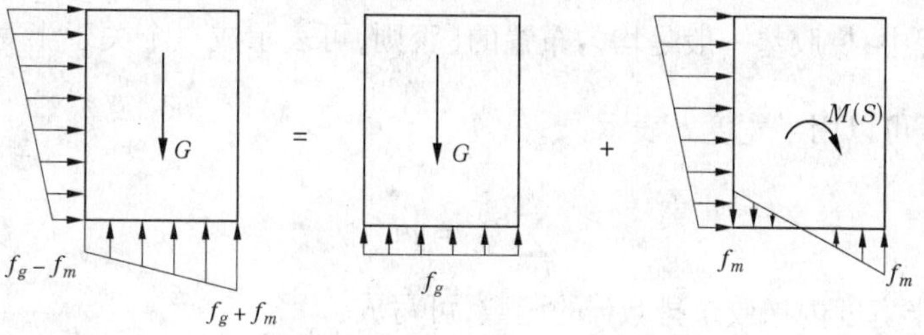

图10-4　叠层橡胶垫受力图

上述两条件可由以下两个式子表示:

$$f_g - f_m \geqslant 0$$
$$f_g + f_m \leqslant [f] \tag{10-4}$$

式中　$[f]$——橡胶垫的极限抗压强度,一般可达15~20 MPa。

2)水平地震作用在橡胶垫中引起的力

基础隔震结构计算简图如图10-5所示,水平地震作用在隔震层形成的倾覆力矩M可表示为

$$M = \sum_{1}^{n} m_i(\ddot{x}_i + \ddot{x}_g)h_i \tag{10-5}$$

式中　$\ddot{x}_i$——第i层楼面相对于地面的加速度;

h_i——第i层楼面距橡胶垫底部的距离。

令K_θ为隔震层转动刚度,可由隔震橡胶垫的竖向刚度导出:

$$K_\theta = 2\sum_{l=1}^{r} \frac{b_l^2 E_l A_l}{h_l} \tag{10-6}$$

式中　r——隔震结构半宽度b内的橡胶垫排数;

E_l、A_l和h_l——橡胶垫的弹性模量、面积和高度。

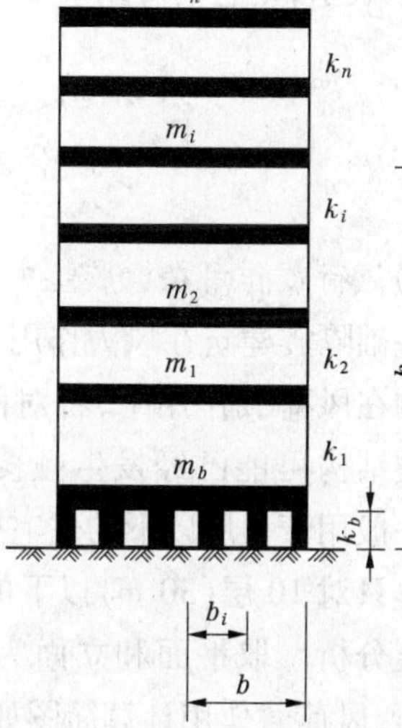

图10-5　基础隔震结构计算简图

这一排橡胶垫总的竖向刚度可表示为

$$K_{vl} = \frac{E_l A_l}{h_l} \tag{10-7}$$

将式(10-7)代入式(10-6)可得

$$K_\theta = 2\sum_{l=1}^{r} K_{vl} b_l^2 \tag{10-8}$$

假定设计时,橡胶垫布置均匀且橡胶垫的直径都一样,则每排橡胶垫的竖向刚度也都一样,并令 $K_{vl}=K_v$,所以可将式(10-8)中的 K_{vl} 提取出来,得到下式:

$$K_\theta = 2K_v \sum_{l=1}^{r} b_l^2 \tag{10-9}$$

由于已知倾覆力矩和隔震层转动刚度,就可以求出隔震层的转角 θ_b 为

$$\theta_b = M/K_\theta = \frac{M}{2K_v \sum_{l=1}^{r} b_l^2} \tag{10-10}$$

在实际工程中,橡胶垫一般是均匀布置的(否则,可表示成一个关于半宽度 b 的等价形式),所以 $\sum_{l=1}^{r} b_l^2$ 可以用半宽度 b 表示:

$$\sum_{l=1}^{r} b_l^2 = ab^2 \tag{10-11}$$

其中,a 为半宽度内橡胶垫排数 r 的函数,可写成:

$$a = \sum_{l=1}^{r} (l/r)^2 \tag{10-12}$$

当半宽度内橡胶垫的排数确定后,a 即可确定。所以,式(10-10)又可写成:

$$\theta_b = M/K_\theta = \frac{M}{2K_v ab^2} \tag{10-13}$$

下面来求由倾覆力矩 M 引起的橡胶垫中的力。设橡胶垫的变形和所受的力分别用 Δ 和 f_m 来表示,则它们可用下两式得到:

$$\Delta = \theta_b b = \frac{M}{2K_v ab^2} b = \frac{M}{2K_v ab} \tag{10-14}$$

$$f_m = k_v \Delta = \frac{M}{2ab} \tag{10-15}$$

3)风荷载作用在橡胶垫中引起的力

基础隔震建筑在风力作用下,发生倾覆的临界条件是建筑一侧的隔震支座不受压,即上部结构在风荷载作用下,将对隔震支座产生拉力,这时的隔震结构可能已经发生倾覆破坏。我国的基础隔震技术一般用于8层以下的住宅楼和10层以下的办公楼,故这里只对10层(30 m)以下的建筑进行风荷载作用下的倾覆分析。取平面和立面为规则矩形的简单情况进行分析,风荷载作用计算简图如图10-6所示。

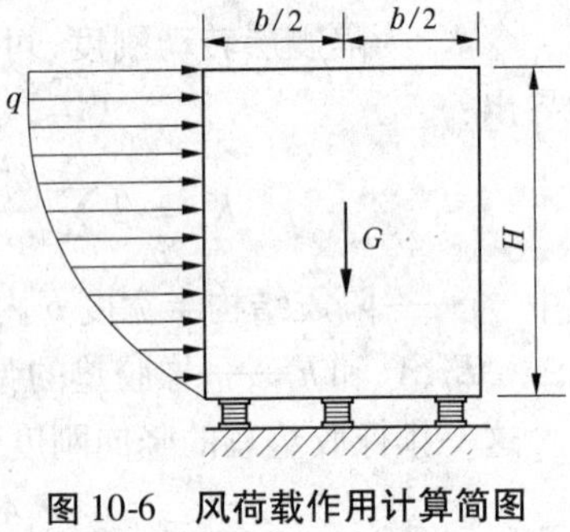

图10-6 风荷载作用计算简图

根据《建筑结构荷载规范》(GB 50009—2001),30 m以下的结构忽略风振系数,风荷载 q 按式(10-16)计算:

$$q = w_k = \mu_S \mu_Z w_0 \tag{10-16}$$

式中 μ_S、μ_Z、w_0——风荷载体形系数、风压高度系数和基本风压,按荷载规范取值或计算,其中 μ_Z 和地面粗糙程度有关,地面粗糙度分为 A、B、C、D 四类,不同粗糙度的风压高度变化系数分别为

$$\mu_Z^A = 1.379\left(\frac{H}{10}\right)^{0.24}, \quad \mu_Z^B = 1.000\left(\frac{H}{10}\right)^{0.32}, \quad \mu_Z^C = 0.616\left(\frac{H}{10}\right)^{0.44}, \quad \mu_Z^D = 0.318\left(\frac{H}{10}\right)^{0.60}$$

倾覆力矩：

$$S = \int_0^H qh\mathrm{d}h = \int_0^H \mu_S \mu_Z w_0 h\mathrm{d}h \tag{10-17}$$

根据式(10-15)得

$$f_S = k_v\Delta = \frac{S}{2ab} \tag{10-18}$$

4)重力和竖向地震作用在橡胶垫中引起的力

结构在竖向地震荷载作用下，结构竖向力由重力和竖向惯性力组成，即 $m_i(g + \ddot{y} + \ddot{y}_g)$，其中 g 为重力加速度，$\ddot{y} + \ddot{y}_g$ 是由竖向地震作用引起的结构的绝对加速度。因此，总的竖向力为

$$G = \sum_{i=1}^{N} m_i(g + \ddot{y} + \ddot{y}_g) \tag{10-19}$$

设竖向力在一排纵向橡胶垫中引起的合力为 f_g，则可由下式表示：

$$f_g = \frac{G}{2r} \tag{10-20}$$

10.3.2.2　高宽比限值

在式(10-15)、式(10-18)、式(10-20)的基础上，由式(10-4)中的第一个条件可得到下式：

$$\frac{G}{2r} \geqslant \frac{M}{2ab} \quad 或 \quad \frac{G}{2r} \geqslant \frac{S}{2ab} \tag{10-21}$$

由式(10-21)可得

$$b_1 \geqslant rM/Ga \quad 或 \quad b_3 \geqslant rS/Ga \tag{10-22}$$

同理，由式(10-4)中的第二个条件，可得

$$b_2 \geqslant \frac{M}{2at} \quad 或 \quad b_4 \geqslant \frac{S}{2at} \tag{10-23}$$

其中 $t = [f] - \frac{G}{2r}$。从式(10-22)和式(10-23)所求得的值中取较小值，即为隔震层半宽度的限值：

$$[b] = \min\{b_1, b_2, b_3, b_4\} \tag{10-24}$$

将 $[b]$ 乘以 2 即得宽度限值。如果结构的总高度为 H，则隔震结构高宽比限值用 [HWR] 表示为

$$[\mathrm{HWR}] = H/(2[b]) \tag{10-25}$$

在分析隔震结构高宽比限值的影响因素时，主要考虑了地震动峰值、场地条件、隔震层刚度、上部结构刚度(反映了上部结构类型)、橡胶垫的布置等因素。

1)场地条件及地震强度的影响

对建于硬土场地上的隔震结构，其高宽比明显大于其他场地上隔震结构的高宽比；软土场地上隔震结构高宽比很小。当地震加速度大于 0.7 m/s^2 时，高宽比小于 1.0。

对于地面加速度为 0.22(7 度罕遇地震) ~0.62 m/s^2 时(9 度罕遇地震)的地震：

(1)硬土场地上隔震结构的高宽比范围为10～15；

(2)中硬土场地上的隔震结构的高宽比范围为2.5～7.0；

(3)软土场地上隔震结构的高宽比范围为1.0～3.0。

2)隔震层刚度的影响

随着隔震层刚度的减小(隔震结构基本周期的延长)，结构高宽比限值逐渐增大，基本呈线性变化。硬土上结构高宽比限值从8.0增大到16.0；中硬土上结构高宽比限值从2.0增大到5.0；软土上结构高宽比限值从1.0增加到2.0。

3)上部结构刚度的影响

对常见的多层隔震结构，高宽比限值随上部结构周期的增大变化不大，这是由于设置了橡胶垫隔震层后，整个体系自振周期比隔震前增大很多，而原结构相对较刚，其周期的变化对整个体系的基本周期几乎无影响。由此可见，在隔震结构中，起主要作用的是隔震层刚度提供的基本周期，如果隔震层刚度不变，上部结构刚度的变化不会对隔震结构反应及隔震效果产生很大的影响。

4)橡胶垫布置的影响

研究表明，如果将原来宽度方向的橡胶垫数目(原来计算中宽度方向有4个橡胶垫)减少一半，则在总的橡胶垫数量不变的情况下，隔震结构的高宽比限值会增大。因此，减少宽度方向的橡胶垫数量可以有效地提高隔震结构的高宽比限值。

10.4 建筑结构基础隔震设计方法

10.4.1 隔震结构总水平地震作用简易计算法——底部剪力法

10.4.1.1 底部剪力法的基本假定及计算模型

底部剪力法的基本假定如下：隔震结构在地震作用下只作“整体平动”，只考虑基本振型的影响，上部结构层间位移和层间剪力近似为零；上部结构近似为平动的刚体，隔震结构近似为单质点体系。

结构总水平地震作用值参考现行《建筑抗震设计规范》(GB 50011—2001)(2008年版)的地震影响系数进行计算。

10.4.1.2 结构总水平地震作用基本计算公式

结构总水平地震作用在隔震结构体系的隔震层，其作用值可按下式计算：

$$F_{EK} = \alpha_1 G_{eq} \tag{10-26}$$

$$\alpha_1 = \left(\frac{T_g}{T}\right)^{0.9} \alpha_{\max} \tag{10-27}$$

$$T = 2\pi \sqrt{\frac{m}{k}} \tag{10-28}$$

式中 F_{EK}——隔震结构总水平地震作用标准值；

α_1——相对于隔震结构基本自振周期的水平地震影响系数，可按抗震规范进行计算；

——场地特征周期；

地震影响系数最大值；

构基本自振周期；

结构总质量；

k——隔震装置(夹层橡胶垫)水平总刚度;

G_{eq}——上部结构等效总重力荷载,按《建筑抗震设计规范》(GB 50011—2001)(2008 年版)取值。

10.4.1.3 底部剪力法应用范围和存在问题

底部剪力法计算隔震结构体系适用于以下五种情况:

(1)上部结构水平刚度较大(层间水平刚度大于夹层橡胶水平总刚度10倍以上)。

(2)房屋(或结构)高宽比一般不超过3。

(3)上部结构的层间剪力近似为零,但对上部结构要进行倾覆稳定验算,避免夹层橡胶垫出现拉伸状态。

(4)为避免隔震装置(夹层橡胶垫)水平变形过大,其阻尼比 ζ 不小于10%,需按实际计算和实测取值。

(5)为了使底部剪力法与《建筑抗震设计规范》(GB 50011—2001)(2008 年版)配合应用,在频率比及 $\omega/\omega_n \geqslant 4$ 且满足上述(1)~(4)的条件下,可近似作下述估算:层间水平地震作用按基本烈度降低2~3度取值。

当然底部剪力法也存在一些问题,当上部结构层数较多或层间水平刚度较小时,会产生一定误差;未能对上部结构的地震反应(加速度、位移等)进行定量控制;隔震装置(叠层橡胶支座)的刚度和阻尼比 ζ 必须通过试验实测确定。

10.4.2 隔震结构地震反应计算法——结构地震反应控制法

10.4.2.1 地震反应控制法的基本假定

(1)隔震结构在地震中只作“整体平动”,只考虑基本振型的影响,上部结构各支点的加速度反应值相等。

(2)上部结构近似视为平动的刚体,隔震结构体系近似为单质点体系。

(3)隔震装置(夹层橡胶垫)刚度 K 和阻尼 C,近似代表隔震结构体系的刚度和阻尼,必须通过试验实测取值。

10.4.2.2 结构地震反应基本计算公式

(1)上部结构最大加速度反应 $\ddot{x}_s$:

$$R_a = \frac{\ddot{x}_s}{\ddot{x}_g} = \sqrt{\frac{1 + (2\zeta\omega/\omega_n)^2}{[1 - (\omega/\omega_n)^2]^2 + (2\zeta\omega/\omega_n)^2}} \tag{10-29}$$

式中 R_a——隔震结构加速度反应衰减比,代表地震时上部结构最大加速度反应与地面最大地震加速度反应之比值;

$\ddot{x}_s$——上部结构最大加速度反应;

$\ddot{x}_g$——地面最大地震加速度反应;

ω——隔震结构所在场地特征频率;

ω_n——隔震结构体系自振频率;

ζ——隔震结构体系阻尼比。

若场地地面最大地震加速度反应 $\ddot{x}_g$ 及场地特征频率 ω 为已知,根据上部结构所容许的最大加速度反应(结构物及内部设备和仪器等容许的加速度反应),可选定所需要的隔震装置,使隔震结构体系的固有频率为 ω_n,阻尼比为 ζ。通过对隔震装置的优化选定,实现对上部结构在发生强地震时的最大加速度反应的控制。

(2)上部最大位移反应 D_s 按下式确定:

$$D_s = \frac{\ddot{x}_g}{\omega^2} = \frac{(\omega/\omega_n)^2}{\sqrt{[1-(\omega/\omega_n)^2]^2 + (2\zeta\omega/\omega_n)^2}} \tag{10-30}$$

式中 D_s——上部结构最大位移反应;

$\ddot{x}_g$——地面最大地震加速度反应;

ω_n——隔震结构体系基本频率;

ζ——隔震结构体系阻尼比。

10.4.2.3 结构地震反应控制法的应用范围和存在问题

结构地震反应控制法在隔震结构体系中的适用情况如下。

(1)上部结构水平刚度较大(层间水平刚度大于层间橡胶垫水平总刚度10倍以上)。

(2)房间高跨比一般不超过3。

(3)隔震结构所在场地特征频率 ω 与隔震结构基本频率 ω_n 之比 ω/ω_n 大于3。

(4)上部结构的容许最大加速度反应要根据地区地震危险性、工程结构物重要性等因素综合确定。

(5)上部结构的容许最大位移的控制可通过适当提高夹层橡胶垫阻尼比 ζ 予以解决,一般阻尼比 $\zeta=10\%\sim30\%$ 较为有效。

当上部结构层数较多或层间水平刚度较小时,结构地震反应控制法会产生一定误差;当场地特征频率 ω 与隔震结构基本频率 ω_n 之比 ω/ω_n 小于3时,误差较大;隔震装置(夹层橡胶垫)的刚度 K 和阻尼比 ζ 必须通过试验实测取值。

10.4.3 隔震结构地震反应动力分析法

10.4.3.1 动力分析法的基本假定

(1)隔震结构在地震中,其底部只作平动或平动兼摆动。在结构底部平动或摆动时,上部结构各质点也相应平动或摆动。

(2)隔震结构体系,若为多层结构,则简化为多质点隔震结构体系。

(3)上部结构的刚度可以通过计算取值。隔震装置(夹层橡胶垫)的刚度和阻尼对隔震结构体系的地震反应影响较大,必须通过试验实测取值,并考虑其非线性影响。

10.4.3.2 动力分析法基本公式

(1)多质点平动体系隔震结构地震反应动力方程式:

$$[m]\{\ddot{x}_s\} + [C]\{\dot{x}_s\} + [K]\{x_s\} = -(\ddot{x}_g + \ddot{x}_b)[m] \tag{10-31}$$

隔震结构体系运动方程:

$$m_0(\ddot{x}_g + \ddot{x}_b) + \sum_{i=1}^{n} m_i(\ddot{x}_g + \ddot{x}_b + \ddot{x}_{si}) + C\dot{x}_b + Kx_b = 0 \tag{10-32}$$

(2)多质点平摆动体系隔震结构地震反应动力方程式:

基本运动方程

$$[m]\{\ddot{x}_s\} + [C]\{\dot{x}_s\} + [K]\{x_s\} = -(\ddot{x}_g + \ddot{x}_b)[m] - \theta_b[H][m] \tag{10-33}$$

隔震结构体系运动方程

$$m_0(\ddot{x}_g + \ddot{x}_b) + \sum_{i=1}^{n} m_i(\ddot{x}_g + \ddot{x}_b + H_i\theta_b + \ddot{x}_{si}) + C\dot{x}_b + Kx_b = 0 \tag{10-34}$$

$$\sum_{i=1}^{n} m_i H_i(\ddot{x}_g + \ddot{x}_b + H_i\theta_b + \ddot{x}_{si}) + K_\theta\theta_b = 0 \tag{10-35}$$

式中 $[m]$——结构体系质量矩阵；

$[C]$——结构体系阻尼矩阵；

$[K]$——结构体系刚度矩阵；

$\{x_s\},\{\dot{x}_s\},\{\ddot{x}_s\}$——上部结构质点位移反应向量、速度反应向量和加速度反应向量；

$[H]$——上部结构质点竖向高度矩阵；

m_0——隔震结构底板质量；

$m_1,m_2,\cdots,m_i,\cdots,m_n$——第 $1,2,\cdots,i,\cdots,n$ 层的质量；

$H_1,H_2,\cdots,H_i,\cdots,H_n$——第 $1,2,\cdots,i,\cdots,n$ 层的竖向高度；

K——隔震装置(夹层橡胶垫)水平刚度；

C——隔震装置(夹层橡胶垫)阻尼；

$\ddot{x}_g$——地面地震加速度；

$x_b,\dot{x}_b,\ddot{x}_b$——隔震层上下面之间的相对位移、速度和加速度；

$\ddot{x}_{si}$——上部结构第 i 层对结构底板的相对加速度反应；

θ_b——结构底板转动角、转角加速度；

K_θ——结构底板转动刚度；

i——隔震结构的层号($i=1,2,\cdots,n$)。

10.5 既有建筑物隔震设计主要内容和步骤

根据基础隔震结构的特点，在进行建筑物整体移位基础隔震加固和原位建筑的基础隔震加固改造时，必须解决以下几个关键问题：

(1)上部结构需具有一定的刚度，主要是上部结构切割脱离基础后，要采取措施增强切割面的水平刚度。

(2)有可供基础隔震加固施工时的施工空间和隔震构件的安装空间。

(3)基础隔震构件的植入施工技术及与原结构的连接质量保障措施。

(4)考虑既有建筑物隔震加固改造特点的隔震结构设计方法。

我国现行规范提供的隔震设计方法与其他国家规范方法相比，最大的特点是把隔震设计和传统抗震设计结合起来。这对于充分利用已有的抗震设计资源，加速设计人员对隔震设计的熟悉和掌握无疑将起到桥梁作用。既有建筑物的隔震加固与新建建筑物的隔震加固相比，两者的设计计算步骤相近，只不过对既有建筑物隔震加固设计时，需要对旧有的图纸重新进行建模分析，对已经失去图纸的建筑，需要根据经验选择隔震支座的型号和数量，而新建建筑物的隔震加固设计要方便得多。既有建筑物的隔震加固施工流程比新建建筑物的施工流程要复杂得多。新建建筑物中没有基础尺寸加大和梁托换这样的施工技术，而且它的施工操作方便，不受上部建筑物和周围环境的影响。隔震结构地震作用和结构地震反应的工程实用计算步骤可按图 10-7 进行。

对既有框架结构建筑物的隔震设计的基本方法和步骤如下。

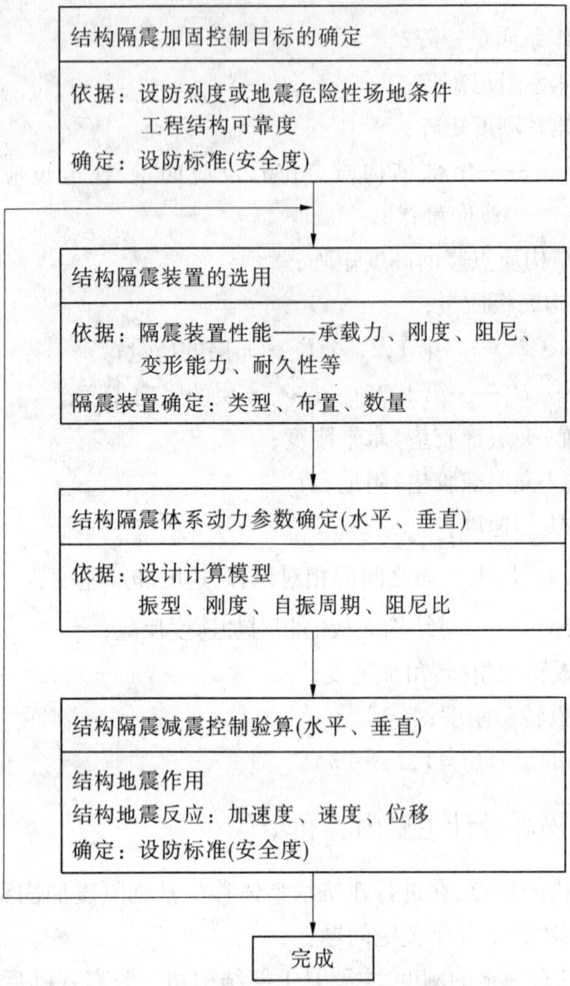

图 10-7　隔震结构设计计算内容和步骤

10.5.1　初步设计

初步设计时，需要核对和验算隔震加固的建筑物是否符合下列各项要求：

(1)结构体形基本规则，不隔震时可在两个主轴方向分别采用底部剪力法计算结构基本周期小于 1.0 s 的钢筋混凝土框架房屋；

(2)隔震建筑的场地宜为Ⅰ、Ⅱ、Ⅲ类；

(3)风荷载和其他非地震作用的水平荷载标准值不宜超过结构总重的 10%。

10.5.2　隔震支座的布置与选型

隔震层应设置在建筑上部结构与基础之间；有地下室的建筑，其隔震层应设置在地下室的顶部与上部结构之间。橡胶隔震支座设置在受力较大的位置，其规格、数量和分布根据竖向承载力、侧向刚度和阻尼的要求通过计算确定。隔震层在罕遇地震下应保持稳定，不宜出现不可恢复的变形。隔震层橡胶支座在罕遇地震作用下，不宜出现拉应力。对于框架结构，隔震垫放置在柱下即可，也可以通过梁托换技术把受力传递到基础。隔震支座的类型不宜过多；由上部结构计算出每个支座上的轴力设计值，按照表 10-3 中对橡胶隔震支座竖向平均压应力限值的规定，确定出每个柱下隔震垫的数量和直径。

表 10-3　橡胶隔震支座竖向平均压应力限值

建筑类别	甲类建筑	乙类建筑	丙类建筑
平均压应力限值(MPa)	10	12	15

注：①平均压应力限值应按永久荷载和可变荷载组合计算，对需验算倾覆的结构应包括水平地震作用效应组合；对需进行竖向地震作用计算的结构，尚应包括竖向地震作用效应组合；

②当橡胶支座的第二形状系数（有效直径与各橡胶层总厚度之比）小于5.0时应降低平均压应力限值：小于5不小于4时降低20%，小于4不小于3时降低40%；外径小于300 mm的橡胶支座，其平均压应力限值对丙类建筑为12 MPa。

10.5.3　计算水平减震系数

对应多遇地震的情况，水平减震系数采用隔震支座剪切变形为50%时对应的水平刚度和等效黏滞阻尼的比值。对于框架结构，其隔震体系的计算简图可采用剪切型结构模型，一般情况下，宜采用时程分析法进行计算；输入地震波的反应谱特性和数量，按建筑场地类别和特征周期分区选用不少于两条的实际强震记录及一条人工模拟的加速度时程曲线，其平均地震影响系数曲线应与振型分解反应谱法所采用的地震影响系数曲线在统计意义上相符；计算结果宜取平均值；求水平方向减震系数时，隔震结构的层间剪力按多遇地震作用下用时程分析法计算求得。水平方向减震系数应根据结构隔震与非隔震两种情况下各层层间剪力的最大比值，按表10-4确定。

表 10-4　层间最大剪力比与水平方向减震系数的对应关系

层间剪力最大比值	0.53	0.35	0.26	0.18
水平减震系数	0.75	0.50	0.38	0.25

10.5.4　隔震层水平位移验算

对应罕遇地震的情况，采用隔震支座剪切变形不小于250%时的水平刚度和等效黏滞阻尼比。隔震支座对应于罕遇地震水平剪力的水平位移，应符合下列要求：

$$\mu_i \leqslant [\mu_i] \tag{10-36}$$

式中　μ_i——罕遇地震作用下第 i 个隔震支座考虑扭转的水平位移；

$[\mu_i]$——第 i 个隔震支座的水平位移限值，对橡胶隔震支座，不应超过该支座有效直径的0.55倍和支座各橡胶总厚度的3.0倍二者中的较小值。隔震支座的位移可用时程分析法求出。

隔震层下部结构验算（对应罕遇地震的情况，采用隔震支座剪切变形不小于250%时对应的剪切刚度和等效黏滞阻尼比），隔震层以下结构（包括地下室）的地震作用和抗震验算，应采用罕遇地震下隔震支座底部的竖向力、水平力和弯矩进行计算。

隔震支座的水平剪力应根据隔震层在罕遇地震下的水平剪力按各隔震支座的水平刚度分配；当按扭转耦联计算时，尚应计及隔震支座的扭转刚度，从而计算各隔震垫的水平剪力、竖向力等。

10.6　建筑物隔震技术效益分析

大地震如果发生在渺无人烟的地方是不会造成伤害的，如果发生在城市或农村的话，就会造成房倒屋塌,甚至建筑物与重要工程也会遭到破坏并危及人员的生命安全,给人们造成严重灾害。1976 年唐山大地震,在几十秒的时间内,将一座百万人口的工业城市变成了废墟,伤亡几十万人,直接经济损失 100 亿元以上,救灾用了 6 亿多元,重建用了 50 亿元,而且在这之后很长时间内,造成全国人民的恐震心理。1995 年 1 月 17 日日本阪神大地震造成 5 438 人死亡,直接经济损失高达 1 000 亿美元。据统计,20 世纪以来,全世界因地震死亡人数达 260 万人,占全球自然灾害所造成的死亡人数总和的 58%。从某种意义上说,地震是群灾之首。

随着隔震理论的完善、隔震技术的试点应用,以及隔震建筑在已发生地震中的表现,隔震技术能大大减小地震损害的优越性越来越被各领域研究者和广大的用户所认同。我国的《建筑抗震设计规范》(GB 50011—2001)也将其列为一章进行了阐述,这标志着隔震技术将被广泛的应用。

基础隔震结构最具有魅力的优点是在强烈地震发生时,上部结构基本不坏,即结构或构件仍处于弹性阶段,这对负责抗震救灾的生命线工程尤为重要。同时,隔震技术将使结构在强烈地震后的维修费用大大减小,这笔费用的节省,对于设备、装修要求高的建筑将是一个很大的数目。因此,对隔震建筑进行经济性评价,不仅应包括隔震结构的初始造价,而且应包括最代表隔震结构优越性的、潜在的震后维修费用。对既有建筑物的隔震加固正是基于隔震技术的这些传统抗震结构所难以比拟的优点发展起来的。特别是对一些古建筑、文物的保护而进行的隔震加固,其经济效益和社会效益有时候是无法用金钱去衡量的。

当前,隔震技术在推广使用中的最大问题是建筑成本问题。与传统抗震建筑相比,隔震建筑需增加一些设施,如隔震构件、消能机构、隔震层上下楼面、管线的柔性连接等,这些将使隔震建筑的造价增加;但由于地震反应大大减小,结构构件的截面、钢筋、钢骨用量等不同程度地减少,由于层间变形减小,设备、装修的连接更加合理,而且对于砌体结构,其结构跨度、高度、层数都可明显增大,这些都将使隔震建筑的初始造价减少。

通过采用基础隔震技术,不但可以在比较经济的条件下,充分满足重大建设项目的高抗震设防要求(大震情况下不允许破坏),即使对于一般的工业与民用建筑,也可以将其设防目标提高一个设防等级(即提高 1 倍的抗震能力)达到“中震不坏或轻微破坏,大震不丧失使用功能”,因为合理设计的隔震建筑不但可以确保结构的整体安全,并且能够减小甚至防止非结构构件的破坏,避免发生建筑内部家具、室内设备的破坏及由此引起的次生灾害,甚至可以保证建筑物在地震时的正常使用功能。这些特点为基础隔震加固技术提供了广泛的应用前景。

对于一般工业与民用建筑,采用隔震技术可有效减少上部的地震作用反应,从而可减少上部结构的构造措施,减小一些结构构造的尺寸或减少配筋,从而使上部结构能节约部分土建造价。有关资料表明,上部结构设防烈度可按降低 1 ~ 2 度设计,可以节约部分土建造价。在地震区(特别是高烈度地区)采用基础隔震技术的建筑,其经济效益和社会效益主要包括以下几个方面:

(1)采用基础隔震技术建造的房屋,可适当降低上部结构的设防水准,这样就有可能增大开间,减少一些结构的构造措施,或减小一些主体结构的尺寸,从而使上部结构节约部分造价,并且使房间的布置更加自由灵活。通过降低结构的构造措施,通常可以使节省的费用占结构造价的 3% ~5%。

(2)对于中高烈度地区，采用基础隔震技术建造的房屋，可以突破现行抗震规范中对房屋层数和高度的限制，在保证高度比的前提下可以提高一到两层，这样可以提高建筑的容积率，节省建设用地，提高土地的利用率，带来广泛的经济效益和社会效益。

(3)采用隔震技术的建筑物与一般的同类传统抗震结构相比，上部结构的地震反应减小到未采用隔震技术的1/4～1/8，其抗震可靠度大大提高，建筑的设防目标至少可以提高一个设防等级，而隔震建筑能做到"中震不坏或轻度破坏，大震轻微破坏可修"，其潜在的经济效益和社会效益是十分可观的。隔震建筑由于有一层柔性隔震层，能够将地震能量反馈回地面或由隔震层吸收，因此不但可以确保结构的整体安全，并且能够防止非结构构件的破坏，甚至可以保证建筑物在地震时的正常使用功能，这对医院、消防中心、防灾控制中心等生命线工程或其他如博物馆、计算中心等重要建筑物更具有特殊的意义。

10.7 既有建筑物隔震设计方法的工程实例

本例结合现行规范的规定，以一框架建筑为例，对既有建筑中隔震加固设计的基本方法和设计过程给予说明。

10.7.1 工程概况

试点建筑为一教学楼，其工程概况如下。

(1)房屋结构型式：钢筋混凝土框架结构(不带地下室，外墙为250 mm厚加气混凝土砌块，内墙为200 mm厚加气混凝土砌块和60 mm厚轻质隔墙，均用M5混合砂浆砌筑)。

(2)房屋建筑平面图见图10-8，主要数据见表10-5。

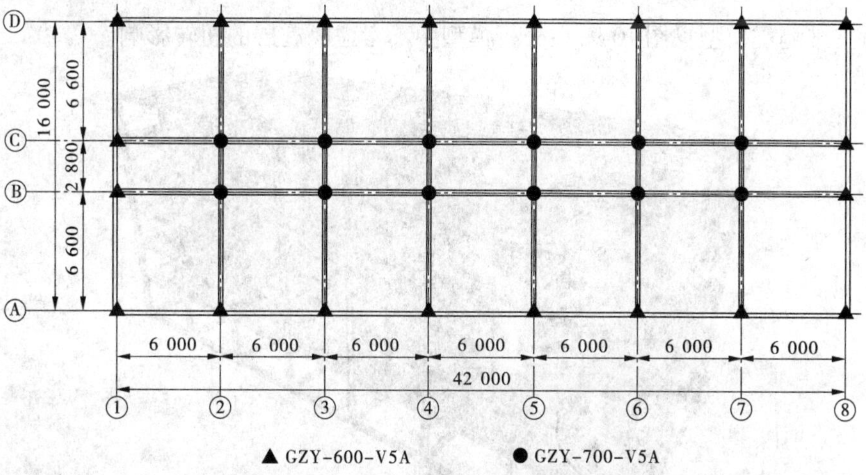

图10-8 建筑平面及隔震垫布置图

表10-5 房屋建筑主要数据

层数	总高度(m)	最大高宽比	层高(m)	平面尺寸(m^2)
6	18.6	1.13	3.6+3.0×5	42.4×16.4

(3)抗震设防烈度：8度。

(4)建筑场地类别为Ⅲ类，设计地震分组为一组。

10.7.2　**初步设计**

该建筑符合采用隔震方案的基本要求,隔震层设在基础上部、第一层下部。

10.7.3　**隔震支座的选型、布置**

由上部结构计算出每个柱下的竖向力,按照表10-3关于丙类建筑隔震支座平均压应力限值小于等于15 MPa的规定(本建筑为丙类建筑),初步确定出每个柱下支座的直径及数量(隔震支座的平面布置图见图10-8)。通过反复计算,择优选取两种类型的隔震支座:GZY-600-V5A(20个),GZY-700-V5A(12个),其刚度、阻尼比、总数及橡胶支座的第二形状系数见表10-6。

表10-6　隔震支座特性

型号	竖向刚度(kN/mm)	$r=100\%$时的特性值				总数	第二形状系数
		屈服后刚度(kN/m)	屈服力(kN)	等效刚度(kN/m)	等效阻尼比(%)		
GZY-600-V5A	1 931	1 186	65.4	1 867	22.1	20	5.40
GZY-700-V5A	2 932	1 550	94.2	2 407	21.6	12	5.01

10.7.4　**隔震的分析方法和原则**

按照对建筑结构隔震设计的计算分析的具体规定,本隔震体系的计算简图采用剪切型结构模型,按抗震设防烈度8度,采用时程分析法对结构的隔震和不隔震状态进行对比分析。

(1)三维隔震模型见图10-9,在分析模型中不考虑隔震层的扭转影响。

图10-9　三维隔震模型

(2)地震波的选择。对于框架结构,采用时程分析法进行计算时,应按照建筑场地类别和设计地震分组选用不少于两组的实际强震记录和一组人工模拟的加速度时程曲线,故选用三条地震波:波1(天津波)、波2(迁安波)、波3。波3为人工地震波,其余两条为天然地震波，所选地震波的反应谱曲线均与《建筑抗震设计规范》(GB 50011—2001)中地震影响曲线比较靠近，可实现三条波的平均地震影响线曲线与规范地震影响线曲线在统计意义上相符。

(3)水平减震系数的确定。由前面步骤可知，水平方向减震系数应根据结构隔震与非隔震两种情况下各层层间剪力的最大比值确定。表10-7给出时程分析的结果，其中非隔震的结果是三条波的平均值。

表10-7　时程分析结果

层数		6	5	4	3	2	1
		剪力(kN)					
非隔震 x 方向(平均值)		282.21	442.04	566.44	682.99	741.51	762.27
非隔震 y 方向(平均值)		278.38	396.83	479.77	547.50	577.30	606.62
隔震(x 方向)	采用波1	47.34	41.42	100.53	43.04	66.57	166.19
	采用波2	76.57	112.81	123.75	105.22	109.56	180.58
	采用波3	30.69	59.86	128.90	82.00	108.02	217.02
	平均值	51.53	71.36	117.72	76.75	94.72	187.93
隔震(y 方向)	采用波1	42.87	43.60	98.61	42.33	64.13	166.48
	采用波2	94.63	130.88	177.67	154.61	185.15	220.34
	采用波3	52.44	50.41	93.08	75.90	81.69	138.83
	平均值	63.31	74.96	123.12	90.95	110.32	175.22
层间剪力比(x 方向)		0.183	0.163	0.208	0.112	0.128	0.246
层间剪力比(y 方向)		0.227	0.189	0.257	0.166	0.191	0.289

由表10-7可知，x 方向层间最大剪力比为0.246，按表10-4插值可求得 x 方向水平减震系数为0.423；y 方向层间最大剪力比为0.289，按表10-4插值可求得 y 方向水平减震系数为0.397。根据规范规定，当水平方向减震系数不大于0.50时，宜进行竖向地震作用计算(略)。

10.7.5　上部结构验算

在计算上部结构总的地震作用时，最大地震系数的取值应按水平方向减震系数乘以《建筑抗震设计规范》(GB 50011—2001)第5.1.4条规定的非隔震结构的水平最大地震影响系数，并用此时求得的地震作用按各层重力分配得到各层的地震作用。

10.7.6　隔震层水平位移的计算

水平位移验算(取四个角支座)由式(10-2)、式(10-3)验算隔震支座对应于罕遇地震水平剪力的水平位移。其中：

$$[\mu_i] = \min\{0.55\text{倍有效直径，支座橡胶总厚度的3倍}\}$$
$$= \min\{0.55 \times 490 = 269.5(\text{mm}), 133.93 \times 3 = 401.79(\text{mm})\} = 269.5\ \text{mm}$$

由时程分析法计算出罕遇地震时四个角隔震支座的水平位移μ_i，如表10-8所示。

表10-8　四角隔震支座水平位移

支座号	轴①/D	轴⑧/C	轴①/A	轴⑧/B
	位移(mm)			
x方向	258.36	258.36	258.57	258.57
	210.51	210.51	210.61	210.61
	220.16	220.16	220.20	220.20
	229.68	229.68	229.79	229.79
y方向	252.75	252.76	252.75	252.75
	241.46	241.46	241.46	241.46
	105.21	105.21	105.21	105.21
	199.81	199.81	199.80	199.80

显然，x方向最不利支座为轴①/D(GZY－500－V5A)，其最大位移是258.36 mm，小于隔震支座的水平位移限值(269.5 mm)；y方向最不利支座为轴①/D(GZY－500－V5A)和轴⑧/B，其最大位移均是252.75 mm，小于隔震支座的水平位移限值(269.5 mm)，故支座布置满足要求。各隔震垫的受力情况见表10-9。

表10-9　隔震垫受力情况

隔震垫号	刚度(kN/mm)	x方向剪力(kN)	y方向剪力(kN)	竖向荷载(kN)
轴①/D	1.55	618.2	608.4	1 523.8
轴②/D	1.55	622.3	624.3	1 770.8
轴③/D	1.55	622.6	623.8	1 771.8
轴④/D	1.55	622.9	615.6	1 771.2
轴⑤/D	1.55	622.9	615.7	1 771.2
轴⑥/D	1.55	622.9	623.8	1 770.6
轴⑦/D	1.55	622.7	624.4	1 755.2
轴⑧/D	1.55	622.4	608.4	1 821.8
轴①/C	1.55	618.5	608.7	1 927.4
轴②/C	2.11	841.8	849.6	2 173.8
轴③/C	2.11	841.8	848.8	2 176.8
轴④/C	2.11	841.8	848.8	2 176.2
轴⑤/C	2.11	841.8	837.9	2 176.2
轴⑥/C	2.11	841.9	848.8	2 175.8
轴⑦/C	2.11	842.0	849.6	1 755.6
轴⑧/C	1.55	618.8	680.7	2 240.2

续表 10-9

隔震垫号	刚度(kN/mm)	x 方向剪力(kN)	y 方向剪力(kN)	竖向荷载(kN)
轴①/B	2.11	618.7	608.7	2 084.2
轴②/B	2.11	842.1	849.6	1 713.8
轴③/B	2.11	841.9	848.8	1 716.8
轴④/B	2.11	841.9	837.9	1 742.4
轴⑤/B	2.11	841.8	837.9	1 742.4
轴⑥/B	2.11	841.8	848.8	1 717.4
轴⑦/B	2.11	841.8	849.6	1 710.8
轴⑧/B	1.55	618.5	608.7	1 709.4
轴①/A	1.55	622.4	608.4	1 721.6
轴②/A	1.55	622.8	624.3	1 377.2
轴③/A	1.55	622.9	623.7	1 377.2
轴④/A	1.55	622.9	615.6	1 391.8
轴⑤/A	1.55	622.9	615.7	1 391.8
轴⑥/A	1.55	622.7	623.8	1 377.8
轴⑦/A	1.55	622.3	624.4	1 375.4
轴⑧/A	1.55	621.8	608.4	1 379.8

10.8 小结

本章给出的既有建筑物的隔震设计主要内容和步骤为隔震技术在既有建筑物的应用发展提供了更多的理论依据，对既有建筑物的加固改造提供了新思路、新方法，促进了隔震技术的应用发展。与传统的既有建筑物抗震加固设计相比，隔震加固的设计内容有所减少，不用考虑建筑物的内部结构，可以把建筑物看成一个整体，只需通过计算分析，确定出隔震支座的型号和数量，以及隔震支座的安装位置。隔震设计的原理是相近的，但没有通用的既有建筑物隔震设计方法，详细的设计方法需要进一步完善和补充。

在实际工程中，建筑物的移位加固改造和既有建筑物的隔震加固改造因具体建筑物的情况不同而具有很大的变异性，很难提出通用的施工方法和技术措施，在实际应用时可以参照上述施工步骤进行有针对性的专项设计，保证既有建筑物隔震加固改造工程的安全和有效。在建筑物整体移位和既有建筑物加固改造工程中应用基础隔震技术，目前还是隔震技术应用的新领域，存在许许多多技术难题需要进行研究，但其所具有的隔震效果和技术优点已经引起结构工程界众多学者的重视。随着基础隔震技术的发展和对既有建筑物基础隔震加固技术研究的深入，基础隔震技术必将成为既有建筑物加固改造和古建筑保护工程行之有效的新的技术手段。

参考文献

[1] 李小波,谷伟平,李国雄. 阳春大酒店平移工程的设计与实践[J]. 施工技术,2001(2),24-26.
[2] 尚守平,周福霖. 结构抗震设计[M]. 北京:高等教育出版社 2003.
[3] 唐家详. 建筑隔震与消能减震设计[J]. 建筑科学,2002(2),21-27,44.
[4] Nakamura T, Suzuki T, Okacla H, et al. Study on base isolation for torsional response in asymmetric strt-under earthquake motion[C]. Proceeding of 9th world Conference on Earthquake Engineering. Tokyo, Japan, 1988: 675-680.
[5] 李宏男,吴香香. 橡胶垫隔震支座结构高宽比限值研究[J]. 建筑结构学报,2003(4),14-19.
[6] 李爱群,吴二军,高仁华. 建筑物整体迁移技术[M]. 北京:中国建筑工业出版社,2006.
[7] 周德源,张晖,施卫星,等. 建筑结构抗震技术[M]. 北京:化学工业出版社,2005.
[8] 倪国葳,赵亚敏,苏幼坡. 框架隔震建筑设计方法及应用[J]. 世界地震工程,2005(12),113-118.

第 11 章　既有建筑物基础隔震加固施工方法

既有建筑物基础隔震加固技术能有效提高既有建筑物抗震等级,但如何把隔震元件安全有效地安置到被加固建筑物的设计位置,并保证隔震元件与结构构件联结牢靠,实现隔震层的隔震作用是基础隔震加固技术由理论变成现实的关键。由于建筑物个体存在很大的差异,这里只对具有代表性的建筑结构形式的基础隔震加固施工方法做系统论述。

11.1　建筑物整体移位工程中基础隔震支座施工步骤

隔震技术在整体移位工程中的应用,施工难点就是建筑物整体移动到位后,新基础和上部结构用隔震构件的连接即隔震构件的植入。基础隔震支座在建筑物整体移位工程中的主要施工过程如图 11-1 所示。

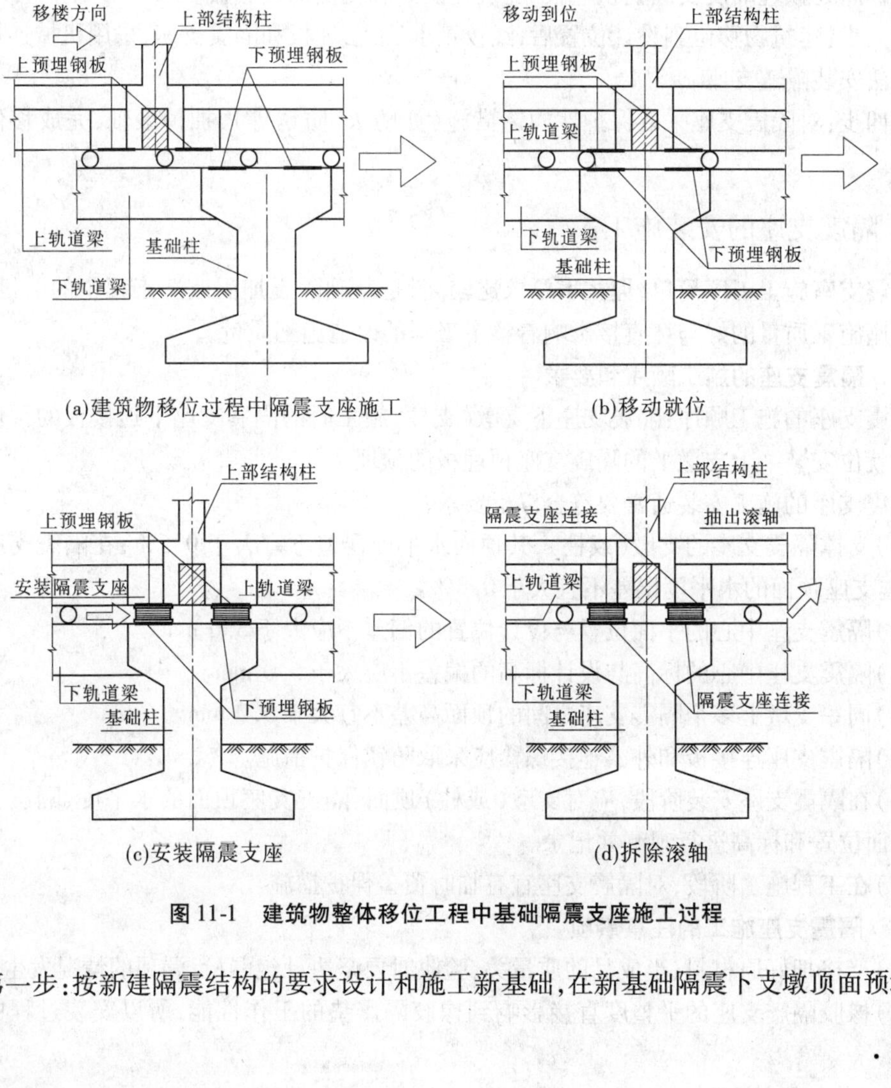

图 11-1　建筑物整体移位工程中基础隔震支座施工过程

第一步:按新建隔震结构的要求设计和施工新基础,在新基础隔震下支墩顶面预埋隔震支座下连接板，并留 h 不大于 20 mm 凹槽，覆盖木板或其他保护措施以保护预埋连接板，使其在建筑物整体移动时不变形、松动或脱落，如图 11-2 所示。

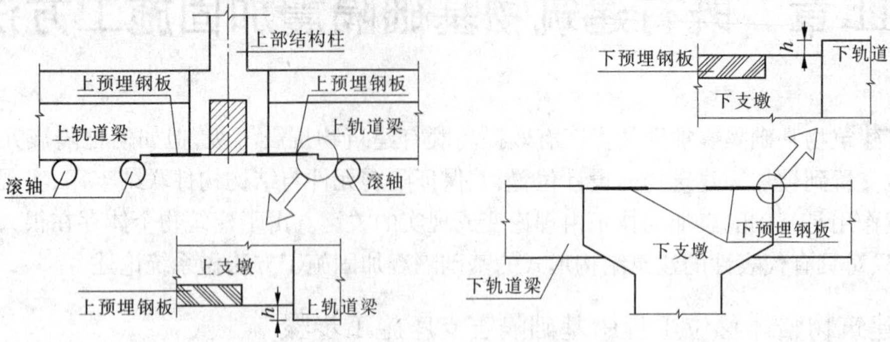

图 11-2　整体移位建筑隔震加固中预埋板保护凹槽

第二步：施工上轨道梁和托换加固底盘。采取和第一步相似的方法在上支墩下部隔震支座上标高处预埋隔震支座上预埋板，浇筑托换梁和托换加固底盘。

第三步：建筑物移位到设计位置后，经校正上、下预埋板和隔震支座，采用机械连接或焊接的方法安装隔震支座。

第四步：对隔震支座采取保护性构造措施（如防火、防锈等），抽掉滚轴，完成移位和隔震改造。

11.2　隔震支座的安装施工

隔震支座施工工序简单，但技术要求比较高，是基础隔震加固改造工程中的关键工序。隔震支座施工质量的好与坏直接影响着整个工程的改造施工质量。

11.2.1　隔震支座的施工顺序和要求

隔震支座的施工顺序：隔震支座下支墩（支柱）施工时的隔震支座下连接板的预埋→隔震支座就位安装→上支墩上的隔震支座预埋板的预埋。

隔震支座的施工安装通常要符合以下要求：

(1) 支撑隔震支座的支墩（或柱），其顶面水平度误差不宜大于 0.5%；在隔震支座安装后，隔震支座顶面的水平度误差不宜大于 0.8%。

(2) 隔震支座中心的平面位置与设计位置的偏差不应大于 5.0 mm。

(3) 隔震支座中心的标高与设计标高的偏差不应大于 5.0 mm。

(4) 同一支墩上多个隔震支座之间的顶面高差不宜大于 5.0 mm。

(5) 隔震支座连接板和外露连接螺栓应采取防锈保护措施。

(6) 在隔震支座安装阶段，应对支墩（或柱）顶面、隔震支座顶面的水平度、隔震支座中心的平面位置和标高进行观测并记录。

(7) 在工程施工阶段，对隔震支座宜有临时覆盖保护措施。

11.2.2　隔震支座施工的注意事项

(1) 严格把好原材料、半成品的质量关，验收时要坚决杜绝漏检、漏项的情况发生。

(2) 橡胶隔震支座的平整度直接影响到橡胶隔震垫的工作性能，所以安装过程中要严格控制每道工序,使其满足设计要求。

(3)二次浇筑柱头预埋件部分高强度等级细石混凝土时,不得碰撞预埋件、主筋,防止轴线、平整度发生变化,影响安装质量。

(4)在组装连接板时,须由两个人同时对称拧紧,防止连接板与橡胶隔震支座受力不均匀,影响安装质量。

(5)安装时选择适当的吊点,以防组装好的橡胶隔震支座与连接板发生错位,且要轻举轻放,以免损坏橡胶隔震支座。

(6)安装完备后,做好橡胶隔震支座的保护工作。

11.2.3 隔震支座与隔震层上下结构的连接措施

基础隔震加固技术在建筑物整体移位和原位建筑物的基础隔震加固工程中的应用不像在新建隔震建筑中那样有据可循,主要难点在于隔震支座上钢板与上部结构预埋钢板的连接技术。传统做法是从下到上施工,也就是施工下部基础部分→预埋下连接板预埋件→安装隔震支座→预埋上连接板预埋件→施工上部结构,而在既有建筑物基础隔震加固工程中,必须考虑既有上部结构已经存在的特点。结合托换加固体系施工预埋上连接板的预埋件,可以考虑如下两种隔震支座钢板连接施工方法:

(1)机械连接。采用传统的螺栓连接方法,在建筑物移位之前,把上下预埋连接钢板预先按照设计的位置预埋好,待建筑物移动到位后,把隔震支座的连接钢板与基础及上部结构的预埋钢板用螺栓连接起来。

优缺点:便于日后维护和检修中隔震支座的拆装与更换,但施工精度要求高,施工时必须保证隔震支座的钢板和预埋钢板的螺栓孔在螺栓的安装误差范围内,否则就会出现螺栓孔不对应,使螺栓无法安装。

(2)焊接。把隔震支座的连接钢板和预埋钢板在建筑物整体移动就位以后,采用焊接的方法连接起来。

优缺点:施工方便,但会给日后的更换或维修带来不便。

11.2.4 隔震支座的布置

常用叠层橡胶隔震支座的外径一般为200 ~ 1 200 mm,高度为100 ~ 550 mm。安装隔震支座时,必须有一个可供安装操作和隔震支座正常工作的空间,但既有建筑物隔震加固不能像新建隔震建筑物那样可以先施工隔震支座后施工上部结构,这就大大增加了基础隔震构件的施工难度。比如,在柱中心线下方安装隔震支座,施工难度很大,难以保证隔震支座的施工质量,影响隔震支座隔震性能的发挥。因此,要充分考虑既有建筑物的施工特点,可以在柱下面对称布置隔震支座,用两个或四个小型的隔震支座并联,代替单个大型号隔震支座,使隔震支座的几何中心线与上部结构柱的中心线重合,既可以满足隔震结构的需要,又可以降低施工难度。柱下基础隔震支座布置示意图如图11-3所示。

在隔震建筑的设计中,原则上应使隔震层所有隔震构件的刚心与上部结构的重心一致,不产生扭转。但是,由于建筑物的不规则和柱网尺寸的限制,仅靠柱下配置的隔震支座会产生隔震层的刚心与上部结构的重心不一致。采用与隔震支座独立的阻尼器设计,在阻尼器的弹性范围内,可以使隔震层的刚心与上部结构的重心一致,避免隔震层的振动扭转。如果阻尼器布置在建筑物外周,抑制扭转变形的效果更好。

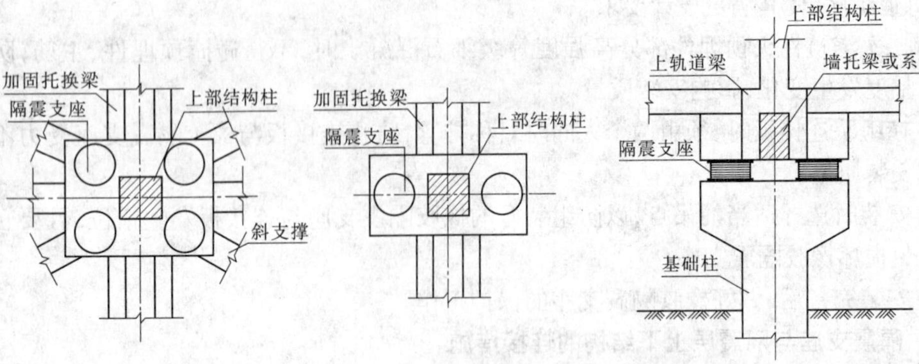

(a)四支座并联　　(b)双支座并联　　(c)隔震支座布置立面示意

图 11-3　柱下基础隔震支座布置示意图

11.3　原位建筑物隔震加固改造工程中的施工技术

基础隔震加固技术应用在原位建筑物加固工程中，关键仍是柱墙托换技术的实施。隔震支座布置形式和建筑物移位工程相似，但隔震支座的安装更接近新建的基础隔震工程，施工难度相比移位工程也容易一些。

基础隔震建筑物可分为三部分，即上部结构、隔震体系（包括隔震支座、回复装置、阻尼器等）和下部基础，上部结构通过隔震层与下部基础相连。既有建筑物的上部结构和下部基础一般是刚性连接在一起的，因此在进行隔震加固改造时，必须切断上部结构和下部基础间的连接，并采取措施增加上部结构切割面的水平刚度，以满足隔震体系对上部结构水平刚度的要求。

11.3.1　基础加固施工

运用基础隔震加固技术进行既有建筑的加固，须改变原建筑结构的传力途径，使其能满足隔震结构受力体系对需加固建筑的要求。传统抗震建筑的传力途径和基础隔震建筑的传力途径分别如图 11-4、图 11-5 所示。

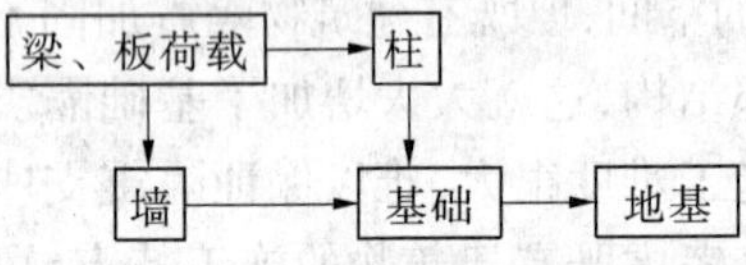

图 11-4　传统抗震建筑传力途径

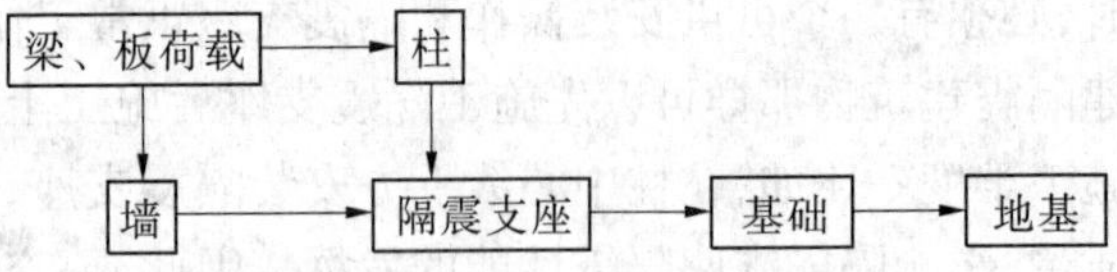

图 11-5　基础隔震建筑传力途径

由于传力途径的改变，一般需对基础进行加固，加固的方法可以采用扩大基础底面的方法。扩大基础底面的加固方法包括独立柱基础底面加大（如图 11-6 所示）、条基单面加宽（如图 11-7所示）、条基双面加宽（如图 11-8 所示）、独立基础扩展成条形基础、条基扩展成十字交叉梁条形基础或筏板基础形式等。

对单独柱基础，一般可采用基础底面四边扩大加固；对于条形基础，一般采用双面加宽，当承受偏心荷载或受相邻建筑基础条件限制时，可采用单面加宽条形基础。

基础加固施工步骤如下：

基础开挖→凿毛墙基或柱基→绑扎扩大部分基础的钢筋，并与原基础连接（机械锚固或化学植筋)→浇筑混凝土,使基础扩大部分和原基础、墙身连成整体。

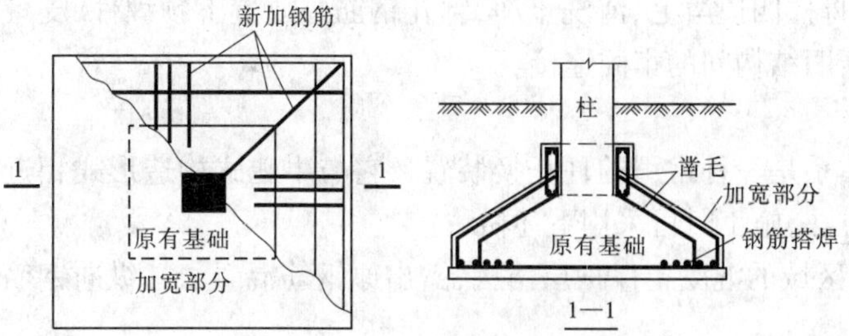

图 11-6 独立柱基础底面加大

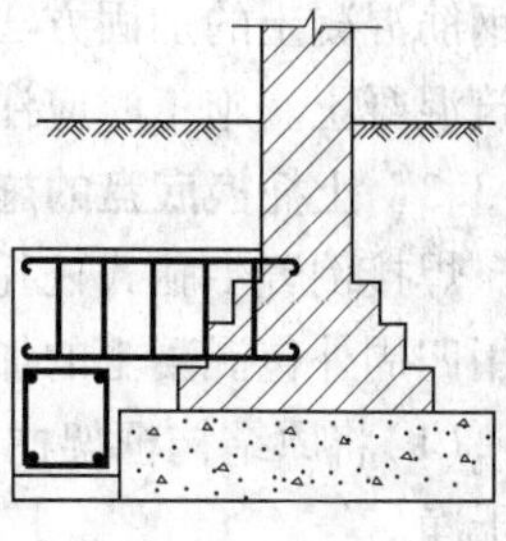

图 11-7 条基单面加宽

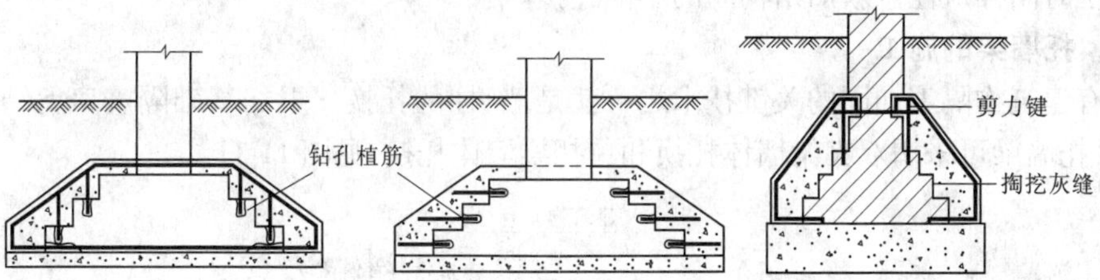

图 11-8 条基双面加宽

施工时应注意的问题:为使新旧混凝土连接牢固,在浇筑混凝土前应将原基础凿毛并刷洗干净,再涂一层高强度等级的水泥砂浆,并沿基础高度每隔一定距离设置锚固钢筋,也可在墙脚或地圈梁钻孔穿钢筋,再用环氧树脂填满,穿孔钢筋须与加固钢筋焊接牢固。混凝土或钢筋混凝土基础的加大部分的垫层材料、厚度应与原基础相通,以使加大后的基础基底标高和应力扩散条件相同,变形协调。

11.3.2 隔震支座下支墩(支柱)的施工

由于基础隔震结构改变了原结构的传力途径,原来墙上荷载以均布荷载的形式传至基础,基础隔震结构的墙上荷载则需通过隔震支座以集中荷载形式传至隔震支座下支墩,再传至基础,所以对原结构基础的加固改造必须满足隔震支座下支墩的承载力要求。墙下隔震支座下支墩和柱下隔震支座下支墩(支柱)的改造分别如图 11-9、图 11-10 所示。

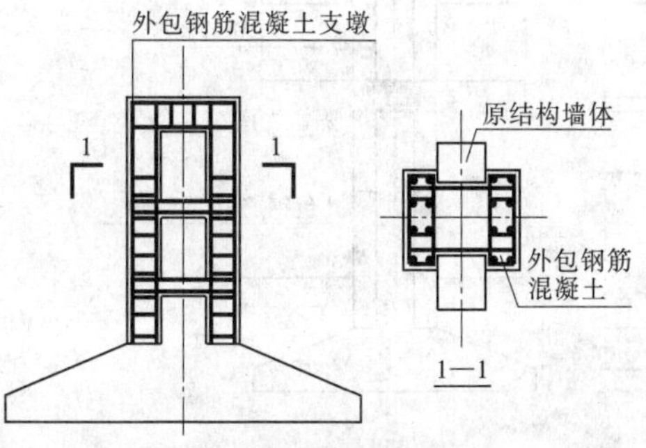

图 11-9 墙下隔震支座下支墩加固示意图

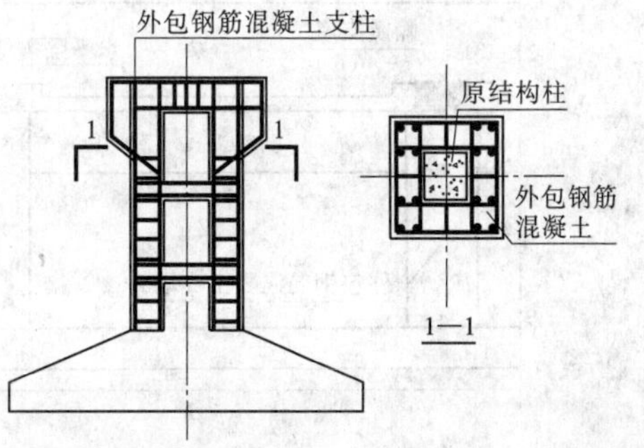

图 11-10 柱下隔震支座下支墩加固示意图

施工过程:对已经完成基础加固改造的墙、柱基础,按照轴心受压柱计算隔震支座下支墩(柱),将墙按加固计算的宽度凿毛并清洗干净,竖向每隔 0.5 ~ 1 m 开洞做拉梁,绑扎外包混凝土柱钢筋,预埋隔震支座下连接板预埋件,浇筑混凝土。对于独立柱则可采用四周外包钢筋混凝土的加固方法,先将柱四边凿毛、清洗干净,绑扎钢筋并放置下预埋件,支模板,浇筑混凝土。施工时应注意新旧结构间的牢固连接。

11.3.3 上托换底盘的施工

焊接倒置牛腿式柱托换体系是一种常用的柱托换装置。它与牛腿式构造形式相近,可采用四周外包混凝土的加固方法,施工时可采用下述做法:

(1)将原结构框架柱托换区域的混凝土保护层凿去,露出原钢筋混凝土柱纵向钢筋,清洗干净。

(2)在原柱纵筋上焊接矩形环筋,绑扎矩形环筋并放置上预埋件,然后支模浇筑混凝土。施工时同样应注意新旧结构间的牢固连接。

11.3.4 托墙梁的施工

既有建筑物隔震加固的关键技术之一就是墙、柱的托换。根据基础隔震房屋结构的构造特点,托墙梁可采用双夹梁墙体托换和单托梁墙体托换,见图 11-11。

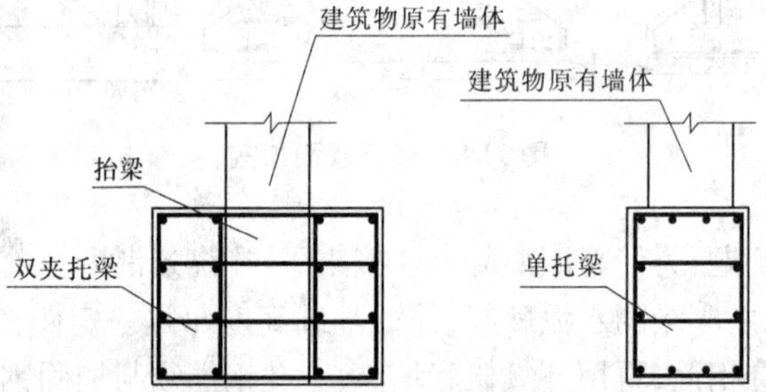

图 11-11 双夹梁墙体托换和单托梁墙体托换

双夹梁墙体托换由墙体两侧的夹梁和横向拉梁构成。横向拉梁的作用有两个:一是对双夹梁的拉接作用;二是通过砖墙的“内拱卸荷”作用承担部分竖向荷载,然后传给双夹梁。托墙梁的设计可参考文献[2]的托换技术设计。托墙梁构造如图 11-12 所示。

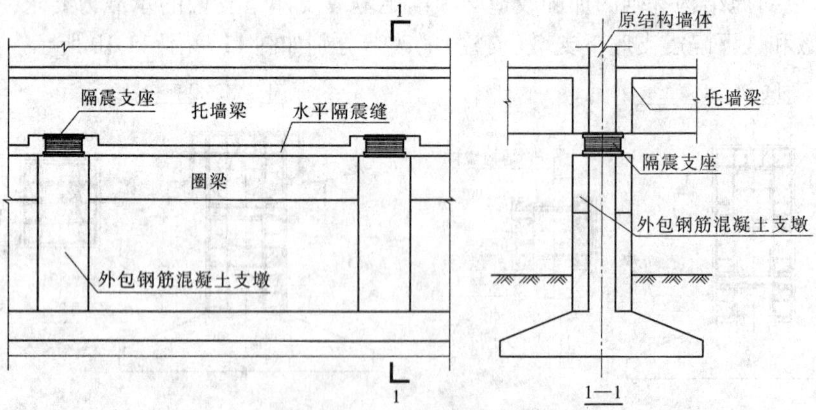

图 11-12 托墙梁构造示意图

双夹墙托换梁的施工步骤如下:

(1)根据划分的施工段,将墙体两侧开挖到托墙梁的设计标高以下,将墙体表面凿毛,除去杂物并用水清洗干净;在托梁的设计部位上每隔1~1.5 m打200 mm~250 mm×托梁梁高的洞,绑扎横向拉梁钢筋。

(2)在墙体上设置隔震支座的部位,从隔震支座下支墩开始到托梁顶标高,宽度为隔震支座+2h(h为隔震支座最大水平位移)开洞,安装隔震支座及隔震支座上预埋钢板,绑扎隔震支座上托梁及拉梁钢筋。

(3)支模板,清洗墙体表面及拉梁洞口碎砖渣或混凝土渣。

(4)浇筑托梁和拉梁混凝土及养护。

单梁托换的施工步骤如下:

(1)将墙体两侧开挖到托梁设计标高以下。

(2)对墙体进行分段,第一段每道墙体分成3~4段,每段1.5~2.0 m。

(3)在其中一段墙体凿洞,洞口高度同托梁高度。

(4)绑扎分段托梁钢筋,支模板,浇筑混凝土,并甩出钢筋头。

(5)施工连接隔震支座上支墩的托梁,方法同双夹墙托换梁施工步骤(2)。

(6)当本段混凝土强度达到设计值时,施工第二段托梁。第一批托梁和第二批托梁间隔布置,注意前后相邻两端托梁钢筋的连接。

(7)按顺序依次施工各段托墙梁,直至全部完成。

11.3.5 水平隔震缝的施工

在隔震支座、托墙梁、首层楼面施工完毕,混凝土强度达到设计值时,切断托墙梁下部和原结构墙体的联系,留不小于20 mm的水平隔震缝,在隔震支座周围留出不小于隔震支座在罕遇地震下最大水平位移的1.2倍的空间,保证结构在地震时上部结构有水平位移的预留空间,如图11-13所示。

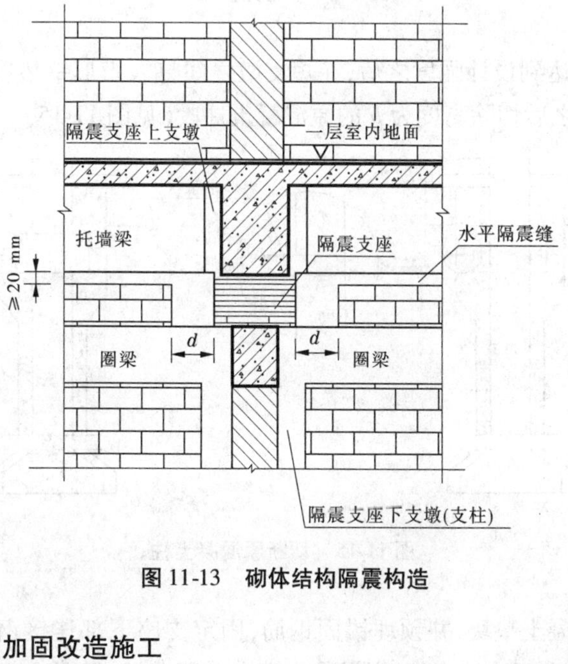

图11-13 砌体结构隔震构造

11.3.6 框架柱隔震加固改造施工

根据隔震支座安装位置和施工过程的不同,框架柱隔震加固改造施工有两种方法:框架柱柱中隔震加固改造和框架柱托换隔震加固改造。

11.3.6.1 框架柱柱中隔震加固改造

框架柱柱中隔震支座的安装详细施工步骤如下：

(1)按照隔震设计对隔震层以下柱子的要求和放置隔震支座施工需要，在原柱子四周除需要切除高度为 h 的区段(用以安装隔震支座)外，浇筑新的外包混凝土加固柱子，它既是安装隔震支座时的支撑结构，又是为了满足隔震设计对隔震层以下柱要求所必需的(见图 11-14)。外包钢筋混凝土下段的底部应落在原混凝土柱的基础上，并将原基础扩大，顶部做成牛腿型，上段一直到一层梁底及板底。在支座上、下外包混凝土的两段相向平面内，相向设置四对竖向短支墩，其平面位置见图 11-14 中的剖面 2—2。短支墩间应留有间隙，以便安装楔形钢垫块。具体参数的确定和主要构件的配筋见下文。

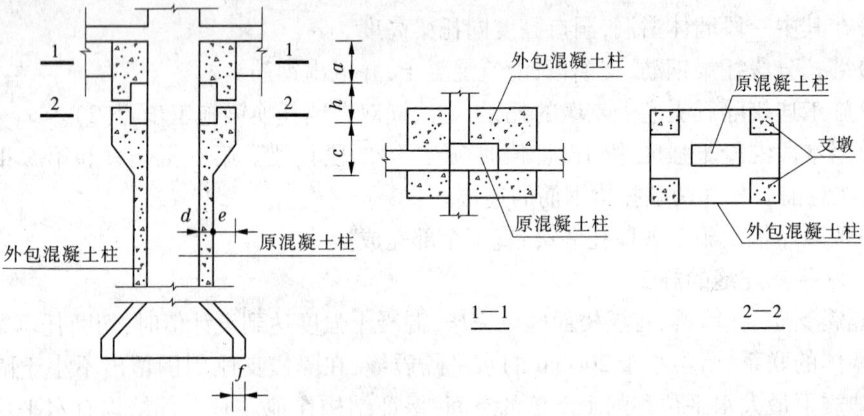

图 11-14 柱托换结构

(2)外包混凝土达到设计强度之后，在短支墩之间打入楔形钢垫块，使短支墩有能力稳固地支撑上部结构，之后切除高度为 b 的原混凝土柱段(见图 11-15)。

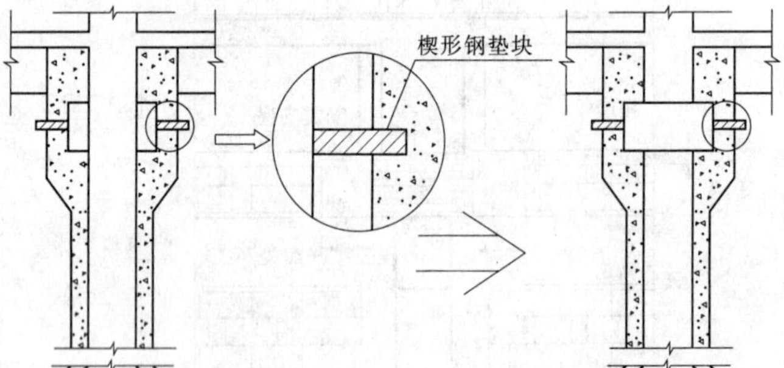

图 11-15 切断原混凝土柱

(3)浇筑下部混凝土垫块，并预埋锚固钢筋，固定支座下部连接钢板，安装橡胶隔震支座。安装橡胶支座的上部连接钢板，用混凝土灌实上部空间(见图 11-16)。

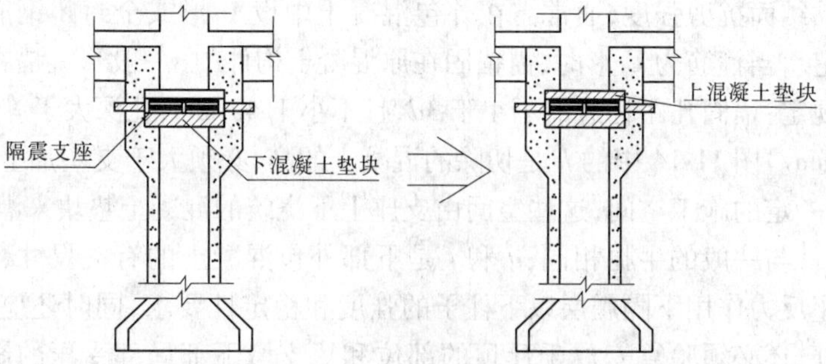

图 11-16 安装隔震支座

(4)在牛腿四边放置千斤顶,托住上部结构,在四个短支墩上逐级取掉钢垫片,完成承载托换过程(见图 11-17)。

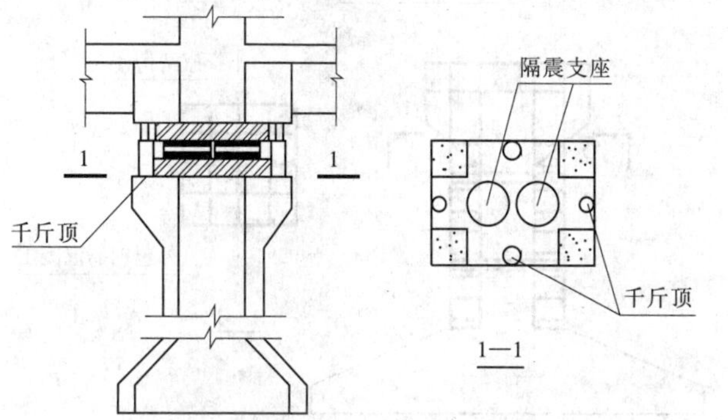

图 11-17 完成承载托换

在柱中隔震加固设计时,图 11-14 中各参数的确定和各主要构件的配筋可以按下面的支撑结构构造设计方法进行。上部外包混凝土高度 a 需满足结合面抗剪强度要求。在原柱截断后,支撑结构必须承担原柱的全部竖向荷载,新老混凝土结合面的抗剪承载力应大于该柱的轴向压力。新老混凝土结合面抗剪强度按以下公式验算:

$$\tau \leqslant f_v + 0.56\rho_{sy}f_y \tag{11-1}$$

式中 τ——结合面剪应力设计值;

f_v——结合面混凝土抗剪强度,如表 11-1 所示;

ρ_{sy}——横贯结合面的剪切摩擦力配筋,$\rho_{sy}=A_{sy}/f_y$,A_{sy} 为配置在同一截面内的箍筋各肢的全部截面面积,$A_{sy}=bs$,b 为截面宽度,s 为箍筋的间距;

f_y——箍筋的剪切强度。

表 11-1 结合面混凝土抗剪强度 (单位:MPa)

黏结抗剪	混凝十强度等级			
	C15	C20	C25	C30
标准值 f_k	0.32	0.39	0.49	0.50
设计值 f_v	0.24	0.29	0.33	0.37

为了提高黏结面抗剪强度，通常需在外包混凝土中设U形或全封闭钢筋，箍筋直径和间距由计算确定。当箍筋为U形时，需锚固在原混凝土构件中（一般不宜锚在梁上）。锚固必须遵循以下规定：锚固孔距柱边沿不小于3d，且不小于40 mm，孔深大于等于10d，孔径比箍筋直径大4 mm。图11-14中的h是切除的混凝土的高，必须大于支座加上下连接钢板的厚度，而且要留一定的施工空间，这些空间由支座上下浇筑的混凝土垫块来灌实；c和e都和牛腿有关，其设计与一般的牛腿相同；d和f是下部外包混凝土的有关尺寸，必须首先满足罕遇地震时支座反力作用下隔震层以下柱子的强度和稳定性要求，同时还应满足有关构造规定。除此以外，还必须验算安放千斤顶的部位和短支墩下部局部受压的影响，配置钢筋网片。

11.3.6.2 框架柱托换隔震加固改造

框架柱托换隔震加固改造外包柱和下支墩构造示意图如图11-18所示。

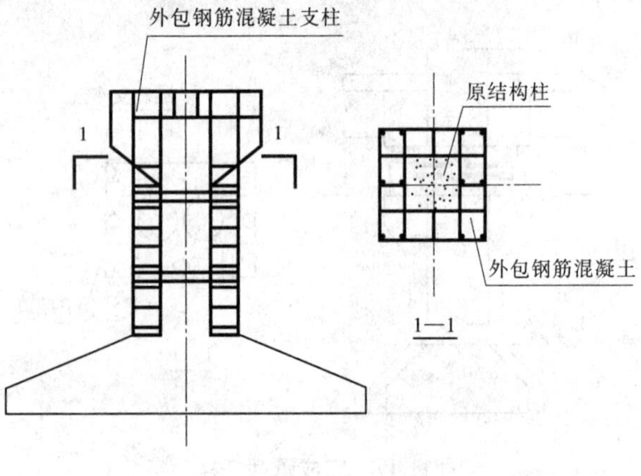

图11-18 框架柱托换隔震加固改造外包柱和下支墩构造

施工隔震支座上支墩时，应考虑新旧混凝土界面的协调工作，并在钢筋布置、钢筋锚固或焊接长度方面采取加强措施。主要施工步骤如下：

(1)将托换高度范围内柱纵筋混凝土保护层凿除，钢筋清刷干净。

(2)安装隔震支座并加以保护，预防在施工上部托梁和楼板时受损、错位、变形。预埋隔震支座上连接板。

(3)绑扎上托梁及系梁钢筋。柱每边设封闭的环筋（托换牛腿纵筋）与柱纵向钢筋焊接，并在托换高度范围沿柱高设封闭焊接箍筋。当托换柱荷载较大时，托换牛腿纵筋也可采用植筋锚固技术植入柱内。

(4)绑扎托换加固梁钢筋并浇筑混凝土，具体浇筑细节同墙托换加固结构。

具体施工过程如图11-19所示。

11.3.7 剪力墙的隔震加固改造

安装剪力墙下隔震支座的支撑结构与柱子有所不同（如图11-20所示）。在剪力墙上下内外浇筑四根支撑梁，并在下部隔一定距离（即剪力墙下隔震支座的距离）浇筑混凝土构造柱，构造柱落在原剪力墙基础上。上下支撑梁间空出的距离用于安装隔震支座，因此空出距离必须大于隔震支座加上下连接钢板的厚度，还要考虑一定的施工空间。在下部支撑梁上

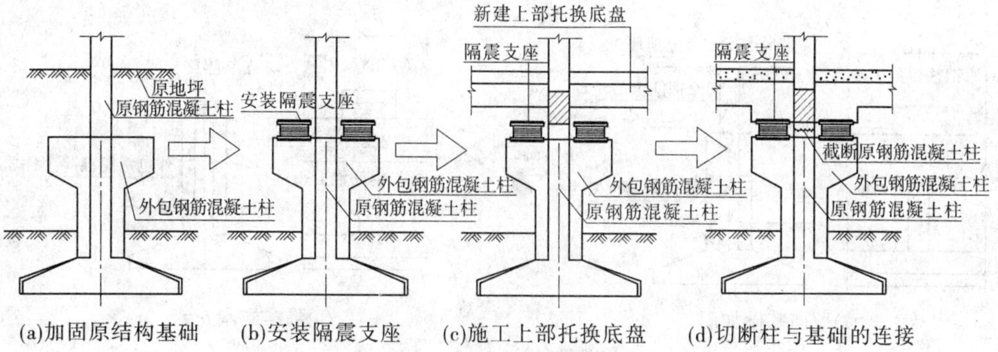

图 11-19　柱隔震加固改造施工过程

安装隔震支座部位两边浇筑混凝土短支墩用于支撑上部结构,上下托换梁间的剪力墙应切掉,以保证隔震支座在各个方向的自由移动。

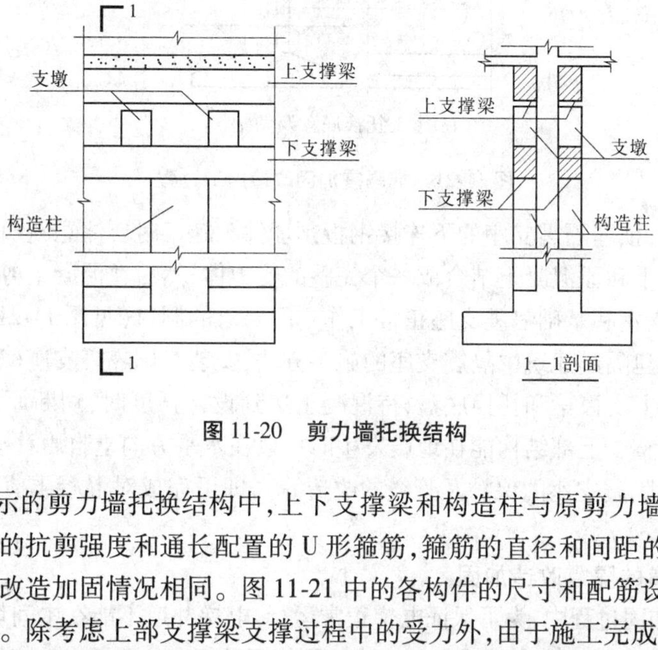

图 11-20　剪力墙托换结构

图 11-20 所示的剪力墙托换结构中,上下支撑梁和构造柱与原剪力墙的连接主要靠新老混凝土结合面的抗剪强度和通长配置的 U 形箍筋,箍筋的直径和间距的计算及其构造与混凝土柱的隔震改造加固情况相同。图 11-21 中的各构件的尺寸和配筋设计主要根据它们的受力计算确定。除考虑上部支撑梁支撑过程中的受力外,由于施工完成后,剪力墙将由几个隔震支座支撑,刚度下降,在两个支座的跨度范围内剪力墙可能发生竖向剪切破坏和开裂,因此上部支撑梁的刚度必须足够大,以控制托换梁和剪力墙的挠度,防止剪切破坏和开裂。根据这些要求,可确定上部支撑梁的截面尺寸和配筋。下部支撑梁的作用主要是临时支撑剪力墙的竖向荷载。由于构造柱的存在,可以按照构造柱距离内的连续梁设计配筋,同时验算局部承压、配置钢筋网片。混凝土构造柱一方面支撑下部支撑梁、支撑隔震支座;另一方面,施工完成后将用于提高原剪力墙的刚度,使加固后的剪力墙能够抵抗罕遇地震下的地震作用。构造柱的尺寸、间距和配筋要按照此原则计算。

除支撑结构不同外,剪力墙的施工步骤与混凝土柱基本相同,不再赘述。

对剪力墙进行隔震加固改造,还可按图 11-21 所示施工步骤进行。

第一步:按隔震结构的受力要求对剪力墙基础进行加固,增加适合梁柱受力体系的基础

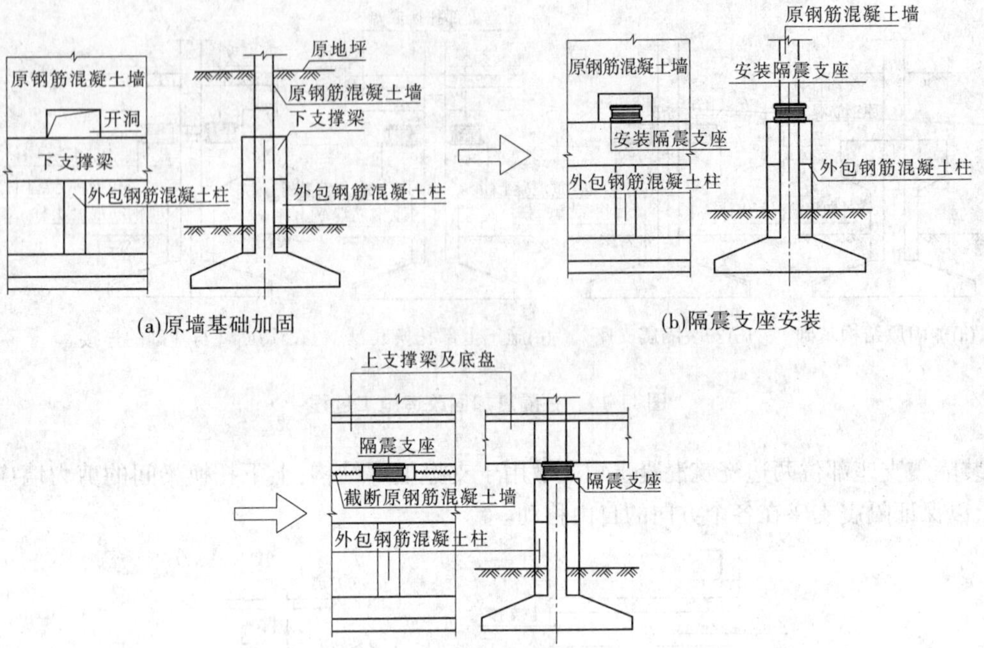

(a)原墙基础加固　(b)隔震支座安装

(c)施工托换底盘及切割

图 11-21　墙隔震加固改造施工过程

柱,浇筑下支撑梁,预埋隔震支座的下连接钢板预埋件。施工时要注意新旧混凝土结合面的处理,使后浇混凝土和原混凝土结合成一个完整的受力体,然后在混凝土剪力墙上开凿出能够满足安装隔震支座和基础隔震支座正常工作空间要求的洞口(见图 11-21(a))。

第二步:按新建隔震建筑中隔震支座的施工方法,安装基础隔震支座(见图 11-21(b))。

第三步:浇筑上支撑梁和托换底盘,待混凝土达到设计强度时,切断原混凝土剪力墙和基础的联系,保证整个上部结构能在地震发生时可以在水平方向上自由移动,并采取必要的构造保护措施(对隔震支座的保护及管线的改造等),即可完成对混凝土剪力墙的隔震加固改造(见图 11-21(c))。

11.3.8　电梯井道的隔震改造加固

在隔震改造加固过程中,为了保证电梯正常运行,电梯井道不能在中间切断,只能把原来直通地下室的电梯改成只到一层,在井道中由一层楼面的标高往下留出电梯检修坑的高度后,新浇筑一层井道底板,把电梯井处的隔震支座布置在井道板的下面(如图 11-22 所示)。

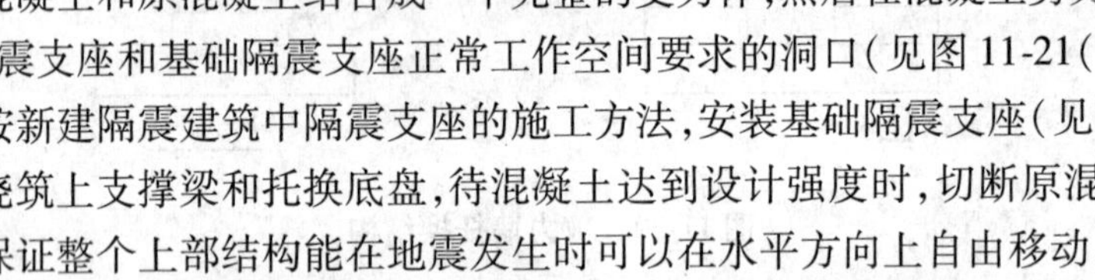

图 11-22　电梯井道隔震构造

由于上部井道内部不能新浇混凝土，所以托换结构只能设置在井道外侧，下部井道内侧加的混凝土只起加固下部结构的作用，不参与托换。隔震支座只能支撑在新包混凝土上，因此其截面需做成牛腿状。

托换顺序：首先浇筑新包混凝土；其次用短支墩支撑上部结构后切除井道剪力墙，浇筑新井道底板；然后安装隔震支座，其他中间步骤和要注意的细节与柱托换相同。短支墩距隔震支座 >25 cm，以保证支座自由移动。

11.4 隔震加固的技术措施

11.4.1 增强隔震结构底部水平刚度的技术措施

根据《叠层橡胶支座隔震技术规程》（CECS126：2001）的规定，在基础隔震建筑中，上部结构的首层楼面宜采用现浇钢筋混凝土楼板，且楼板厚度不小于 140 mm。当采用装配整体式钢筋混凝土楼板时，现浇面层厚度不宜小于 50 mm，且应双向配筋，钢筋直径不宜小于 6 mm，间距不宜大于 250 mm。隔震支座上部的纵横梁应采用现浇钢筋混凝土结构。因此，对原位既有建筑物的基础隔震加固改造，必须对首层楼面进行“增强性”加固，增加相应的梁板，增大其水平刚度，以满足隔震结构中上部结构的要求。对结构刚度较小的框架结构，通常可结合移位结构托换加固体系设计，在切割面顶部布置如图 11-23 所示的水平托换加固底盘，然后在水平加固底盘上浇筑混凝土楼板。在建筑物整体移位工程中，沿建筑物纵横向布置的托换加固体系在水平切割面处具有较大的水平刚度，一般可满足隔震层对水平刚度的要求。水平托换加固底盘在移位施工中起到托换加固和承受移动外力的作用，在隔震加固后起到增强隔震结构水平刚度的作用。采用支撑式水平托换加固底盘，也可以为隔震装置安装及使用期内检修维护提供操作空间。

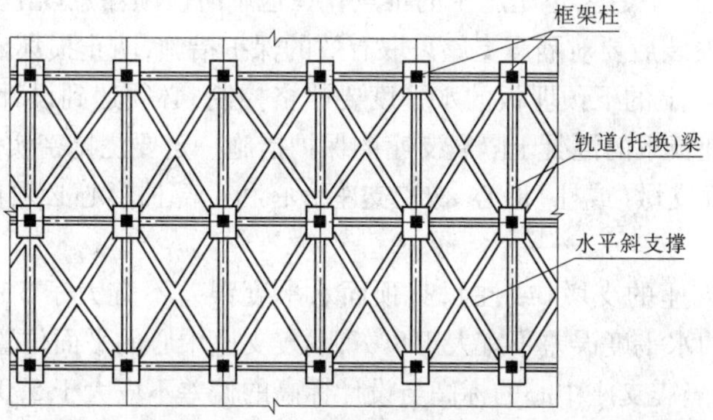

图 11-23 移位建筑底盘支撑构造

11.4.2 隔震加固的构造技术措施

为保证隔震层以上的上部结构在地震时能自由运动，一些细部构造也应做相应处理。

（1）地下室的非隔震楼梯与上部结构必须断开，非隔震楼梯的扶手要与上部楼梯的扶手断开，以防止地震时阻碍位移或两者发生碰撞。

（2）地下室内隔墙与一层梁板结构底部间需留出大于 2 cm 的隔离缝，以保证上下结构能发生相对运动。

（3）由于隔震支座处于室外地坪以下，因此在建筑物的四周必须增设隔震沟，沟宽约 25 cm。

(4)穿越隔震层上下的水管应改用柔性连接。

(5)穿越隔震层的电气、通信系统的配线应改用绕曲柔性连接,并应有不小于0.5 m的余度。

11.5 建筑物隔震加固的施工质量控制

11.5.1 提高新旧结构界面抗剪承载力的施工措施

对于墙体托换和柱托换,新旧结构之间的抗剪承载力与施工质量有很大关系。目前,提高新旧混凝土界面结合能力的施工措施主要有以下几项:

(1)新旧混凝土接触面的处理。应彻底清除原结构混凝土的抹灰层,如果接触部位存在部分风化或软化、变质等,应将此部分混凝土全部剔除,直至露出坚实的混凝土;如果混凝土质量较好,则只须将接触面处作凿糙处理(以露出石子颗粒的一半为度)或用钢丝刷刷毛,以增强新旧混凝土的黏结力和机械咬合力。

(2)在结合面上涂抹界面剂。在旧混凝土接触面上涂抹水泥砂浆、高强度等级水泥砂浆、环氧树脂等,能大大提高新旧混凝土的黏结强度。

(3)在界面设置剪力传递元件。常用的抗剪元件是膨胀螺栓。使用电钻在旧混凝土上打孔后,将螺栓固定并膨胀锚固而成,也可用电钻成孔后,利用各种胶凝材料,主要是利用高分子聚合物将钢筋锚固于孔中,起到抗剪和抗拉的作用。

另外,还要注意在施工中控制新浇混凝土的强度等级和坍落度以及合理的养护。

11.5.2 橡胶支座的安装质量控制

既有建筑物基础隔震加固改造工程的施工可分为三个阶段:隔震构件下部基础的加固施工,隔震构件的安装和隔震构件上部的加固施工。隔震构件的安装是既有建筑物基础隔震加固改造工程施工的关键,也是施工的难点。在这个阶段须注意以下几点:

(1)安装时和安装后要对隔震支座采取有效的保护措施,防止损坏隔震支座。

(2)支墩(或柱)上的下预埋板的水平度要严格控制,必须达到设计要求。如果支墩为现浇混凝土,下预埋板下的混凝土隔震支座的保护措施一定要浇捣密实,同时下预埋板的水平位置要准确,下部支墩(或柱)形心、橡胶支座形心和上部柱形心必须重合,在浇筑混凝土时不得产生位移。

(3)支承隔震支座的支墩(或柱),其顶面水平度误差不宜大于5‰;在隔震支座安装后,隔震支座顶面的水平度误差不宜大于8‰;隔震支座中心的平面位置与设计位置的偏差不应大于5.0 mm;隔震支座中心的标高与设计标高的偏差不应大于5.0 mm;同一支墩上多个隔震支座之间的顶面高差不宜大于5.0 mm。

(4)在隔震支座安装完成后,应对支墩(或柱)顶面、隔震支座顶面的水平度、隔震支座中心的平面位置和标高、橡胶层的初始高度进行观测并记录。

(5)在上部结构和原基础切断前后,应对隔震支座的竖向变形进行观测并记录。

(6)上部结构、隔震支座与周围固定物的脱开距离必须符合设计要求,穿过上部结构与下部结构的管线必须采用软连接,保证管线的水平变形量满足上部结构的水平位移需要。

11.6 既有建筑物基础隔震工程隔震支座安装实例

现以某工程为例,来介绍既有建筑物中隔震装置的具体安装过程。该工程为框架－剪力墙结构，地下 1 层，地上 11 层，总用地面积 4 000 m^2，总建筑面积 9 890 m^2。长、宽分别为 38.2 m 和 20.2 m，檐口高约 40 m。工程结构采用隔震技术，隔震层设置在一层结构梁板下，以叠层橡胶隔震垫作为隔震器，上下混凝土结构完全隔离（如图 11-24 所示），共计采用橡胶隔震支座 52 个，其中无铅芯 GZP－800－V4A 隔震垫 21 个，有铅芯 GZY－600－V4J 隔震垫 31 个（如图 11-25 所示）。

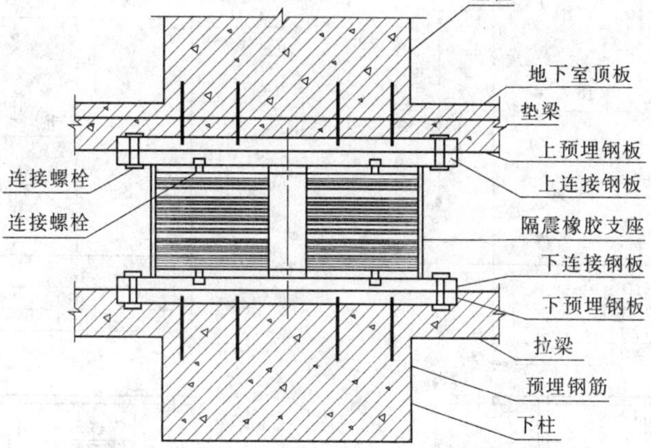

图 11-24　隔震垫上、下连接详图

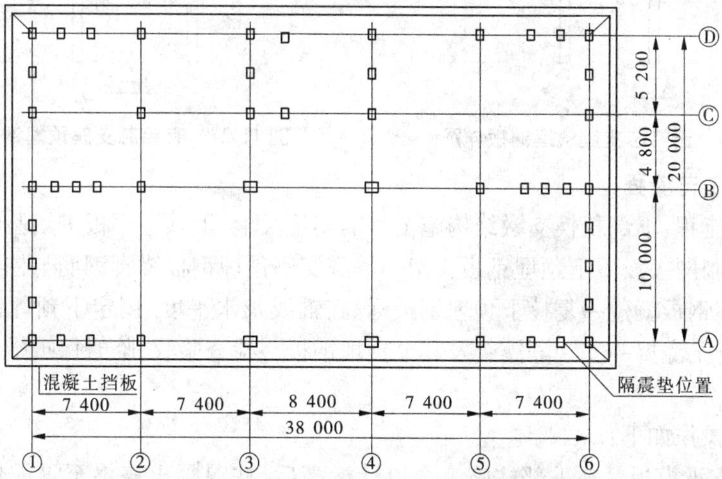

图 11-25　隔震垫平面布置图

隔震设防标准为：当遭受低于本地区设防烈度的多遇地震作用时，建筑物基本不受损和不影响其使用功能；当遭受本地区设防烈度的地震作用时，不需修理可继续使用；当遭受高于本地区设防烈度的罕遇地震作用时，不发生危及生命安全和丧失使用功能的破坏。

11.6.1　工程特点

（1）隔震垫的上下连接要可靠，所使用的连接件要保证罕遇地震产生位移时不致破坏。

（2）隔震支座节点较复杂，在安装过程中应采用可靠措施确保其安装精度符合要求。

（3）结构下部分所有的管线连接采用柔性连接，确保其有 200 mm 的伸缩余量。

11.6.2　隔震垫安装工艺

隔震垫构造及连接方式：

隔震垫通过上下预埋钢板用高强螺栓连接,其构造连接方式如图 11-24 所示,GZP-800-V4A隔震垫上下预埋板上塞焊12根Φ30钢筋,下部锚入下柱内500 mm,上部锚入上柱内500 mm;GZY-600-V4J隔震垫上下预埋板上塞焊8根Φ25钢筋,下部锚入柱内500 mm,上部锚入柱内500 mm。支座预埋钢板构造见图11-26、图11-27。

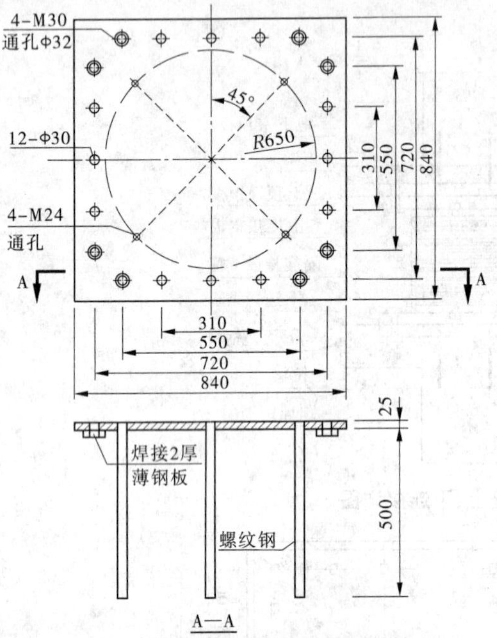

图 11-26 无铅芯支座预埋钢板详图

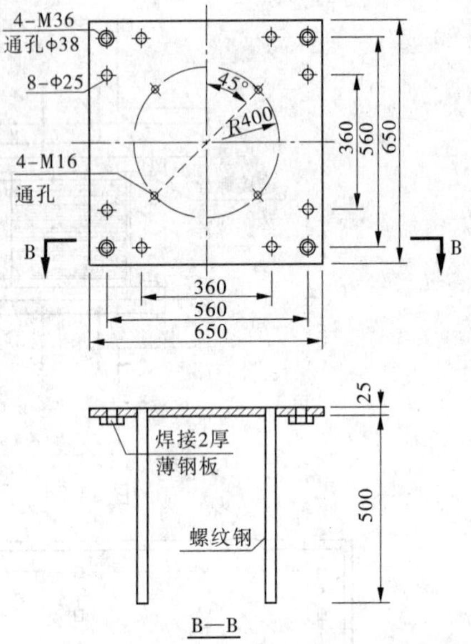

图 11-27 有铅芯支座预埋钢板详图

11.6.3 安装工艺流程

安装工艺流程:下部托换支墩结构施工→隔震垫及上、下预埋钢板进场验收→建立隔震支座的平面控制网→设置下预埋钢板支架→隔震支座预埋钢板锚脚钢筋与柱梁钢筋交叉处的处理、下预埋钢板就位→复核下预埋钢板标高、轴线及水平度,固定下预埋钢板→模板及钢筋安装、混凝土浇捣→安装隔震垫及其上预埋钢板→检查验收、临时保护措施→上部托换支墩结构施工。

详细施工操作如下:

(1)安装支承模板。在下部柱施工至设计标高后,柱混凝土浇捣至隔震垫下预埋钢板锚筋底5 cm,安装拉梁、翼板模板,翼板模板向外加宽800 mm作为安装隔震垫的操作平台,加圈调平后安装拉梁钢筋。

(2)建立隔震支座平面控制网,控制网应做到双向通视,用两台经纬仪同时观测。

①粗定位。在隔震垫柱位焊接一角钢支架,支架与柱梁筋点焊,粗定平面位置及标高,支架尺寸应较隔震垫下预埋钢板每边大1 cm,便于精调时移动。

②确定锚筋下插位置。为了准确了解锚筋在柱、梁内位置,是否触碰梁柱钢筋,应按预埋钢板锚筋位置和不同规格制作几个模型板,如果触碰梁柱钢筋,应调整柱梁钢筋位置。

(3)安装隔震支座预埋板。预埋板放在角钢支架上,精调位置标高使其水平度、平面位置标高小于规范要求。

(4)焊接固定预埋钢板。将预埋钢板分别固定于柱内钢筋并确保在浇捣混凝土时不被移动,再次复核预埋钢板轴线位置、标高、水平度并填写偏差记录表。

(5)绑扎翼板钢筋后,清洗高强螺栓孔,用机械油涂刷螺纹丝口,最后用纸皮埋塞螺孔,粘贴胶带,防止混凝土流入孔内。

(6)支座混凝土浇捣。支座混凝土应使用尽可能小的坍落度并掺 AEA 混凝土微膨胀剂,每层混凝土铺设厚度以不大于 30 cm 为宜,振捣用钢筋分层插捣保证其密实,浇至预埋板面,清除浮浆,用木制圆环套在板口,将混凝土浇至距板面 3 cm,待混凝土初凝收水后凿除。木制圆环套如图 11-28 所示。

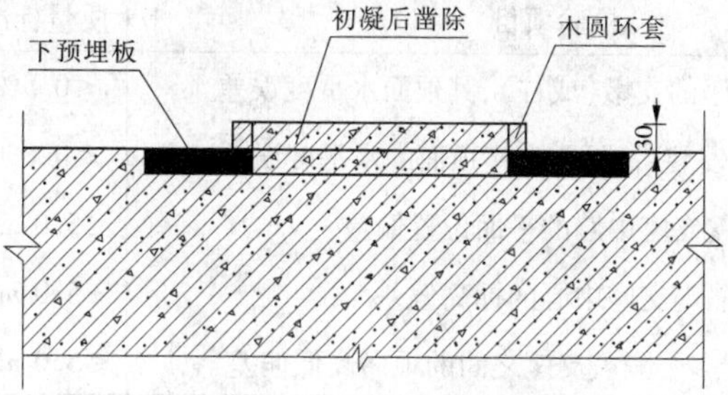

图 11-28　木制圆环套示意图

(7)安装隔震垫。安装前拆除螺栓孔保护纸,进行二次清孔,将隔震垫就位对孔,插入高强螺杆,用力矩扳手将螺栓拧紧至规定设计值。

(8)安装上预埋钢板方法同下预埋钢板,支设上部结构模板,用塑料布对隔震垫实施保护后,按常规施工上部结构。

(9)隔震垫连接板及外露连接螺栓采取防锈保护措施。一般表面可涂黄油防护或涂刷高级防锈漆进行保护。

11.6.4　隔震垫施工、竣工观测

工程施工阶段,应对隔震垫的竖向变形进行观测记录,对上部结构及隔震层部件与周围固定物的脱开距离进行检查;结构每施工一层均应按要求进行变形观测,并随时把观测数据报送设计人员;工程竣工时也应制定和执行对隔震垫进行检查和维护的计划,一般为每半年观测一次。在大楼上设置多个地震加速度检测仪,用以检测隔震层在地震时的消减作用。

11.6.5　隔震垫位置的防火封堵

封堵一般采用钢骨、防火材料将隔震垫位置封平,防火板上下预留 2 mm 用软体材料封填。当需要开设检测、检修孔时应根据设计位置、大小设置。

11.6.6　穿过隔震层的竖向管线处理

所有穿过隔震层的管线、槽、避雷引下线,均要进行特殊处理。直径不大的管线可直接预留一定的伸缩量,直径较大的管线应使用柔性材料使其产生位移时不至于破坏。当管线直径较大且不是很重要,无法使用柔性材料时,可采用室外行走,一旦破坏,容易修复。隔震层给水管接头采用 SRGF 金属软管,鉴于其性能稳定、强度大、扰性好、抗震的疲劳性能好等特点,一旦发生破坏性地震,大楼各类管线的各项功能均能正常工作,这时用水仍能完好运行。所有污水排水管采用离心柔性接口铸铁管的优点:第一,接头采用专用的衬橡胶的不锈钢卡箍接头,管道在一定限度内可以位移,降低了地震时管道被破坏的可能性;第二,管材容易保修、维修;第三,大大缩短了施工工期以及降低了施工成本。

11.6.7 精度要求

隔震垫的安装关键在于调平和轴线位置的控制。施工时,先在下部柱放置下部预埋件,隔震垫水平偏差只允许0.5%,也就是直径300 mm隔震垫允许偏差1.5 mm,直径400 mm隔震垫允许偏差2.0 mm,直径500 mm隔震垫允许偏差2.5 mm。由于平整度要求高,控制难度大,控制好下部预埋件的平整度和轴线位置等于控制好隔震垫的平整度和轴线位置。具体隔震垫施工质量检验及评定标准见表11-2。

表11-2 隔震垫施工质量检验及评定标准

序号	检验项目	质量标准	检验方法及器具
1	支撑隔震支座的支墩(或柱),其顶面水平度误差	≤0.5%	水准仪、塞尺检查
2	在隔震支座安装后,隔震支座顶面的水平度误差	≤0.8%	水准仪、塞尺检查
3	隔震支座中心的平面位置偏差	≤5.0 mm	经纬仪、尺量检查
4	隔震支座中心的标高偏差	±5.0 mm	水准仪
5	同一支墩上多个隔震支座之间的顶面高低偏差	≤5.0 mm	水准仪

11.7 小结

在实际工程中,既有建筑物的隔震加固改造因具体建筑物的情况不同而具有很大的变异性,很难提出通用的施工方法和技术措施。在实际应用时可以参照上述施工步骤进行有针对性的专项设计,保证既有建筑物隔震加固改造工程的安全和有效。本章给出的既有建筑物基础隔震支座安装实例为隔震技术在既有建筑物中的应用提供了实践依据。隔震加固施工的主要步骤是相近的,主要就是托换技术和隔震支座安装工艺的应用。与新建建筑物的隔震施工相比,既有建筑物的隔震施工要复杂得多;与既有建筑物的抗震加固施工相比,两者各有优缺点,抗震施工原理相对简单点,施工步骤的难易程度要视具体工程而论。随着城市经济的发展,一些古建筑可能会影响到城市的规划或建设,需要对其进行移位,此时运用隔震技术对移位古建筑进行加固也是切实可行的。

参考文献

[1] 赵世峰,李爱群,卫龙武,等.江南大酒店平移工程基础隔震设计与地震反应分析[J].建筑结构,2001(12),12-16.
[2] 张新中.建筑物整体移位及隔震加固方法研究[D].西北工业大学,2007,116-123.
[3] 李黎,李健,唐家祥.用隔震技术提高已有建筑的抗震能力[J].华中科技大学学报,2002(3),68-72.
[4] 张文军,席红军,张丽.增强与保证新旧混凝土结合的实践[J].建筑技术开发,2004(4),64,77.
[5] 尚九平,杜永峰.叠层橡胶支座隔震建筑的质量控制[J].工程建设与设计,2006(3),9-11.
[6] 赖寿熹.建筑隔震施工技术[J].福建建筑,2007(1),78-80.

第四篇　建筑物整体移位和基础隔震结构的动力分析

第12章　建筑物整体移位的动力分析

12.1　建筑物整体移位工程全过程受力分析

12.1.1　概述

建筑物整体移位工程中，动力效应是关系到结构安全的重要因素之一，而移动阶段是施工过程中最危险的阶段，因此要保证移位工程安全进行，必须对移动阶段的建筑物进行全过程的受力分析，针对所有可能引起振动或结构失稳的因素进行研究，研究内容包括移位过程中的不同荷载、抗倾覆分析和结构动力分析。

12.1.2　移位过程中的荷载及作用

建筑物整体移位工程设计需考虑的荷载包括恒荷载、楼面（屋面）活荷载、风荷载、地震荷载以及移位所施加的顶推（牵引）水平荷载。而移动过程的关键受力构件——托换加固体系因仅在移动阶段受力而属于临时性构件，因此其相对于永久受力构件可靠度可适当降低，可根据施工中建筑物的现场情况和实际可能出现的各种作用，采用不同的荷载值和荷载组合进行设计计算。

12.1.2.1　竖向一般荷载

恒荷载、楼（屋）面活荷载的取值应按现行标准《建筑结构荷载规范》（GB 50009—2001）的有关规定采用。设计施工中的临时构件时可根据实际情况取其准永久值或乘以一个适当的降低系数。

12.1.2.2　水平动力荷载

水平动力荷载是指在移位工程中沿水平方向施加的动力荷载，其大小可按建筑物的重量、移动系统的摩擦系数确定。对于不同的移位方式和不同的界面材料，摩擦系数差别较大。经过十几年的发展，虽然目前牵引力（顶推力）的确定大多仍旧依靠试验和经验，但是施加动力的方式在不断完善，施力效率在不断提高。

在移位工程施工过程中，建筑物可移动部分承受的水平外力有顶推力（牵引力）和轨道摩擦力。开始移动以前，逐级增大的试推力和静摩擦力 F 相等，建筑物保持不动。当顶推力（牵引力）继续增大到界面的最大静摩擦力 F_{max} 时，建筑物开始移动。移动的一瞬间，摩擦力由静摩擦力 F 减小为动摩擦力 F'，而建筑物此时会出现沿移位方向的突然加速，这也是施力阶段的最不利工况，然后经过调整，顶推力（牵引力）约保持在动摩擦力的数值不动，建筑物作匀速移动。在每一次移动结束，用千斤顶卸荷时，由于建筑物整体仍保持惯性向前移动，为避免一次卸荷振动过大，可采用分级卸荷，延长卸荷时间。顶推力（牵引力）缓慢减小，移动逐渐停止。

从以上分析可以看出使结构产生振动的阶段只有移动加速阶段和卸荷阶段。结构分析时，水平动力荷载在移动加速阶段最大值为静摩擦反力与动摩擦反力之差（$F_{max}-F'$），卸荷阶段对结构产生影响的动力荷载值取分级卸荷的最大一级荷载。

12.1.2.3　风荷载

风荷载在设计建筑物的永久构件时应按新建建筑物取值，在设计建筑物移动施工过程中的中间构件时，可按 10 年一遇取值。然后根据现行《建筑结构荷载规范》(GB 50009—2001)相关规定计算基本风压，高耸结构和高柔结构应根据规范规定条件考虑风振系数。

12.1.2.4　振动荷载

振动荷载主要包括地脉动荷载和周围环境传来的振动荷载(如汽车、打桩机工作产生的振动等)。另外，迁移过程中，动力荷载加荷、卸荷，顶推千斤顶失稳，牵引钢索应力释放，调整滚轴的锤击等都将在移动的建筑物上产生振动，这些振动荷载的大小很难确定，目前缺乏足够的统计数据，建议按现场的动态监测结果取值。

12.1.2.5　地震作用

新建建筑物的设计基本地震加速度指的是 50 年设计基准期内超越概率 10% 的地震加速度的设计取值。由于建筑物整体移位施工工期为 1 至 6 个月，远小于建筑物的设计基准期，在此期间内超越概率 10% 的地震加速度远小于设计基本地震加速度，甚至可以忽略不计，因此在设计建筑物移动施工过程中的临时构件时，可不考虑地震作用。

在设计建筑物的永久构件时，设计基本地震加速度应按新建建筑物取值。为预防迁移过程中恰巧遇到地震对建筑物安全产生不利影响，应进行地震作用下建筑物的倾覆验算和结构内力分析。地震作用的取值按多遇地震烈度进行。

12.1.3　抗倾覆分析

12.1.3.1　风荷载作用下的抗倾覆分析

建筑物整体移位工程中，在风荷载作用下，最不利状态是上部结构和基础全部分离以后，建筑物处于"无根"状态时。此时建筑物的底层墙体或框架柱下部与基础的连接方式已经由刚结点转变为水平位移方向可自由滚(滑)动的方式，在较大的风力作用下上部结构的内力和墙(柱)底固定时相比发生显著变化，产生倾覆破坏的可能性大大增加。文献[1]对 10 层(30 m)以下的建筑物进行风荷载作用下的倾覆分析，根据《建筑结构荷载规范》(GB 50009—2001)，忽略风振系数的风荷载为

$$q = w_k = \mu_S \mu_Z w_0 \tag{12-1}$$

对如图 12-1 所示的移位建筑物来说，沿高度对 q 积分，即得建筑物沿垂直于移位方向单位长度的倾覆力矩：

$$S = \int_0^H qZ\mathrm{d}Z = \int_0^H \mu_S \mu_Z w_0 Z\mathrm{d}Z \tag{12-2}$$

设建筑物沿垂直于移位方向单位长度的抗倾覆力矩 $R = GB/2$，定义安全系数 $K = R/S$。根据图 12-1 和计算方法，分别计算出不同地面粗糙度类别，不同高宽比、不同风压时安全系数 K 的大小。设风荷载作用下倾覆安全系数 K 的控制指标为 1.5，可以得出如下结论：

(1)20 m 以下的建筑物整体移位工程可不考虑风荷载作用下的倾覆。

(2)30 m 以下的建筑物在两种情况下需要进行验算：①高宽比 $H/B > 5$ 且处于 A 类地面粗糙度地区；②处于 B 类地面粗糙度地区，$H/B \geq 6$ 且基本风压大于 0.8 kN/m^2。

高耸结构的高度往往超过 30 m，高宽比较大，风振计算时风振系数不可忽略，因此倾覆验算一般不能满足，这时可采取两种措施避免发生倾覆。

(1)加大托换加固梁高度并在两端挑出适当距离，增加 B 的值，如图 12-2 所示。

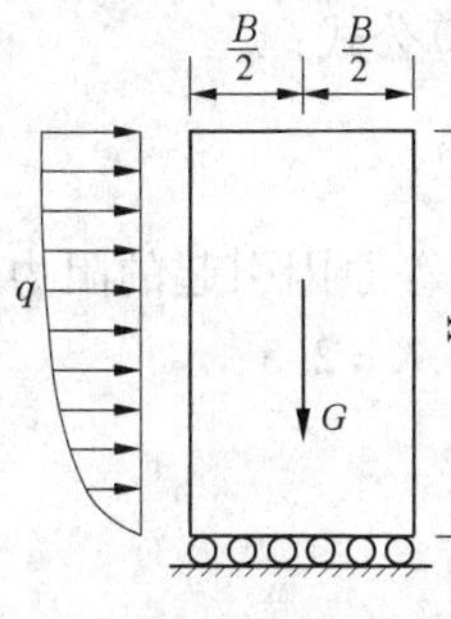

图 12-1　移位建筑物抗倾覆分析简图

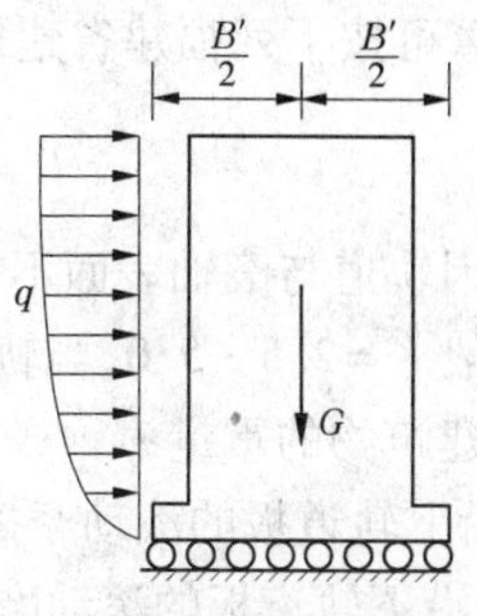

图 12-2　托换底盘挑梁抗倾覆构造示意图

(2)上部结构和基础切割分离后,在较大风荷载作用下,要严格监测建筑的振动并加以控制。而移位施工是可能引起建筑物振动的最主要原因。因此,应根据当地的气象资料合理安排施工时间,避免在大风天气进行移位施工。

12.1.3.2　水平动力荷载作用下的防倾覆分析

建筑物整体移位过程中,建筑物开始移动时的瞬间振动较大,为倾覆验算的最不利状态。摩擦力由最大静摩擦力瞬间变为动摩擦力,相当于建筑物可移动部分受到大小为($F_{max}-F'$)的水平动力荷载,即最大静摩擦力与动摩擦力之差

$$\Delta F = F_{max} - F' \tag{12-3}$$

对于高度不超过 30 m 的质量和刚度分布均匀的建筑物,可简化为如图 12-3 所示的结构,其允许高宽比的限值和层数、最大静摩擦力 F_{max} 和动摩擦力 F' 有以下的关系:

$$\frac{H}{B} \leqslant \frac{Gn\sum_{i=1}^{n} i}{2K(F_{max}-F')\sum_{i=1}^{n} i^2} \tag{12-4}$$

式中　n——建筑物的层数;

K——安全系数,建议取 1.5。

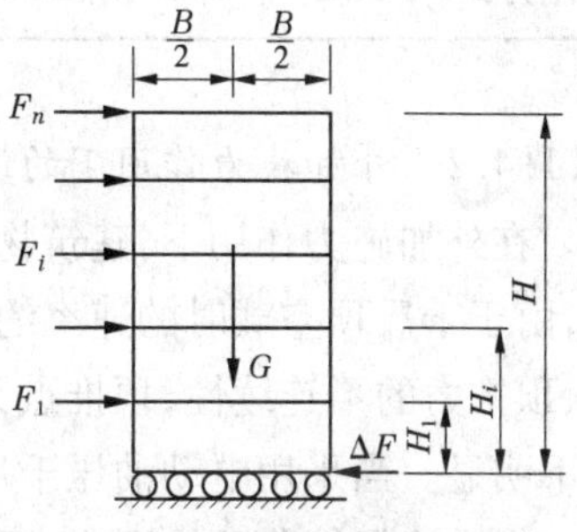

图 12-3　建筑物初始移动状态抗倾覆验算计算简图

12.1.4　移动过程中的受力分析

在建筑物整体移位工程中,几乎每一个环节和动作都会对结构产生一定的振动激励,如托换底盘的制作、墙体(柱)的切断、顶升、平移施力等,这些振动都可能危及结构的安全。特别在空间刚度差、结构强度不高的建筑物的移位工程中,这种不利影响尤为明显。

目前解决此问题大多仅依靠加强监测和对监测结果的分析。例如对结构加速度的监测、移位同步情况的监测、托换构件的应力应变监测、轨道平整度和沉降的监测等,但是对于保障工程安全来说,这些监测数据和分析具有很大的滞后性。因此,对移动过程进行模拟仿真分析尤为重要,已经引起广大工程技术人员的重视。通过分析移位过程中施力加速度、同步移位差、轨道变形在托换结构和原建筑物中产生的移位应力,找出这些不利因素,合理地设计允许值。

12.1.4.1　外加动力的选择及计算确定

外加动力是指对建筑物实施移位时所需施加的外界力,它一般可分解成若干移位分力,其总和等于或大于移位所需要的动力。外加施力 N 的大小与建筑物的重量、行走机构材料

等有关,其计算可按下列福建省建筑科学研究院建议的计算公式:

$$N = K \times \frac{Q(f + f')}{2R} \quad (\mathrm{kN}) \tag{12-5}$$

式中 K——因轨道与滚轴表面不平及滚轴方向偏位不正等原因引起的阻力增大系数,一般 $K = 2.5 \sim 5.0$,当轨道板与滚轴均为钢材时,$K = 2.5$;

Q——建筑物的重量;

f——沿上轨道板的滚动摩擦系数;

f'——沿下轨道板的滚动摩擦系数;

R——滚轴半径。

f、f'取值见表 12-1,上下轨道板材料相同时,$f = f'$,则 $N = K\frac{Qf}{R}$。

表 12-1 滚动摩擦系数 $f(f')$ 值(钢与钢)

摩擦条件	启动时		运动中	
	无油	涂油	无油	涂油
压力较小时	0.15	0.11	0.11	0.08 ~ 0.10
压力≥100 MPa	0.15 ~ 0.25	0.11 ~ 0.12	0.07 ~ 0.09	—

12.1.4.2 外加施力作用下的运动分析

在外加施力作用下,建筑物开始移动。在实际施工中,当采用手动千斤顶提供外加动力时,由于千斤顶空载时的速率约为 0.2 mm/s,重载时的速率约为空载时的 1/3,加上人为因素、顶推力的不连续性,顶推点无法保持同步,推进时似撬杆作用,建筑物移动速率缓慢,位移不明显。当采用电动油压千斤顶时,顶推力在某一段时间内是连续的、均匀的,并可以采取一定措施保持各顶推同步,因此移位速度可以达到 150 mm/min,顶推时可明显观察出建筑的移动。

建筑物移位中,结构在外加动力和摩擦力的作用下,处于变速运动状态,相应地,结构内部构件也将由于运动而产生额外的应力(即移位应力)。建筑物由静止到运动,由运动到静止,都将产生一个加速度,该加速度会对建筑物上部结构产生一个剪应力,导致建筑物前后倾斜与晃动。当加速度过大时,可能产生的剪应力将超过建筑物本身结构的抗剪能力,导致建筑物构件开裂,出现水平裂缝,从而降低建筑物的整体性和安全性,这对砌体结构尤为明显。移位应力很难在原设计时精确计算出,因此施工时必须对建筑物结点进行受力分析,估算应力值,以确定移位过程不会危及建筑物的稳定性。为确保结构的安全,移位速度当然是越慢越好;但对施工而言,移位速度却是越快越好。如何确定移位速度也是目前建筑物移位中的一个难题,通过对结构进行动力分析可以为建筑物移位提供一个合理的速度。

12.1.4.3 工程实例分析

某学校 4 层学生宿舍楼,砖混结构,总长 36.00 m,宽 19.20 m,层高为 3.30 m,见图 12-4。

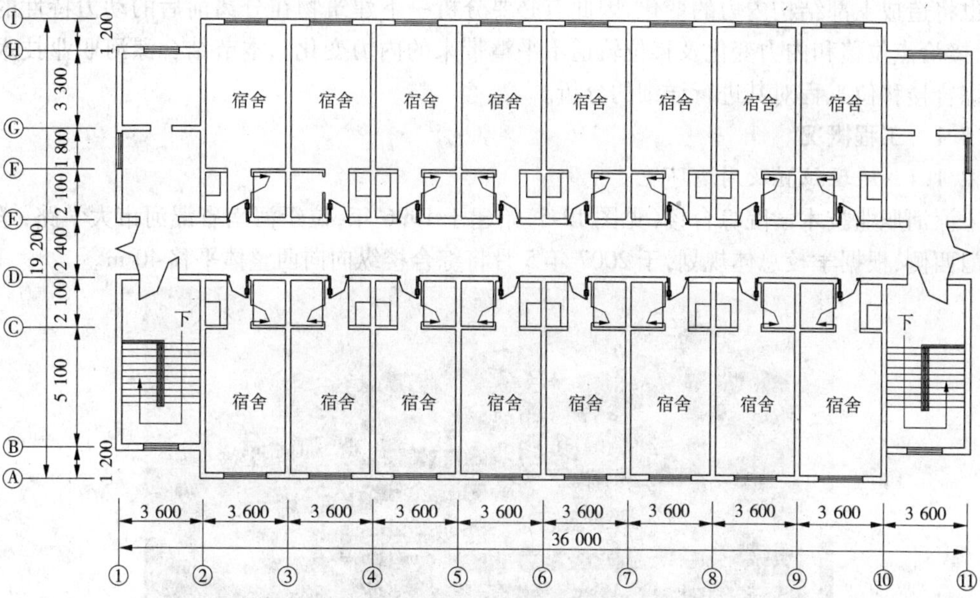

图 12-4　首层建筑平面图

由于学校规划需要，该宿舍楼需要向北平移 20 m，为了确定移位工程的最大加速度，利用 PKPM 软件对移位工程中的建筑物进行动力时程分析。假定地基为一刚体，建筑物上部结构作为一个整体通过滚轴在轨道梁上滚动或者滑动。通过实际施工经验发现，当采用油压千斤顶进行移位时，建筑物的移动是按均匀加速度进行的。前 30 s 为加速过程，后 30 s 为减速过程，当每分钟移动 150 mm 时，加速度为 0.17 mm/s^2。加速度反应谱长度为千斤顶一个回程，即 60 s。若原建筑物按 6 度抗震设防，相应地把移位加速度放大到 350 mm/s^2，进行时程分析，得到各楼层剪力，计算的结果见表 12-2。

表 12-2　各楼层剪力

层数	V_1(kN)	V_2(kN)	V_1/V_2(%)
四层	338	495	68.3
三层	715	902	79.3
二层	958	1 197	80.0
一层	1 060	1 275	83.1

注：V_1 为按砌体结构抗震规范验算的原建筑地震剪力允许值；V_2 为平移加速度放大到 350 mm/s^2 时各层剪力值。

从表 12-2 中可见，当移位加速度放大至 350 mm/s^2 时，其楼层剪力大于原设计地震剪力，但实际移位加速度远小于地震时的加速度，仅达到 0.05%，因此楼层剪力也是极微小的，从而在施工中，人员在建筑物内无明显感觉。建筑物移位可用的最大移位加速度，应保证各楼层剪力均小于原设计的地震剪力，可以按照下式计算：

$$\alpha_{max} = 68.3\% \times 350 = 239(mm/s^2)$$

12.2　建筑物整体移位过程的动力分析实例

对于移位建筑物，受移位加固的影响，结构的受力性能略有改变，并且移位轨道的不平整也将造成上部结构内力的变化,因此有必要分析一下建筑物在分离前后的动力特性的变化、接洽点位移和内力变化及移位轨道不平整带来的内力变化。本节结合漯河职业技术学院综合楼移位工程对其进行详细的分析。

12.2.1 工程概况

12.2.1.1 地理位置及周边环境

漯河职业技术学院综合楼(见图12-5)始建于1996年,位于河南省漯河市大学路,学院大门西侧,根据学校总体规划,于2007年5月将综合楼纵向向西整体平移40 m。

图12-5 漯河职业技术学院综合楼实景图

12.2.1.2 建筑及结构概况

本建筑为学校综合楼,内设有办公室、教室、图书阅览室等用房,总建筑面积约为5 355 m^2,楼长82.24 m,宽8.5 m,高6层,局部7层,层高均为3.6 m,框架结构,最高点标高27.4 m,移位总质量估算约12 000 t。框架柱下为钢筋混凝土独立基础,砖墙为毛石条形基础。行列共计64根柱,底层柱最大柱断面为500 mm×500 mm。图12-6为综合楼首层平面布置图。

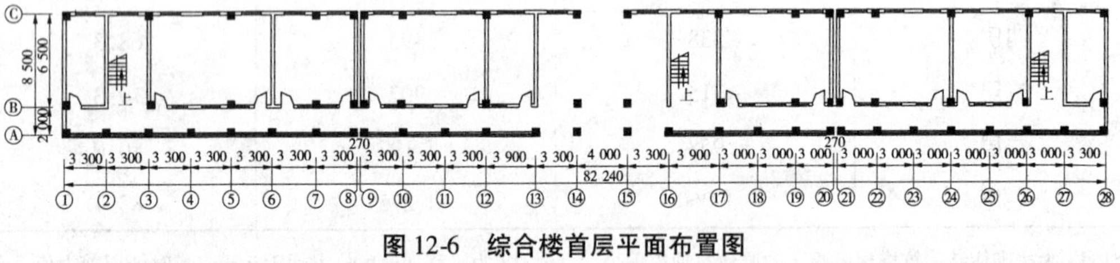

图12-6 综合楼首层平面布置图

12.2.1.3 工程特点和难点

(1)该建筑纵向长度较大(楼长82.24 m),其移动规模较大,因此对其托换设计、轨道设计及地基处理提出了更高的要求。

(2)该工程建筑长度及移动距离(需向西平移40 m)均较长,纵向刚度较差,移位过程中需避免不均匀沉降,且对移位设备的同步控制要求较高,以此才能保证结构的安全性和稳定性。

(3)本建筑中间设有两条伸缩缝,在进行建筑结构的墙柱切割之后,自基础往上全部分离,相当于同时移动3栋独立的建筑,难度之大,前所未有。

12.2.2 结构模型设计

建模过程中,框架梁、柱采用空间杆系单元,按照实际尺寸建立,材料采用钢筋混凝土。楼板厚度为 120 mm,采用 C30 混凝土。托换梁系根据实际工程设计图纸,并将双肢托换梁合并为单肢进行布置,采用 C30 混凝土,认为托换梁对柱及墙的连接可靠,没有相对变形。

本移位工程的建筑物自重约为 12 000 t,高度为 27.4 m,综合考虑各种影响因素,最后选定滑动移位的方案,如图 12-7 所示。

滑动方式的移动是通过上、下轨道梁的钢板和钢轨(一般用起重机钢轨)之间的相对滑动来实现建筑物的移位。其优点是:①平移时比较平稳;②偏位时易于调整,便于纠偏,适用于高精度同步控制系统;③平移安全,抗振动、抗风荷、抗突发性地震能力强;④液压千斤顶在行走时能够自动调整高程,对下滑道的平整度要求相对较低。其不足之处是:平移时对计算机控制系统要求相对较高,平移造价高,移位阻力大。在每条轴线两侧各均匀布置一个滑块(如图 12-8 所示)。建模过程中,假设柱下只布置一个滑块。

图 12-7 移位轨道

图 12-8 柱下滑块支撑

墙柱切割分离前,上部结构通过首层柱与基础相连,底部约束情况一般视为刚接。当上部结构分离后,上部结构与结构托换梁系相连,托换梁系通过滑块与轨道基础相连。在移动方向上,滚动摩擦力很小,建筑物成为可移动体;在与移动方向垂直的方向上,建筑物与滑块之间的摩擦力很大,几乎不能产生滑移,但可竖向转动,可视为铰支座。按照结构墙体等自重对各构件进行加载,由于移位过程中本综合楼未进行使用,故不考虑活荷载影响,且移位为一个短暂过程,没有考虑风、地震等其他外荷载作用,结构计算分析模型见图 12-9。

图 12-9 结构计算分析模型

12.2.3　模型结构的动力特性

建筑物在旋转、移位过程中要承受千斤顶的周期性作用,首先要确定加外力的作用频率,以避免与建筑物的固有频率过于接近而引起共振,因此需要先确定建筑物的自振频率。为了尽可能准确地确定建筑物的自振频率,通过计算机运用 SAP 2000 有限元软件建立模型后进行模态分析,确定其固有频率。

(1)通过有限元软件分析求频率。利用商用有限元软件进行分析计算,得出结构的前十个周期和频率值如表 12-3 所示,前三个频率相应的振型图分别如图 12-10 ~ 图 12-12 所示。

表 12-3　分离前结构的动力特性

振型	周期(s)	频率(Hz)	圆频率(rad/s)	特征值
1	1.116 588	0.895 59	5.627 1	31.665
2	1.039 873	0.961 66	6.042 3	36.509
3	0.964 142	1.037 2	6.516 9	42.470
4	0.942 789	1.060 7	6.664 5	44.415
5	0.883 556	1.131 8	7.111 2	50.570
6	0.881 696	1.134 2	7.126 3	50.783
7	0.811 240	1.232 7	7.745 2	59.988
8	0.800 697	1.248 9	7.847 1	61.578
9	0.722 405	1.384 3	8.697 6	75.648
10	0.366 078	2.731 7	17.164	294.59

图 12-10　第一振型图

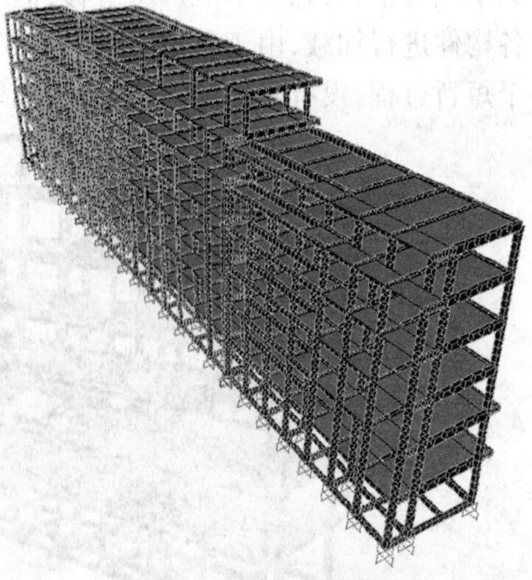

图 12-11　第二振型图

(2)梁单元模型补充分析。上面所用的模型是把约束当做固定端考虑的,但实际上托换梁系只能部分约束柱的旋转,其约束力应该介于固定端和铰支两种约束之间。为了更准

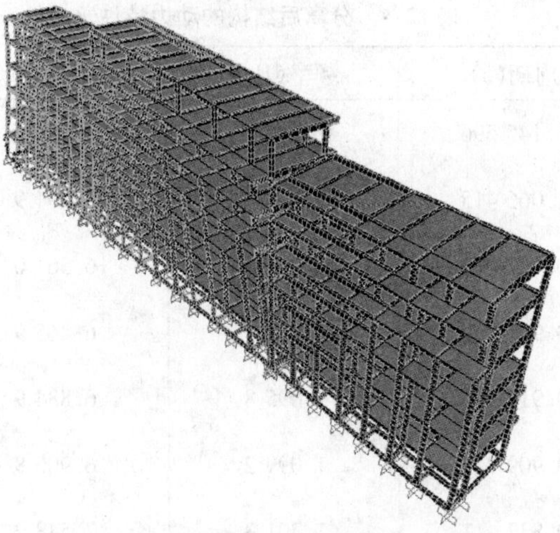

图 12-12　第三振型图

确地确定出结构的固有频率值，应该把上述模型中的固定支座改为铰支座后再次对模型进行分析，以得出固有频率的另一个临界值。但实体单元不能较好地模拟铰支座，因此这里采用梁单元建模。

(3)固有频率表取值。通过有限元软件分析求得的第三振型是结构模型沿长轴方向的侧移，也就是综合楼平移的前进方向。按固定端约束计算的第三振型相对应的频率值为1.037 2 Hz；按铰支座计算的第三振型所对应的频率值为1.012 4 Hz，二者较为接近，结构模型的固有频率值介于1.037 2 Hz与1.012 4 Hz之间。

12.2.3.1　分离前结构的动力特性

建立结构整体模型，未对建筑结构的墙柱进行切割时，上部结构通过首层柱与基础相连，底部约束情况一般视为刚接，托换梁系与上部结构共同作用，对结构进行模态分析，得出结构的动力特性见表12-3。

12.2.3.2　分离后结构的动力特性

当完成墙柱切割时，结构受力发生变化，主要体现在以下几方面：

(1)上部结构与基础分离后，上部结构荷载传递路线发生变化。分离前荷载通过底层柱或承重墙传递给基础，然后传给地基；分离后荷载传递路线为：底层柱承重墙→托换底盘→滚轴→轨道→轨道基础→地基。

(2)上部结构支座约束发生变化。分离前，上部结构通过首层柱或墙体与基础相连，底部约束情况一般视为刚接。当上部结构分离后，上部结构与结构托换底盘相连(托架)，托架通过滑块与轨道基础相连。在移动方向上，滚动摩擦力很小，建筑物成为可移动体；在与移动方向垂直的方向上，建筑物与滑块之间的摩擦力很大，几乎不能产生滑移，但可竖向转动，可视为铰支座。

(3)底层层高发生变化。结构计算时，底层计算层高一般从基础顶面计算；结构分离后，由于托换底盘具有相当大的平面内刚度，首层计算高度按托换底盘上表面到二层楼面距离计算。

建筑结构整体移位阶段，墙柱已完成切割，托换梁系与上部结构共同作用，重新计算得到结构的动力特性见表12-4。

表 12-4　分离后结构的动力特性

振型	周期(s)	频率(Hz)	圆频率(rad/s)	特征值
1	1.145 596	0.872 91	5.484 6	30.081
2	1.066 415	0.937 72	5.891 9	34.714
3	0.987 772	1.012 4	6.361 0	40.462
4	0.971 736	1.029 1	6.465 9	41.808
5	0.912 599	1.095 8	6.884 9	47.402
6	0.909 715	1.099 2	6.906 8	47.703
7	0.832 411	1.201 3	7.548 2	56.975
8	0.825 821	1.210 9	7.608 4	57.888
9	0.743 007	1.345 9	8.456 4	71.511
10	0.376 610	2.655 3	16.684	278.34

平移阶段，建筑上部结构与结构托换梁系相连，由滑块支撑，与下轨道连接，底层结构传力机制发生变化，建筑结构周期比墙柱切割前稍微增大，增幅见表 12-5。

表 12-5　结构周期增幅

振型	1	2	3	4	5	6	7	8	9	10
分离后周期增幅(%)	2.63	2.55	2.45	3.07	3.29	3.18	2.61	3.14	2.85	2.88

12.2.4　切割墙柱前后结构的位移和内力变化

12.2.4.1　切割墙柱前后托换梁与柱连接结点的位移反应

在平移前，尚未对墙柱进行切割。托换梁系与上部结构共同作用，托换梁与柱的接合点位置见图 12-13。

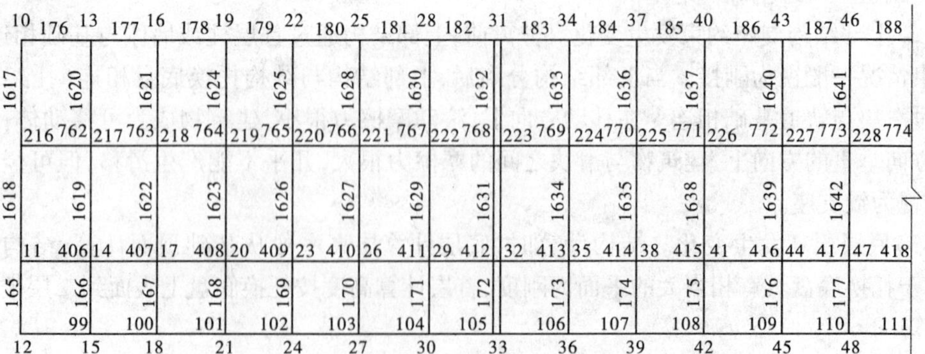

图 12-13　托换梁与柱的接合点位置

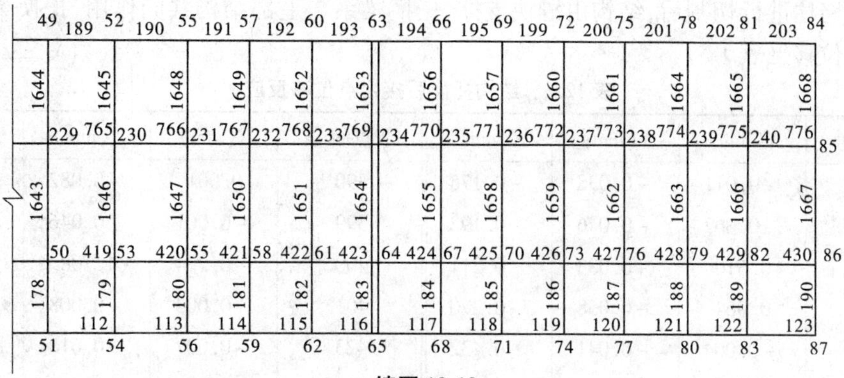

续图 12-13

切割前托换梁系与柱的接合点的位移见表 12-6。

表 12-6　结构托换前接合点位移反应

节点编号	X(mm)	Y(mm)	Z(mm)	节点编号	X(mm)	Y(mm)	Z(mm)
40	0.002	-0.012	-0.120	390	0.007	-0.061	-0.250
41	0.001	-0.006	-0.210	399	-0.010	-0.061	-0.157
42	0.005	-0.002	-0.110	400	-0.011	-0	-0.305
64	0.002	-0.018	-0.020	401	-0.005	-0	-0.077
83	0.003	-0.014	-0.130	423	-0.010	-0.018	-0.248
84	0.006	-0	-0.262	463	-0.013	-0.048	-0.193
85	0.005	-0.014	-0.102	464	-0.010	-0.005	-0.146
106	0.002	-0	-0.112	484	-0.029	-0.061	-0.082
125	0.002	-0.060	-0.130	485	-0.008	-0	-0.311
126	0.010	-0.063	-0.216	486	-0.029	-0.042	-0.280
127	0.001	-0.061	-0.102	487	0.015	-0.005	-0.252
147	0.002	-0	-0.090	524	-0.003	-0.011	-0.130
148	-0.010	-0.007	-0.058	525	-0.018	-0	-0.310
167	0.007	0.003	-0.060	526	0.014	-0.024	-0.120
168	0.010	0.009	-0.196	545	-0.020	-0.035	-0.290
169	0.002	0.007	-0.040	546	0.006	-0	-0.110
188	0.010	0.006	-0.120	547	-0.009	-0.045	-0.526
189	0.013	0.002	-0.540	629	0.011	-0.008	-0.090
190	-0.009	-0.001	-0.070	630	-0.016	-0.018	-0.230
209	-0.009	-0.007	-0.035	631	0.014	-0.005	-0.060
210	-0.009	-0	-0.190	652	-0.013	-0.051	-0.190
211	0.018	-0	-0.140	671	0.007	-0.007	-0.044
293	-0.003	-0.015	-0.080	672	-0.010	-0.016	-0.140
294	-0.008	-0.015	-0.210	673	-0.013	-0.011	-0.046
295	0.022	-0.003	-0.080	692	-0.011	-0.004	-0.392
316	-0.023	-0.008	-0.190	693	-0.010	-0.034	-0.236
335	0.007	-0.003	-0.070	694	-0.010	-0.044	-0.031
336	-0.019	-0.021	-0.170	713	-0.006	-0.051	-0.224
337	0.004	-0	-0.060	714	-0.009	-0	-0.167
358	-0.016	-0	-0.140	736	0.018	-0.008	-0.019
377	0.014	-0.005	-0.015	757	-0.003	-0.007	-0.115
378	-0.003	-0.015	-0.100	758	0.001	-0.061	-0.024

结构墙柱进行切割后，结构由滑块支撑，托换梁系与上部结构共同作用，托换梁系与柱接合点的位移见表12-7。

表12-7 结构托换后接合点位移反应

节点编号	X(mm)	Y(mm)	Z(mm)	节点编号	X(mm)	Y(mm)	Z(mm)
40	-0.011	-0.038	-0.175	390	0.001	-0.082	-0.345
41	-0.062	-0.046	-0.192	399	-0.001	-0.046	-0.191
42	0.510	-0.033	-0.211	400	-0.234	1.108	-0.305
64	0.064	-0.058	-0.270	401	-0.003	-0.008	-0.197
83	-0.004	-0.041	-0.432	423	-0.007	-0.618	-0.285
84	0.072	-0.047	-0.622	463	-0.030	-0.080	-0.283
85	-0.065	0.044	-0.720	464	-0.001	-0.052	-0.346
106	0.032	-0.060	-0.821	484	-0.005	-0.066	-0.028
125	-0.051	0.025	-0.301	485	-0.002	-0.001	-0.331
126	0.060	-0.036	-0.616	486	-0.004	-0.048	-0.580
127	0.071	-0.061	-0.252	487	0.005	-0.205	-0.552
147	-0.072	0.080	-0.309	524	-0.030	-0.161	-0.318
148	-0.078	-0.070	-0.658	525	-0.001	-0.072	-0.410
167	0.007	0.030	-0.220	526	0.004	-0.804	-0.620
168	0.056	0.196	-0.266	545	-0.043	-0.053	-0.590
169	0.020	0.070	-0.315	546	0.083	-0.051	-0.737
188	0.201	0.060	-0.202	547	-0.057	-0.080	-0.652
189	0.313	0.042	-0.450	629	0.084	-0.800	-0.291
190	-0.090	-0.016	-0.237	630	-0.134	-0.270	-0.351
209	-0.132	-0.070	-0.135	631	0.105	-0.550	-0.307
210	-0	-0.018	-0.116	652	-0.042	-0.526	-0.901
211	0.318	-0.007	-0.301	671	0.070	-0.053	-0.404
293	-0.430	-0.251	-0.308	672	-0.201	-0.061	-0.714
294	-0.258	-0.051	-0.321	673	-0.310	-0.811	-0.406
295	0.222	-0.007	-0.280	692	-0.601	-0.204	-0.329
316	-0.332	-1.208	-0.192	693	-0.201	-0.304	-0.623
335	0.450	-0.103	-0.607	694	-0.071	-0.404	-0.031
336	-0.091	-0.525	-0.371	713	-0.086	-0.501	-0.422
337	0.034	-0.006	-0.406	714	-0.029	-0.160	-0.617
358	-0.061	-0.350	-0.214	736	0.218	-0.084	-0.519
377	0.401	-0.505	-0.501	757	-0.316	-0.507	-0.511
378	-0.023	-0.105	-0.310	758	0.010	-0.361	-3.224

根据《建筑地基基础设计规范》(GB 50007—2002)，对于框架结构相邻柱基的沉降差允许值为0.002倍的柱中心距。但此限值是建筑物的最终沉降差，考虑到结构在原基础上切

断柱根时有可能已经产生了部分沉降差，结构中也已经产生了附加应力，因此平移中的沉降差限值应比规范中规定的限值更严格，建议允许沉降差取为0.001 5L（L为相邻柱基的中心距离）。

由表12-8托换梁系与柱接合点处切割前后位移变化数据可知，结构模型墙柱进行切割后，结构传力方式发生变化，但是各接合点位移值变化非常小，都在2 mm以内，此时结构的变形完全满足规范要求，认为对结构的托换是安全的。

表12-8　接合点位移的差值

节点编号	ΔX(mm)	ΔY(mm)	ΔZ(mm)	节点编号	ΔX(mm)	ΔY(mm)	ΔZ(mm)
40	-0.013	-0.026	-0.055	390	-0.006	-0.021	-0.095
41	-0.063	-0.040	0.018	399	0.009	0.015	-0.034
42	0.505	-0.031	-0.101	400	-0.223	1.108	0
64	0.062	-0.040	-0.250	401	0.002	-0.008	-0.120
83	-0.007	-0.027	-0.302	423	0.003	-0.600	-0.037
84	0.066	-0.047	-0.360	463	-0.017	-0.032	-0.090
85	-0.070	0.058	-0.618	464	0.009	-0.047	-0.200
106	0.030	-0.060	-0.709	484	0.024	-0.005	0.054
125	-0.053	0.085	-0.171	485	0.006	-0.001	-0.020
126	0.050	0.027	-0.400	486	0.025	-0.006	-0.300
127	0.070	0	-0.150	487	-0.010	-0.200	-0.300
147	-0.074	0.080	-0.219	524	-0.027	-0.150	-0.188
148	-0.068	-0.063	-0.600	525	0.017	-0.072	-0.100
167	0	0.027	-0.160	526	-0.010	-0.780	-0.500
168	0.046	0.187	-0.070	545	-0.023	-0.018	-0.300
169	0.018	0.063	-0.275	546	0.077	-0.051	-0.627
188	0.191	0.054	-0.082	547	-0.048	-0.035	-0.126
189	0.300	0.040	0.090	629	0.073	-0.792	-0.201
190	-0.081	-0.015	-0.167	630	-0.118	-0.252	-0.121
209	-0.123	-0.063	-0.100	631	0.091	-0.545	-0.247
210	0.009	-0.018	0.074	652	-0.029	-0.475	-0.711
211	0.300	-0.007	-0.161	671	0.063	-0.046	-0.360
293	-0.427	-0.236	-0.228	672	-0.191	-0.045	-0.574
294	-0.250	-0.036	-0.111	673	-0.297	-0.800	-0.360
295	0.200	-0.004	-0.200	692	-0.590	-0.200	0.063
316	-0.309	-1.200	-0.002	693	-0.191	-0.270	-0.387
335	0.443	-0.100	-0.537	694	-0.061	-0.360	0
336	-0.072	-0.504	-0.201	713	-0.080	-0.450	-0.198
337	0.030	-0.006	-0.346	714	-0.020	-0.160	-0.450
358	-0.045	-0.350	-0.074	736	0.200	-0.076	-0.500
377	0.387	-0.500	-0.486	757	-0.313	-0.500	-0.396
378	-0.020	-0.090	-0.210	758	0.009	-0.300	-3.200

12.2.4.2　墙柱切割前后首层核心柱柱底的内力反应

结构模型在整体结构墙柱切割以后，首层柱由托换梁系支撑，首层柱传力方式发生改变，建筑结构的首层核心柱即承受较大荷载的柱柱底内力变化数值见表 12-9 ~ 表 12-11。

表 12-9　墙柱切割前核心柱的内力值

节点编号	N(N)	M_1(N·m)	M_2(N·m)	M_3(N·m)
40	544 023.13	-14 787.02	-11 739.37	44.71
41	445 017.01	20 194.34	-10 676.84	38.67
42	184 073.52	4 122.49	-1 820.16	43.17
209	523 633.11	-9 325.90	-1 965.63	19.39
210	383 217.37	14 189.54	-2 112.79	18.75
211	110 459.63	2 013.92	-2 187.95	5.73
377	880 091.35	-20 567.43	12 682.81	8.92
378	683 103.94	23 892.76	7 989.55	18.90
380	293 106.42	2 307.44	-1 341.76	12.61
399	860 191.43	-20 171.00	-11 311.40	19.79
400	670 928.51	23 353.44	-7 418.99	9.46
401	289 893.98	2 287.15	1 749.97	15.92
524	508 099.71	-9 973.74	1 473.58	11.55
525	359 512.15	13 043.12	2 028.18	10.86
526	154 101.22	2 922.81	1 893.25	12.79
713	538 028.29	-15 306.96	15 747.08	-52.24
714	428 982.07	19 727.24	10 332.26	-46.41
758	169 122.04	4 325.54	1 802.00	-52.09

表 12-10　墙柱切割后核心柱的内力值

节点编号	N(N)	M_1(N·m)	M_2(N·m)	M_3(N·m)
40	542 496.31	0	0	0
41	454 502.61	0	0	0
42	175 570.99	0	0	0
209	521 615.44	0	0	0
210	386 502.47	0	0	0
211	105 259.18	0	0	0
377	878 788.30	0	0	0
378	694 268.66	0	0	0
380	285 011.46	0	0	0

续表 12-10

节点编号	N(N)	M_1(N·m)	M_2(N·m)	M_3(N·m)
399	858 614.01	0	0	0
400	681 379.55	0	0	0
401	282 178.48	0	0	0
524	506 028.24	0	0	0
525	362 090.64	0	0	0
526	149 718.13	0	0	0
713	535 666.15	0	0	0
714	438 282.77	0	0	0
758	160 210.29	0	0	0

表 12-11　墙柱切割前后核心柱的内力变化值

节点编号	ΔN(N)	ΔM_1(N·m)	ΔM_2(N·m)	ΔM_3(N·m)
40	-1 526.82	14 787.02	11 739.37	-44.71
41	9 485.60	-20 194.34	10 676.84	-38.67
42	-8 502.53	-4 122.49	1 820.16	-43.17
209	-2 017.67	9 325.90	1 965.63	-19.39
210	3 285.10	-14 189.54	2 112.79	-18.75
211	-5 200.45	-2 013.92	2 187.95	-5.73
377	-1 303.05	20 567.43	-12 682.81	-8.92
378	11 164.72	-23 892.76	-7 989.55	-18.90
380	-8 094.96	-2 307.44	1 341.76	-12.61
399	-1 577.42	20 171.00	11 311.40	-19.79
400	10 451.04	-23 353.44	7 418.99	-9.46
401	-7 715.50	-2 287.15	-1 749.97	-15.92
524	-2 071.47	9 973.74	-1 473.58	-11.55
525	2 578.49	-13 043.12	-2 028.18	-10.86
526	-4 383.09	-2 922.81	-1 893.25	-12.79
713	-2 362.14	15 306.96	-15 747.08	52.24
714	9 300.70	-19 727.24	-10 332.26	46.41
758	-8 911.75	-4 325.54	-1 802.00	52.09

由表 12-9 ~ 表 12-11 可知，结构首层核心柱在传力机制发生变化后，其柱底反应仍处于安全范围，整体结构在墙柱切割后仍处于安全状态。

12.2.4.3　切割墙柱前后关键节点内力及位移反应

根据结构模型及建筑原型受力情况，选取⑨ ~ ⑳轴线范围内承受最大荷载柱一层到三层柱底节点为关键节点，关键节点位置见图 12-14 ~ 图 12-16。

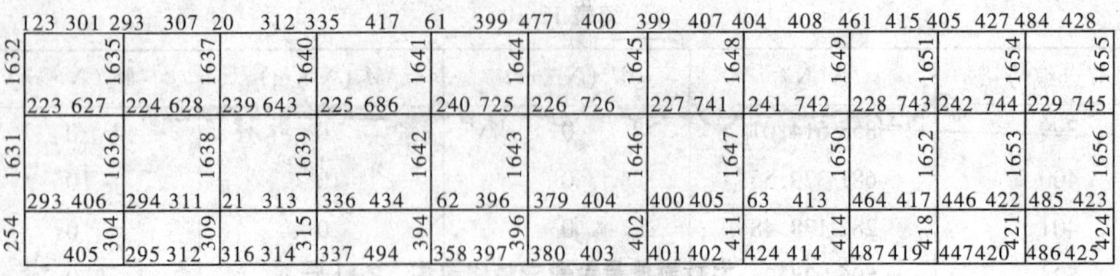

图 12-14　一层柱底关键节点

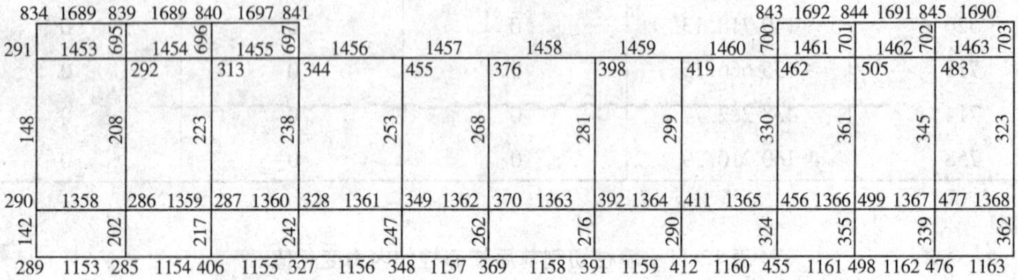

图 12-15　二层柱底关键节点

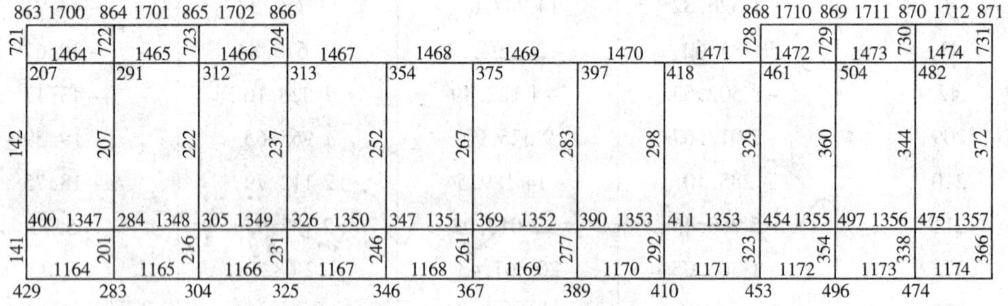

图 12-16　三层柱底关键节点

结构模型的关键节点在整体结构墙柱切割前后内力与位移变化值见表 12-12 和表 12-13。

表 12-12　墙柱切割前后关键节点的内力变化值

节点编号	节点力(kN)	节点编号	节点力(kN)	节点编号	节点力(kN)
200	15.2	335	20.0	461	-38.6
202	-19.3	336	9.7	462	-46.2
207	-2.7	368	-5.2	463	-54.7
208	-135.6	370	5.9	464	17.5
209	-68.0	375	23.4	475	16.4
210	20.0	376	-60.2	477	-6.5
284	-132.5	377	-66.3	482	8.2
286	31.0	378	15.5	483	-35.4
291	28.4	390	22.7	484	-42.9
292	16.7	392	-65.4	485	-50.2
293	8.3	397	-62.5	515	16.4
294	-6.6	398	-53.8	517	17.8
326	12.5	399	-25.7	522	24.3
328	16.8	400	16.4	523	13.9
333	21.4	454	4.6	524	19.1
334	-22.0	456	8.5	525	4.7

表 12-13　墙柱切割前后关键节点的位移变化值

节点编号	ΔZ(mm)	节点编号	ΔZ(mm)	节点编号	ΔZ(mm)
200	-0.135	335	-0.105	461	-0.312
202	-0.164	336	-0.270	462	-0.216
207	-0.135	368	-0.175	463	-0.296
208	-0.219	370	-0.331	464	-0.309
209	-0.246	375	-0.326	475	-0.135
210	-0.231	376	-0.352	477	-0.431
284	-0.251	377	-0.165	482	-0.402
286	-0.235	378	-0.198	483	-0.216
291	-0.312	390	-0.239	484	-0.249
292	-0.318	392	-0.157	485	-0.158
293	-0.305	397	-0.281	515	-0.109
294	-0.261	398	-0.264	517	-0.129
326	-0.228	399	-0.264	522	-0.185
328	-0.166	400	-0.202	523	-0.316
333	-0.282	454	-0.130	524	-0.257
334	-0.231	456	-0.100	525	-0.315

由表 12-11 ~ 表 12-13 可知,建筑结构进行切割前后,模型结构受力关键节点内力及位移值变化都非常小。

综上所述,当对模型结构的墙柱进行切割后,整体结构柱底传力机制发生改变。由托换梁系与柱接合点处位移及模型结构关键节点处位移变化可知,各接合点位移值变化非常小,同时柱底关键节点内力变化很小,认为结构的托换是安全的。

12.2.5　下轨道的平整度对结构安全性能的影响

在建筑物的整体移位过程中,虽然施工时要求努力控制轨道的平整度,但是轨道上微小的高低不平现象难以避免。如果轨道平整度控制不够,不但会造成滑块的摩擦系数增大,施加水平力困难,还会导致滑块受力严重不均匀,进而引起托换梁的开裂,更严重的是引起上部结构构件的破坏。为了了解综合楼在下轨道梁高低不平的情况下对整体结构的影响情况,在其受力核心柱区域处托换梁、一层楼顶及二层楼顶取关键节点,记录它们在移动过程中由于下轨道梁高低不平引起的内力和位移的变化。

考虑实际情况选取柱轴力作为控制荷载,由抗震规范选择控制轴力。

最大截面柱控制轴力 $N \leqslant 0.85 \times 14.3 \times 500 \times 500 = 3\ 038.75$(kN)

在漯河职业技术学院综合楼整体移位工程中,分别对结构模型承受最大荷载的柱下滑块施加不同数值的假想位移进行模拟下轨道高低不平的情况,考虑柱控制轴力,选取对滑块施加位移,分别对柱下滑块释放竖向位移 -12 mm、-10 mm、-5 mm、5 mm、10 mm、11 mm 时的几种情况进行分析。

12.2.5.1　下轨道的平整度引起的结构内力变化

仍取 9 ~ 20 轴为研究对象,各关键节点在滑块施加竖向位移:滑块释放 -12 mm、-10 mm、-5 mm、5 mm、10 mm、11 mm 时的内力情况见表 12-14、表 12-15 和图 12-17。

表 12-14　关键节点内力值

施加位移荷载		释放位移	-12 mm	-10 mm	-5 mm	5 mm	10 mm	11 mm
楼层	节点编号	节点内力(kN)						
一层柱底	293	925.7	915.4	909.8	891.2	849.6	816.7	788.0
	294	646.7	635.8	628.4	617.3	599.8	607.6	575.8
	335	1 158.5	1 147.6	1 028.8	989.4	923.5	907.1	877.3
	336	858.4	847.1	843.9	833.6	816.2	805.7	798.4
	377	878.8	872.2	865.8	859.4	846.2	837.5	822.4
	378	694.3	685.6	671.5	666.5	637.2	629.4	618.7
	399	858.6	849.3	832.5	821.6	807.0	792.6	794.2
	400	681.4	678.9	665.8	653.9	628.4	611.2	606.5
	463	1 102.8	1 089.5	989.5	985.4	958.5	946.7	940.2
	464	869.4	855.7	846.2	835.4	817.3	811.2	807.9
	484	854.0	846.7	844.1	835.6	811.6	800.5	795.4
	485	627.2	611.5	605.9	598.7	585.7	567.2	552.8
一层柱顶	286	636.5	628.5	615.4	600.8	565.4	558.9	547.2
	292	905.8	891.2	860.5	824.5	785.7	738.0	722.0
	328	821.5	808.5	790.6	781.2	750.4	740.9	738.8
	334	1 059.6	998.0	963.1	959.4	926.1	910.0	899.4
	370	665.4	646.8	632.0	616.7	597.0	580.4	568.0
	376	853.9	834.6	818.5	804.3	780.4	759.1	747.8
	392	656.4	640.7	626.5	616.8	588.4	567.3	543.9
	398	835.2	822.7	806.4	788.2	748.7	733.0	723.8
	456	829.0	816.5	800.8	786.4	759.8	740.4	736.0
	462	1 008.4	986.6	968.0	953.8	939.6	912.8	900.0
	477	609.8	589.2	566.7	549.0	516.7	511.8	508.2
	483	833.1	822.0	816.5	803.4	764.1	753.9	744.6
二层柱顶	284	613.2	608.5	588.4	569.1	533.8	524.1	510.7
	291	886.5	868.4	857.0	843.2	819.7	806.8	790.2
	326	802.6	786.4	769.2	746.3	720.6	708.0	694.8
	333	996.2	975.6	940.1	921.8	852.7	818.6	789.2
	368	615.4	606.8	590.4	588.4	549.8	536.0	522.8
	375	816.9	809.4	794.6	779.4	758.4	747.0	729.5
	390	614.7	608.9	586.7	569.4	548.9	539.2	526.0
	397	811.8	808.3	792.4	777.6	746.1	733.5	722.0
	454	806.3	786.4	766.4	758.0	737.6	721.0	708.3
	461	957.4	944.3	936.8	922.8	893.3	865.4	858.1
	475	588.6	566.4	548.0	537.6	511.9	496.3	480.4
	482	806.1	793.5	786.6	767.0	739.8	720.6	708.6

表 12-15 关键节点内力值

施加位移荷载		释放位移	-12 mm	-10 mm	-5 mm	5 mm	10 mm	11 mm
梁编号	节点编号	M(N·m)						
267	368	-3 160	-3 158	-3 107	-2 910	3 836	4 715	5 654
	375	-28 818	-27 126	-26 578	-23 710	22 309	30 894	38 367
268	370	-3 673	-3 541	-3 359	-3 168	3 008	3 904	4 768
	376	-24 725	-22 490	-21 983	-19 867	24 569	26 871	-31 589
283	390	-5 754	-5 527	-5 439	-5 398	3 210	4 097	5 124
	397	-18 515	-16 898	-15 879	-15 258	14 982	24 673	31 028
284	392	-5 957	-5 722	-5 687	-5 554	3 398	4 325	5 826
	398	-18 360	-16 797	-15 847	-15 486	15 068	24 869	27 368
1351	347	-14 815	-11 761	-9 680	-6 576	5 329	9 408	12 388
	368	-13 619	-9 591	-8 987	-5 876	6 568	10 329	13 968
1352	368	-18 477	-11 348	-8 278	-4 538	6 128	12 087	15 067
	390	-16 558	-10 096	-7 875	-4 468	5 108	9 894	14 587
1353	390	-32 719	-32 610	-31 975	-30 584	-29 687	-28 547	-27 516
	411	36 349	35 149	34 876	34 158	33 927	33 584	32 615
1362	349	-26 509	-21 531	-19 875	-15 298	-9 021	-5 027	1 359
	370	-22 086	-19 056	-17 851	-16 784	-14 625	-10 208	-4 698
1363	370	-16 559	-11 425	-9 306	-7 980	-3 752	1 249	3 035
	392	-14 616	-11 829	-10 549	-8 167	-1 827	1 498	3 326
1364	392	38 247	39 175	38 257	37 886	37 408	36 876	34 508
	413	-45 621	-46 437	-45 308	-45 098	-44 687	-44 394	-44 288
1457	355	40 847	41 022	40 608	39 916	38 784	37 804	35 640
	376	-35 106	-34 654	-33 978	-33 657	-33 081	-32 672	-32 168
1458	376	48 319	27 633	11 275	4 810	-6 517	-25 831	-45 107
	398	57 856	37 563	20 794	7 249	-10 168	-24 468	-53 676
1459	398	58 027	32 923	10 597	3 168	-3 878	-16 212	-45 672
	419	47 972	21 258	17 694	7 158	-6 654	-14 768	-35 135
1468	354	-18 170	-17 992	-16 867	-16 198	-15 957	-15 167	-13 286
	375	-16 627	-16 274	-15 787	-14 958	-14 754	-14 629	-13 957
1469	375	45 049	45 332	31 918	19 468	7 687	5 130	2 618
	397	-43 085	-22 064	-9 648	-2 087	4 753	11 094	17 812
1470	397	-35 660	-25 851	-10 945	-5 487	3 015	6 242	15 874
	418	48 536	38 202	27 598	13 120	10 353	9 802	7 561

考虑实际情况选取柱轴力作为控制荷载，由抗震规范选择控制轴力。

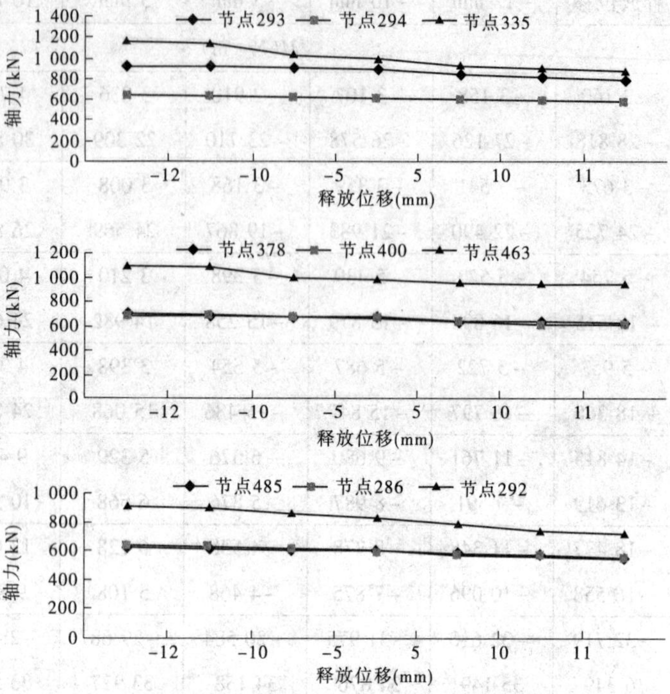

(a)

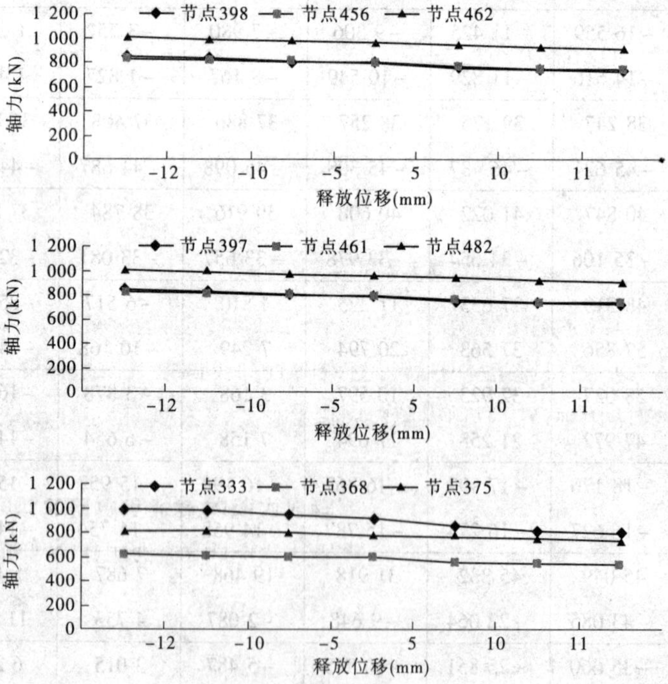

(b)

图 12-17　关键节点内力变化

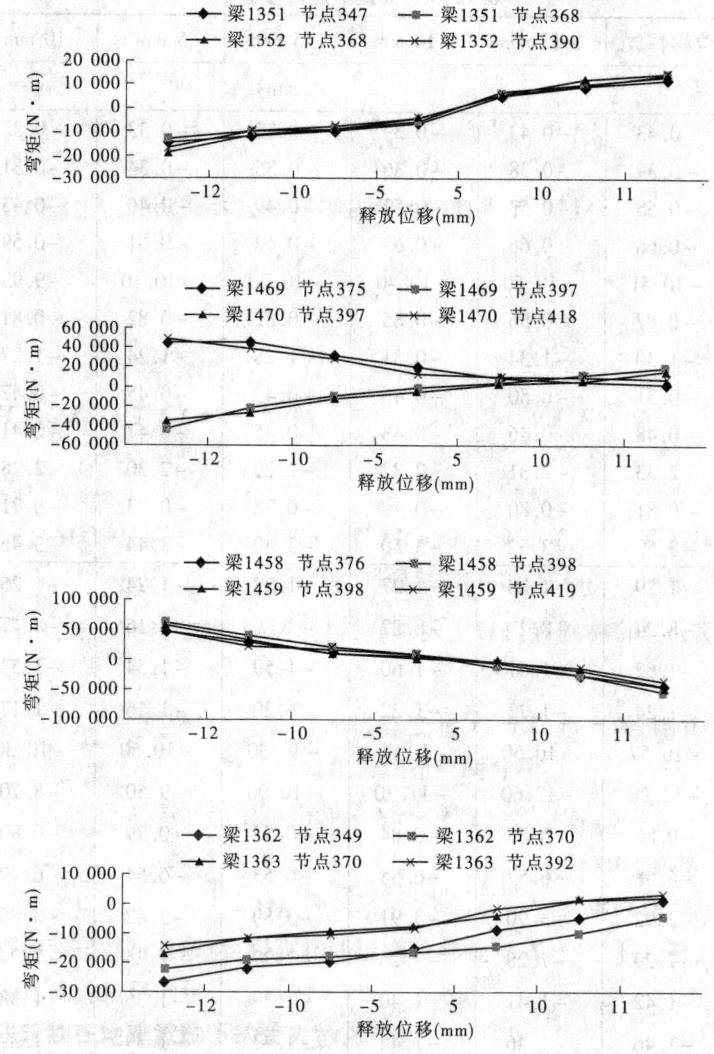

(c)

续图 12-17

由表 12-14、表 12-15 及图 12-17 可知，在柱下滑块处施加不同位移即下轨道存在垂直位移差的情况下，各关键节点位置处内力的变化情况。根据关键节点内力值以及最大柱控制轴力，可知模型结构承受最大轴力柱在柱下滑块释放，以及向上施加小于 11 mm 位移的情况下整体结构是安全的。

12.2.5.2 下轨道的平整度引起的结构位移变化

各关键节点在滑块施加位移：滑块释放 −12 mm、−10 mm、−5 mm、5 mm、10 mm、11 mm，结构位移变化情况见表 12-16。

表 12-16　关键节点位移值

施加位移荷载		位移释放	−12 mm	−10 mm	−5 mm	5 mm	10 mm	11 mm
楼层	节点编号	Z(mm)						
一层柱底	293	−0.43	−0.43	−0.39	−0.38	−0.33	−0.32	−0.35
	294	−0.39	−0.38	−0.36	−0.35	−0.34	−0.31	−0.30
	335	−0.55	−0.53	−0.52	−0.49	−0.46	−0.43	−0.44
	336	−0.66	−0.66	−0.65	−0.62	−0.61	−0.59	−0.60
	377	−10.51	−10.50	−10.40	−10.20	−10.10	−9.93	−9.86
	378	−0.87	−0.86	−0.85	−0.82	−0.82	−0.81	−0.83
	399	−1.30	−1.34	−0.31	−1.28	−1.24	−1.27	−1.26
	400	−0.51	−0.50	−0.46	−0.49	−0.45	−0.47	−0.49
	463	−0.48	−0.46	−0.48	−0.45	−0.47	−0.41	−0.38
	464	−2.33	−2.31	−2.32	−2.29	−2.30	−2.28	−2.26
	484	−0.81	−0.80	−0.79	−0.78	−0.73	−0.71	−0.74
	485	−3.52	−3.52	−3.50	−3.49	−3.44	−3.46	−3.47
一层柱顶	286	−1.29	−1.28	−1.27	−1.27	−1.24	−1.25	−1.22
	292	−8.24	−8.23	−8.22	−8.2	−8.16	−8.17	−8.15
	328	−1.62	−1.61	−1.60	−1.59	−1.54	−1.53	−1.50
	334	−1.24	−1.23	−1.22	−1.20	−1.16	−1.17	−1.15
	370	−10.57	−10.50	−10.40	−10.30	−10.50	−10.30	−9.70
	376	−12.80	−12.60	−11.70	−10.90	−9.50	−8.70	−8.60
	392	−0.86	−0.85	−0.84	−0.82	−0.79	−0.80	−0.78
	398	−6.58	−6.57	−6.55	−6.53	−6.54	−6.49	−6.50
	456	−3.92	−3.90	−3.91	−3.89	−3.82	−3.85	−3.83
	462	−7.29	−7.28	−7.26	−7.27	−7.25	−7.24	−7.23
	477	−1.42	−1.41	−1.40	−1.39	−1.36	−1.38	−1.33
	483	−1.46	−1.46	−1.44	−1.43	−1.39	−1.37	−1.38
二层柱顶	284	−2.27	−2.25	−2.26	−2.24	−2.25	−2.21	−2.20
	291	−1.22	−1.20	−1.21	−1.19	−1.17	−1.15	−1.16
	326	−2.53	−2.52	−2.54	−2.22	−5.19	−5.20	−5.18
	333	−1.95	−1.93	−1.94	−1.92	−1.91	−1.87	−1.88
	368	−2.43	−2.37	−2.22	−2.11	−1.76	−1.58	−1.55
	375	−1.83	−1.82	−1.8	−1.79	−1.77	−1.78	−1.75
	390	−14.50	−14.30	−14.20	−14.00	−13.90	−13.70	−13.60
	397	−3.37	−3.36	−3.34	−3.33	−3.30	−3.29	−3.31
	454	−8.18	−8.16	−8.15	−8.13	−8.11	−8.10	−8.12
	461	−3.30	−3.29	−3.24	−3.23	−3.22	−3.22	−3.21
	475	−3.29	−3.28	−3.26	−3.25	−3.22	−3.21	−3.20
	482	−3.26	−3.24	−3.24	−3.22	−3.20	−3.20	−3.19

由表 12-16 和图 12-18 可知，在承受最大荷载柱下滑块处施加不同位移，即下滑道存在垂直位移差的情况下，各关键节点位置处位移的变化情况。

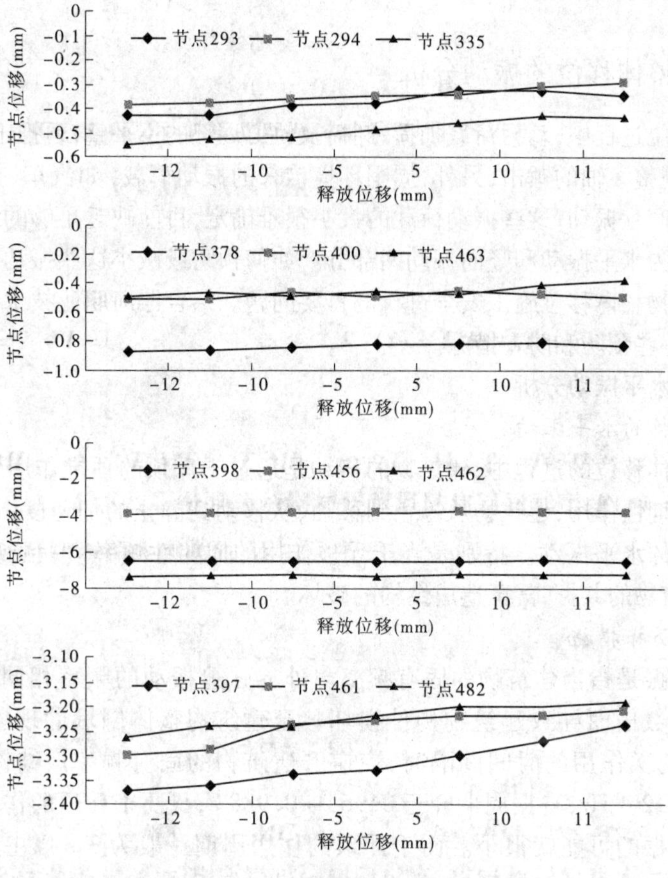

图 12-18　关键节点位移变化

12.2.6　小结

本模型是根据漯河职业技术学院综合楼结构原型及整体移位工程托换梁系施工图，按空间框架模型计算，采用有限元软件 SAP 2000 建模，通过对模型的计算，模拟轨道高低不平对移位过程中建筑物的主要结构构件内力、位移的影响。通过模型分析可得出以下结论：

(1)建筑结构总体刚度大，沿高度刚度变化比较均匀，楼层平均位移比较均匀，楼层最大位移和楼层层间位移沿高度分布较均匀。

(2)平移前对墙柱进行切割施工，结构整体首层框架柱传力机制发生改变，框架柱直接由基础连接转化为由下滑块支撑的托换梁系承受柱的上部结构，此时整体结构周期较墙柱切割前略有增加，前五周期增幅分别为 2.63%、2.55%、2.45%、3.07%、3.29%。

(3)墙柱切割后，建筑结构首层传力机制发生改变，柱由基底固结变为由托换梁支撑，底部约束情况也由刚接变为铰接，此时托换梁系与柱连接处位移变化很小，柱底轴力变化很小，弯矩变化相对较大，满足规范要求，托换梁系托换成功。

(4)移动过程中，由于施工及现场各种客观条件的限制，下轨道存在着垂直位移差，模型结构通过对柱下滑块施加位移模拟下轨道的垂直位移差。本模型仅对最大荷载柱下滑块施加位移荷载，通过模型分析，当位移荷载向下即轨道下凹，对此跨柱上至顶层均有较大影响，隔跨影响较小；当位移荷载向上即轨道上凸，对此跨柱上至三层有较大影响，向上影响较小，隔跨影响较小。

12.3 建筑物整体移位的振动分析

在建筑物移位过程中，动力荷载加荷、卸荷及轨道局部的不平整，顶推千斤顶失稳，牵引钢索应力释放，调整滚轴的锤击，另外，周围环境传来的振动荷载（如汽车、打桩等），都会在移动的建筑物上产生振动，这些振动荷载的大小很难确定，目前缺乏足够的统计数据。这些振动荷载可以分为水平振动和竖向振动两部分。如何预防或减小这些振动荷载对建筑物的危害是保障建筑物整体移位施工安全进行的首要问题。结合漯河职业技术学院综合楼移位工程，本节介绍一些预防和防止措施。

12.3.1 建筑物水平振动分析

12.3.1.1 建筑物的水平振动

在建筑物整体移位的过程中，建筑物的移动是通过千斤顶的顶推作用来实现的。由于推拉千斤顶的周期性作用，建筑物从静止到移动、从移动到静止的加速度引起的动力作用，可能引起建筑物的水平振动。特别是当千斤顶作用的周期性频率接近建筑物的固有频率时，可能引起建筑物的共振，甚至造成结构的破坏。

12.3.1.2 水平防振措施

建筑物的共振是指当建筑物的固有频率与外界强迫振动的频率相同或相近时，发生的超越原有振幅数倍而导致建筑物构件损坏甚至建筑物整体倒塌的现象。在移动过程中，确定千斤顶每次作用的时间间隔时，应避开建筑物的固有频率。结构的固有频率介于1.037 2～1.012 4 Hz，自振周期介于0.964～0.988 s，只要千斤顶的作用周期大于1 s，建筑结构发生共振的可能就很小。而千斤顶的作用周期一般为3 s以上甚至更长，因此综合楼的平移可以安全进行。

对于跨度大、刚度小的建筑物移位工程，其自振周期可能接近牵引力的作用周期，存在共振破坏的可能性。这时，可采取如下措施拉大建筑物固有频率与牵引力作用频率之间的差距，以避免共振现象的发生。

(1)提高建筑物的固有频率。对于跨度大、空间大、刚度小的建筑物，其自振周期较大，考虑到千斤顶的顶推（或牵拉）作用周期与其自振周期比较接近，易发生共振而造成建筑物损坏。为此，对各框架柱间沿平移前进方向设置支撑来增强建筑物的整体刚度，提高建筑物的自振频率，减小建筑物的自振周期，从而拉开推拉作用周期与建筑物自振周期的差距，防止建筑物发生共振。漯河职业技术学院综合楼移位工程柱间支撑的设置见图12-19。

(2)控制牵引力周期性作用频率。为了使建筑物平稳移动，并保证不发生偏移，施加牵引力时，作用在不同轴线方向的各千斤顶必须同时作用，当建筑物沿平移方向的宽度较大、牵引设备较多时这一点尤为重要。确定千斤顶或牵引设备每次作用的时间间隔时，应避开建筑物的自振周期，考虑到自振周期的确定可能存在误差，所以应尽量拉大牵引力作用周期与建筑物自振周期之间的差距，将产生共振的可能性降到最低。

(3)实际平移时水平振动的检测。在实际进行建筑物的平移时，可以通过以下两种方法对其水平振动情况进行检测：①在移位托换梁上放一盆水，通过观察水面是否平静，直观地判断建筑物是否振动以及振动的严重程度。②利用工程中常用的水平振动检测器,观察采集到的振幅变化图,看是否有突变现象。如果平移过程中建筑物的振幅无突变现象,说明其振动的幅度很小。

图 12-19　漯河职业技术学院平移工程支撑的设置

(4)减小初始加速度引起的动力作用。建筑物从静止到移动的初始加速度,会对建筑物产生水平的动力作用。可采取以下措施减小初始加速度引起的动力作用对建筑物的影响:①合理设置推力支座;②选择操作方便的移动动力设备;③建造平衡、牢固的行走轨道;④首次推拉要缓慢、稳定、匀速。

12.3.2　建筑物竖向振动分析

12.3.2.1　建筑物的竖向振动

在建筑物平移过程中,轨道平整度的施工误差、轨道接口处的不良衔接、建筑物自重引起的惯性力、平移轨道局部沉降引起的变形、轨道表面出现的混凝土小碎块等因素都有可能引起建筑物产生竖向的冲击振动。另外,由于各种原因(如设计和施工缺陷、使用荷载变化、使用过程中构件的老化和损坏等),原结构难免存在一些局部强度较低的安全隐患,这些隐患在冲击振动作用下也可能造成结构的局部破坏。为了保证平移的安全,需采取措施消除或减小平移过程中的不良动力效应,将其控制在允许的范围之内。

12.3.2.2　竖向隔震措施

根据建筑物重量大、刚度小的特点,为了保证建筑物移位过程中不发生意外的损坏,必须消除竖向的冲击振动。为此,采取以下的措施:

(1)表 12-3 中所列的第十个频率是模型结构竖向振动的频率,其相应的振型图如图 12-20 所示。为了避免沿竖向发生共振,要拉大千斤顶的作用频率与结构竖向固有频率的距离,避免沿竖向共振现象的发生。模型结构竖向固有频率为 2.655 Hz,周期为 0.377 s,建议千斤顶作用周期大于 0.5 s,而千斤顶的作用周期一般在 3 s 以上。

(2)选择高强度高抗磨损性、摩擦系数小且弹性好的滚轴。目前移位施工中通常使用的滚轴有三种:工程塑料合金滚轴、钢筋混凝土滚轴和钢管聚合物滚轴。对各种滚轴摩擦系数、所受压力和滚轴变形指标进行比较,工程塑料合金滚轴具有强度高、抗磨损性能好、摩擦系数低的特点,与以往其他移位工程常用的钢滚轴相比,其突出的优点是具有较高的弹性，不仅能承受高压和冲击荷载作用，还能通过弹性恢复力来吸收冲击荷载的能量，达到隔震的目的，但由于该滚轴成本较高，也可配合使用部分钢管聚合物滚轴或少量钢管混凝土滚轴。漯河职业技术学院综合楼移位工程采用的是滑动移位的方案。

图 12-20　竖向振动图

(3)在承重行走梁中采用隔震措施。建筑物在平移过程中引起的振动，可通过采取技术措施达到隔震的目的。每隔一定距离在行走托换梁下部设置吸震块体，这种块体材料与混凝土相比，弹性模量较低、强度较高，不影响托换梁的强度和刚度。在平移过程中，吸震块体相当于一个弹簧，如图 12-21 所示。当位于吸震块体范围内的轨道平面有小变形或混凝土小碎块时，滚轴遇到前进的阻力，滚轴承受的压力增大，导致该“弹簧体”变形，吸收其冲击作用力。实践证明，吸震块体吸收冲击作用力的效果是非常明显的，吸震块体的隔震原理如图 12-22 所示。

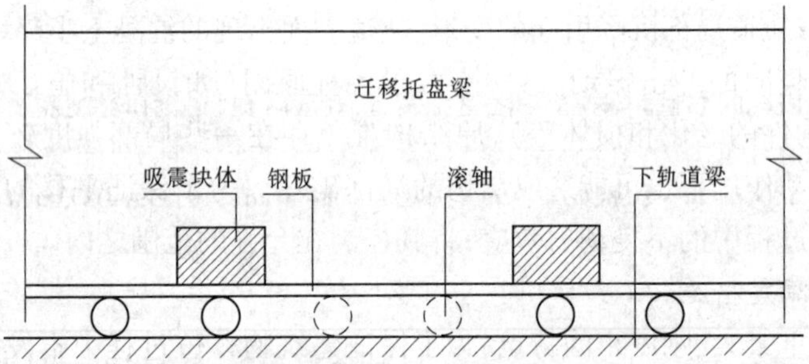

图 12-21　行走梁吸震块体的设置

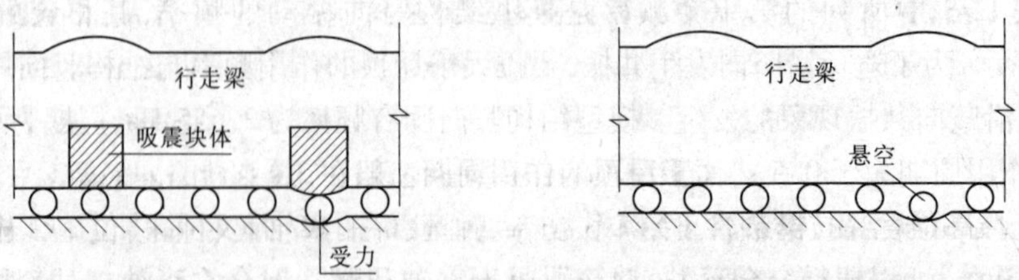

(a)没有吸震块体的行走梁　　(b)无吸震块体的行走梁

图 12-22　行走梁吸震块体的隔震原理

参考文献

[1] 李爱群,吴二军,高仁华. 建筑物整体迁移技术[M]. 北京:中国建筑工业出版社,2006.

[2] 张天宇. 建筑整体平移中的动力分析[J]. 福建建设科技,1998(4):4-5.

[3] 孙吉堂. 框架结构整体平移和旋转施工技术[J]. 建筑技术开发,2000(1):64-65.

[4] 铁朝永. 建筑物整体迁移技术的理论研究及迁移过程中的动力效应分析[D]. 华南理工大学,2005.

[5] 袁广林,袁迎曙. 大空间、复杂结构建筑物平移技术研究与应用[J]. 中国矿业大学学报,2001,30(2):135-138.

第 13 章　滚轴隔震技术及其动力分析研究

13.1　滚轴隔震技术研究背景

利用滚轴轴承或滚木隔震的思想具有相当悠久的历史,如在世界范围内已经存在的一些古建筑,我国的故宫、日本的镰仓大佛等,这些早期的隔震建筑多是采用滚木或滑石片作为隔震元件,历经多次地震仍保存完好。1924 年,日本的鬼头建三郎提出了“在基础和柱脚间,相对凹面设置的皿型盘之间,夹入滚轴轴承,用以支撑建筑物”的隔震方案,并用于帝国饭店的建造。近年来,建筑物整体移位工程实践中,作为移动装置的滚轴具有一定的隔震作用已被证实,但是,有关滚轴隔震技术的研究结果和文献尚未见报道。在建筑物整体移位过程中,滚轴作为托换加固体系和移动装置的主要元件,一方面要承受并传递托换后的建筑物竖向荷载,另一方面作为滚动移位元件起到减小牵引(或顶推)动力的作用。建筑物迁移到位后,一般要通过千斤顶托住上部结构,逐段撤去滚轴,并及时插入预制垫块,将上部结构与永久基础对应部位用钢筋连接,然后浇筑混凝土使移位建筑物固结于基础,完成整个移位过程。在撤出滚轴并插入预制垫块时,需要较多的顶升设备并分段进行施工,设备占用多,施工时间长,因此可以考虑建筑物迁移到位后,不把滚轴撤出,而是通过一定的构造措施来限制滚轴的大幅度移动,将滚轴永久留在建筑物中。利用滚轴的低滚动摩擦系数来限制地震作用向上部结构传递,从而减小上部结构的地震反应,使移位建筑在地震作用下更加安全可靠,既起到隔震加固的作用,又可以减少一道施工工序,降低工程造价。本章就是基于这种设想,对滚轴隔震技术从理论上进行推理,建立其动力方程,并利用此隔震方法对某一工程实例进行数值模拟仿真,验证滚轴隔震的效果。

13.2　滚轴隔震结构动力方程的建立

滚轴隔震与滑移隔震有很大的相似之处:①两者都有摩擦力的非线性特性,力的大小、方向,以及最小的启动力的判断都很难确定;②在地震作用下隔震层都处于静止与运动交替中。区别在于两者隔震层的运动模式不同:滚轴隔震是隔震层滚轴的滚动;滑移隔震是隔震层的滑移。对于滑移隔震结构的隔震性能,国内外已经有大量的文献(文献[1] ~ 文献[9]):文献[6]对滑移隔震结构的滑移位移进行了数值研究,指出了地震烈度越高,摩擦系数越小,滑移位移越大;场地卓越周期越长、结构的基本周期越长,滑移位移越大;而合适的复位弹簧刚度可以在不显著减小隔震效果的情况下有效地控制滑移位移;文献[7]讨论了摩擦系数对隔震性能的影响,建议摩擦系数值取 0.1 左右作为滑移层较合适;文献[8]提出了基于Simulink动态系统仿真工具对滑移隔震结构进行动力分析的方法是可行的,仿真计算是可靠的;文献[9]给出了滑移隔震结构的受力特点,地震作用下滑移隔震结构的层间最大剪力和最大绝对加速度反应分布。本章在滑移隔震研究的基础上,考虑滚轴的滚动运动特点,推导滚轴隔震的动力方程并对文献[8]给出的方法加以改造,进行滚轴隔震结构的动力分析。

13.2.1 上部结构的动力方程

对于滚轴隔震结构，利用基底和结构基础间的滚轴来隔离上部结构，通过滚轴的低滚动摩阻限制地震作用向上部结构的传递，从而减缓建筑物的地震响应。基于地震作用时，隔震建筑物上部结构为弹性状态的层间剪切模型，滚轴隔震结构的简化计算模型可以用图 13-1 表示。

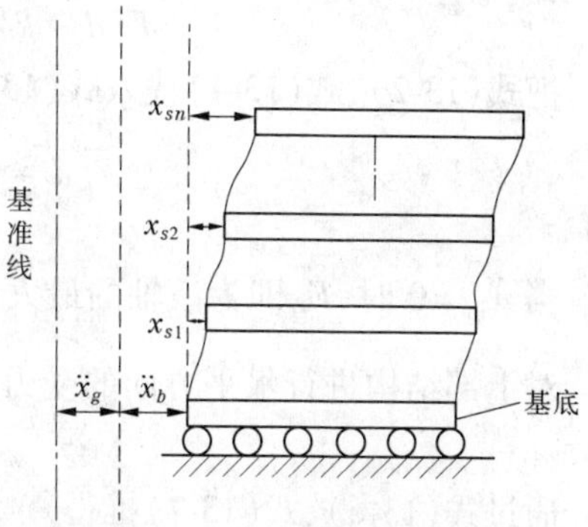

图 13-1 滚轴隔震结构的简化计算模型

上部结构的动力方程可以表示成

$$M\ddot{x}_s + C\dot{x}_s + Kx_s = -ME(\ddot{x}_g + \ddot{x}_b) \quad (13\text{-}1)$$

式中 M、K、C——上部结构的质量、刚度、阻尼矩阵，都为 $n \times n$ 矩阵；

E——$[1,1,\cdots,1,1]^{\mathrm{T}}_{1\times n}$矩阵；

x_s、$\dot{x}_s$、$\ddot{x}_s$——上部结构相对基底的位移、速度和加速度向量，$x_s=\{x_{s1},x_{s2},\cdots,x_{sn-1},x_{sn}\}^{\mathrm{T}}$，$\dot{x}_s=\{\dot{x}_{s1},\dot{x}_{s2},\cdots,\dot{x}_{sn-1},\dot{x}_{sn}\}^{\mathrm{T}}$，$\ddot{x}_s=\{\ddot{x}_{s1},\ddot{x}_{s2},\cdots,\ddot{x}_{sn-1},\ddot{x}_{sn}\}^{\mathrm{T}}$；

$\ddot{x}_g$——地面加速度；

$\ddot{x}_b$——基底相对于地面的加速度。

阻尼矩阵采用常用的瑞雷阻尼假定，即

$$C = \alpha M + \beta K$$

式中 α、β——与结构体系有关的常系数，取值为

$$\alpha = \frac{2\omega_1\omega_2(\xi_1\omega_2 - \xi_2\omega_1)}{\omega_2^2 - \omega_1^2},\quad \beta = \frac{2(\xi_2\omega_2 - \xi_1\omega_1)}{\omega_2^2 - \omega_1^2}$$

ω_1、ω_2——不隔震结构的第一阶频率和第二阶频率；

ξ_1、ξ_2——对应不隔震结构的第一阶频率和第二阶频率的阻尼比。

13.2.2 滚轴的动力方程

在地震力作用下滚轴处于静止和滚动两种状态的交替，运动状态相当复杂，滚轴的受力如图 13-2 所示。

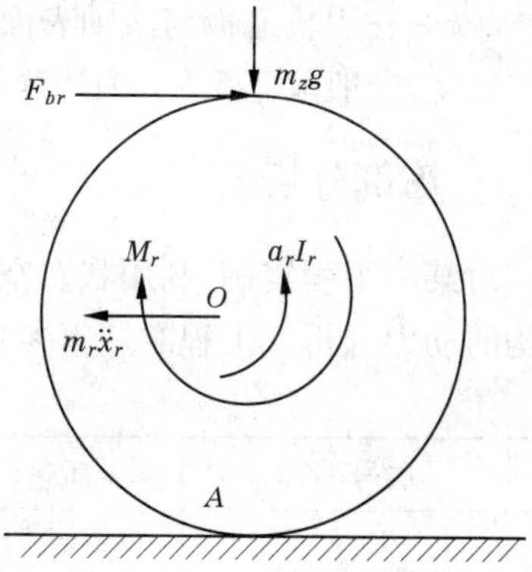

图 13-2 滚轴的受力示意图

第一种运动状态：当结构的上部剪力 F_s 小于滚轴的启动力 F_r 时，基底相对地面处于静止状态，即 $\ddot{x}_b=0$。

第二种运动状态：当结构的上部剪力 F_s 大于滚轴的启动力 F_r 时，基底相对地面处于运动状态，假定滚轴在上部结构与基底之间做纯滚动，则有

$$x_r = \frac{x_b}{2};\quad \ddot{x}_r = \frac{\ddot{x}_b}{2} \quad (13\text{-}2)$$

$$\theta_r = \frac{x_b}{2r} \quad (13\text{-}3)$$

$$a_r = \ddot{\theta}_r = \frac{\ddot{x}_b}{2r} \quad (13\text{-}4)$$

对滚轴取动量矩进行受力分析得

$$F_{br}d - kM_r - m_r\ddot{x}_g r - m_r\ddot{x}_r r = a_r I_r \tag{13-5}$$

把式(13-2)、式(13-4)代入式(13-5)得

$$F_{br}d - kM_r - m_r\ddot{x}_g r = \frac{3}{4}m_r\ddot{x}_b r \tag{13-6}$$

当 $\ddot{x}_b = 0$ 时，F_{br}即为滚轴的最大启动力，即 $F_r = F_{br} = \dfrac{kM_r}{d} + \dfrac{m_r\ddot{x}_g}{2}$

对上部结构进行水平方向的受力分析，得

$$F_s - F_{rb} = m_z\ddot{x}_b \tag{13-7}$$

通过式(13-6)、式(13-7)推得

$$\ddot{x}_b = \frac{8(F_s d - m_r\ddot{x}_g r - kM_r)}{(3m_r + 8m_z)d} \tag{13-8}$$

$$M_r = \frac{m_z g\delta_1 + (m_r + m_z)g\delta_2}{d} \tag{13-9}$$

式中 x_r、θ_r、a_r——滚轴的位移、加速度和角加速度；

d、r——滚轴的直径和半径；

I_r——滚轴的总转动惯量，$I_r = \dfrac{1}{2}m_r r^2$；

F_{br}、F_{rb}——基底对滚轴和滚轴对基底的力，大小相等，方向相反；

F_s——上部结构的总剪力，大小为 $F_s = m_b\ddot{x}_g + \sum_{1}^{n} m_i(\ddot{x}_{si} + \ddot{x}_g + \ddot{x}_b)$；

m_z——上部总质量与基底质量的和，$m_z = m_b + \sum_{i=1}^{n} m_i$，$m_b$ 为基底的质量；

m_r——滚轴的总质量；

M_r——滚轴的滚动摩阻；

δ_1、δ_2——沿上、下接触面的滚动摩擦系数，一般通过试验和材料参数确定；

k——因轨道板与滚轴表面不平及滚轴方向偏位不正等原因引起的阻力增大系数，一般取 2.5 ~ 5.0，当轨道板与滚轴均为钢材时取 2.5。

13.3 算例分析

对某一工程实例，利用状态空间法，对文献[8]给出的方法加以改造，进行了滚轴隔震结构的动力分析。工程的基本参数见表 13-1。

表 13-1 模型的基本参数

层号	质量($\times 10^3$ kg)	刚度(kN/m)	高度(m)
1	1 940.8	$7.890\,2 \times 10^5$	4.450
2	2 308.1	$1.017\,7 \times 10^6$	8.050
3	1 781.2	$1.186\,0 \times 10^6$	10.950
4	1 738.1	$1.191\,0 \times 10^6$	13.850
5	883.3	$8.500\,2 \times 10^5$	16.750

不隔震结构的阻尼比 $\xi_1 = 0.05$，$\xi_2 = 0.07$；圆频率分别为 $\omega_1 = 7.049\,8$ rad/s，$\omega_2 =$

20.596 5 rad/s; $m_r = 4.89\times10^3$ kg, $m_b = 9.70\times10^5$ kg, $m_z = 9.62\times10^6$ kg；滚轴的直径 d = 10 cm，长度 L = 22 cm，滚轴的设计承载力为 200 MPa，安全系数取 1.5。

13.3.1 计算结果

分析了滚动摩擦系数 δ_1、δ_2 分别为 0.10、0.15、0.20、0.30、0.60（单位为 cm）时，滚轴隔震结构的地震响应，采用 El－Centro 地震波（南北方向，时间间隔 0.02 s，持续时间取30 s，峰值加速度为 341.700 cm/s²）作为地震激励。表 13-2 给出了隔震结构与不隔震结构的峰值加速度，表 13-3 给出了隔震结构与不隔震结构的峰值相对位移。

表 13-2 隔震结构与不隔震结构的峰值加速度 （单位：m/s²）

$\delta_1, \delta_2 = \delta$	第 1 层	第 2 层	第 3 层	第 4 层	第 5 层
不隔震	3.453 3	4.200 3	5.594 4	7.042 5	7.757 8
0.10	1.977 7	3.735 4	3.773 8	4.875 5	5.534 6
0.15	2.194 6	3.802 2	3.879 3	5.064 3	5.768 7
0.20	2.452 7	3.746 9	3.940 0	5.175 3	5.923 7
0.30	2.895 4	3.586 6	4.260 1	5.520 0	6.309 3
0.60	3.466 7	4.358 0	5.270 1	6.284 3	6.853 9

表 13-3 隔震结构与不隔震结构的峰值相对位移 （单位：m）

$\delta_1, \delta_2 = \delta$	第 1 层	第 2 层	第 3 层	第 4 层	第 5 层
不隔震	0.050 4	0.085 6	0.110 0	0.126 0	0.134 0
0.10	0.031 1	0.051 5	0.063 8	0.073 6	0.078 7
0.15	0.033 1	0.054 7	0.068 5	0.078 0	0.083 4
0.20	0.034 6	0.057 6	0.073 0	0.083 8	0.089 8
0.30	0.036 8	0.063 2	0.081 7	0.094 1	0.100 5
0.60	0.049 4	0.083 4	0.104 6	0.118 3	0.125 2

图 13-3 绘制了隔震结构与不隔震结构的相对位移。

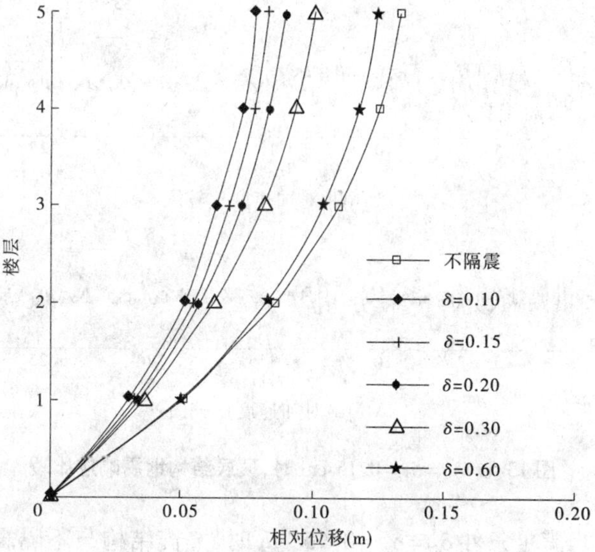

图 13-3 上部结构相对位移比较

图 13-4、图 13-5 给出了当 $\delta_1 = \delta_2 = 0.10$ cm，$\delta_1 = \delta_2 = 0.15$ cm 时，隔震结构与不隔震结构顶层地震响应比较。

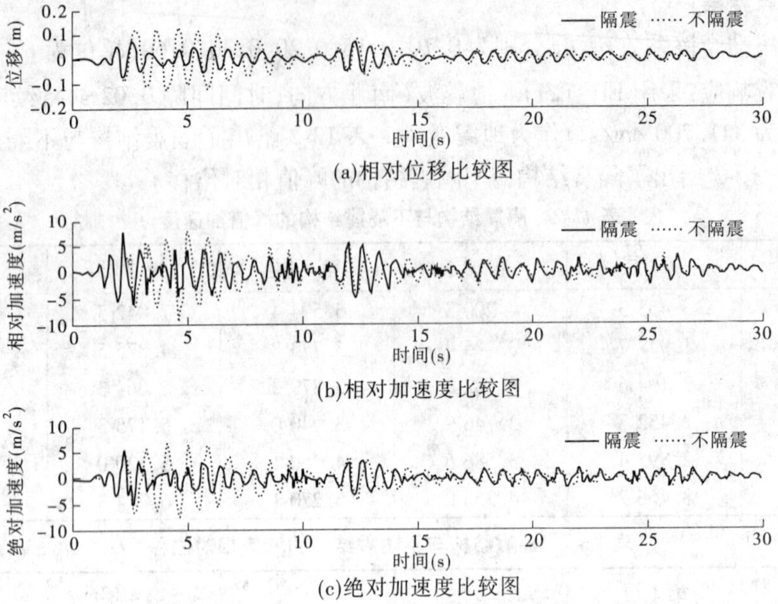

图 13-4　$\delta_1 = \delta_2 = 0.10$ cm 时，顶层结构地震响应比较

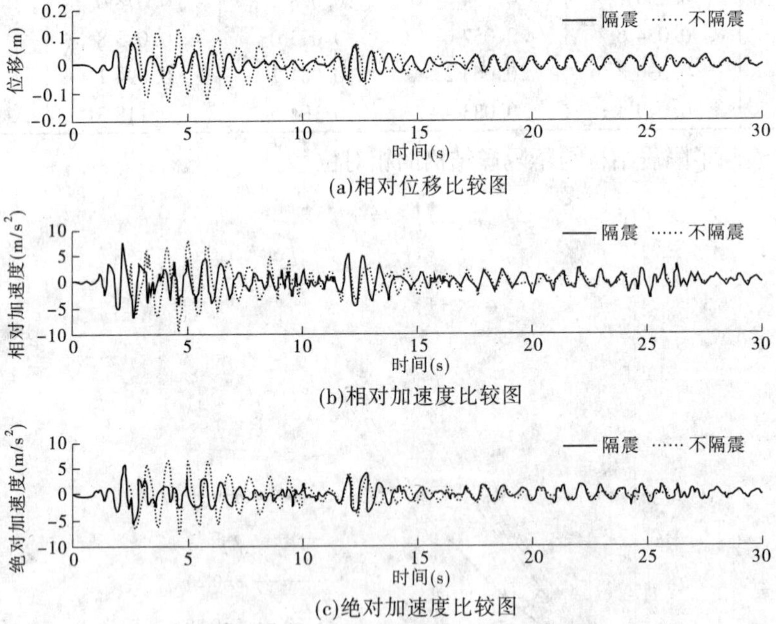

图 13-5　$\delta_1 = \delta_2 = 0.15$ cm 时，顶层结构地震响应比较

图 13-6 给出了当满足条件 $\delta_1 = \delta_2 = 0.15$ cm 时，隔震结构与不隔震结构一层地震响应比较。

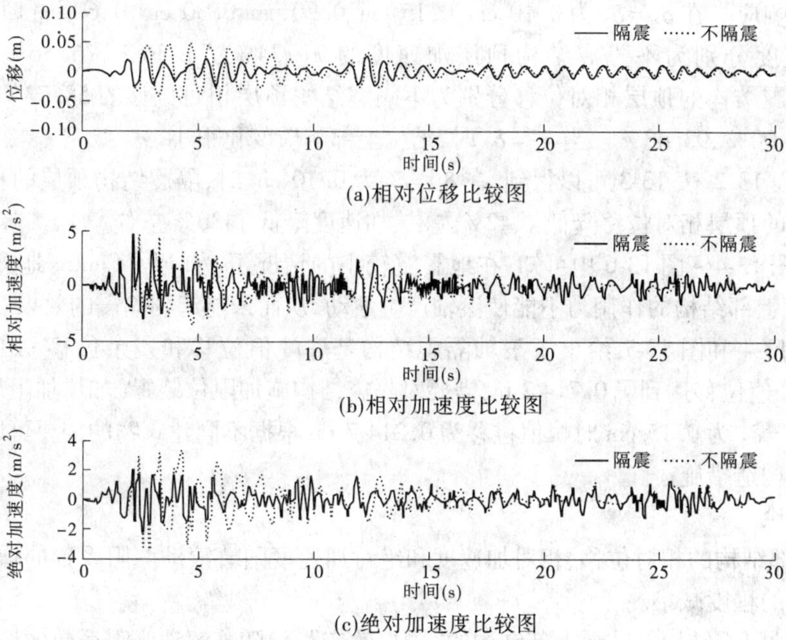

图 13-6　$\delta_1=\delta_2=0.15$ cm 时，一层结构地震响应比较

在不同滚动摩擦系数下，对隔震结构基底进行了时程分析，表 13-4 给出了隔震结构基底位移峰值和残余位移；图 13-7 给出了隔震结构基底的位移时程曲线。

表 13-4　隔震结构基底位移峰值和残余位移

$\delta_1,\delta_2=\delta$(cm)	最大位移(m)	残余位移(m)
0.10	0.714 2	0.714 2
0.15	0.214 7	0.058 4
0.20	0.123 2	0.113 1
0.30	0.086 0	0.009 9
0.60	0.073 3	0.071 2

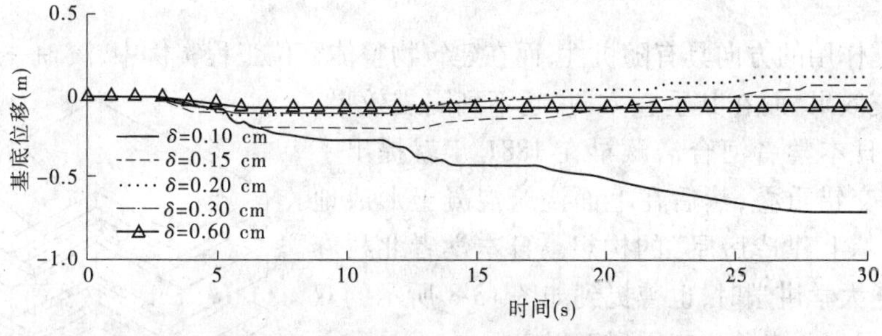

图 13-7　隔震结构基底的位移时程曲线

13.3.2　结果分析

(1)分析了滚动摩阻系数 $\delta_1=\delta_2$ 分别为 0.10、0.15、0.20、0.30、0.60(单位为 cm)时滚

轴隔震地震响应。在 $\delta_1=\delta_2$ 为 0.10 cm、0.15 cm、0.20 cm、0.30 cm、0.60 cm 时,隔震结构的顶层加速度分别为不隔震结构顶层加速度的 71.34%、74.36%、76.36%、81.33%、88.35%;隔震结构的顶层相对位移分别为不隔震结构顶层相对位移的 58.73%、62.24%、67.01%、75.00%、93.43%。当 $\delta_1=\delta_2$ 时,结构上部响应变化很小。

(2)从表 13-2、表 13-3 可以得到,在 $\delta_1=\delta_2$ 为 0.10 cm 时,隔震结构顶层的相对位移比不隔震结构的顶层相对位移降低了 42% 左右,加速度降低了 30% 左右。

(3)从图 13-4 ~ 图 13-6 中可知,在地震波较小的情况下,如 El – Centro 地震波为 15 ~ 30 s,地震对上部结构的作用力不能使滚轴产生滚动,从而未能起到隔震的效果。

(4)表 13-4 和图 13-7 给出了滚轴隔震结构基底峰值位移和残余位移。在 $\delta_1=\delta_2$ 为 0.10 cm时峰值位移达到了 0.714 2 m,需要对隔震结构施加限位装置(如增加阻尼器或复位弹簧等),$\delta_1=\delta_2$ 为 0.15 cm 时峰值位移为 0.214 7 m,根据不同建筑物的需要可以考虑施加限位装置或构造措施。

13.3.3 结论

(1)上部结构的相对位移、相对加速度和绝对加速度随着滚动摩阻系数的增大,上部结构响应降低的程度减小。

(2)滚轴隔震结构能减缓上部结构的"鞭梢效应",但随着滚动摩阻系数的增加,效果越来越不明显。

(3)滚轴隔震结构基底的峰值位移随滚动摩阻系数的减小而增大,但是滚轴隔震结构的残余位移与滚动摩阻系数之间的关系并不明确,其值是滚动摩阻系数和地震激励共同作用的结果。

(4)在不同滚动摩阻系数作用下,综合考虑隔震结构的相对位移、加速度和基底位移等方面,此滚轴隔震结构取 $\delta_1=\delta_2=0.15$ cm 较好。在这种情况下隔震结构的顶层加速度为不隔震结构顶层加速度的 74.36%;隔震结构的顶层相对位移分别为不隔震结构顶层相对位移的 62.24%,并可以不施加限位装置。

(5)公式(13-9)表明,滚轴的滚动摩阻与滚轴的直径成反比,可以通过滚轴的直径来调整滚动摩阻。但考虑到随着滚轴直径的变化,其表面的粗糙度也在变化,以及工程施工、建筑物的总重量及滚轴材料等因素的影响,滚轴的滚动摩阻与滚轴的直径一般不按反比计算。

13.4 滚轴隔震存在的问题及建议

由于地震作用的方向具有随机性,而在建筑物整体移位工程实例中,滚轴一般都是在移动方向起隔震效果,而在其垂直方向,起不到隔震效果。对于此问题,日本学者河合浩藏早在 1881 年就提出了"将圆木分层交错重叠,然后在上面浇筑混凝土形成地基,最后在地基上建造房屋"的构想。日本学者北村春幸在西安交通大学讲学时,也曾提到如图 13-8 所示的双向滚动装置,但它并未单独应用到工程实际中,而是和叠层橡胶垫共同使用,且没对其进行理论分析(图 13-8 为北村春幸在讲学时提供的滚轴隔震装置图)。在理论上,我们也可以采用这种思想交错布置滚轴,但对于建筑

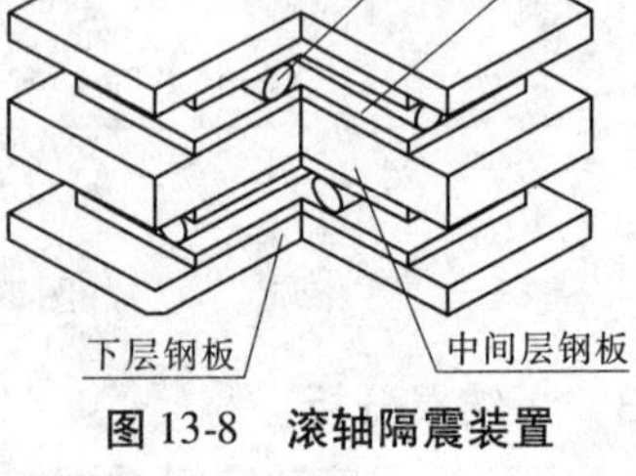

图 13-8 滚轴隔震装置

物整体移位以及后续施工来说,这种方法是不可取的。因此,基于建筑物整体移位的滚轴隔震技术在隔震方向上还存在一定的问题,滚轴隔震技术有待进一步研究。

实际应用时,可以考虑将滚轴隔震与目前较为成熟的橡胶垫隔震技术及复位弹簧结合使用,从而解决滚轴隔震技术存在的方向性及复位性能差的缺陷。

参考文献

[1] R Oduguwa. Roy a review of rolling system design optimization[J]. International Journal of Machine Tools and Manufacture, 2006(46):243-278.

[2] I Calio`, M Marletta. Passive control of the seismic rocking response of art objects[J]. Engineering Structures, 2003(25): 1009-1018.

[3] M K Shrimali, R S Seismic response of liquid storage tanks isolated by sliding bearings[J]. Engineering Structures, 2002(24):909-921.

[4] R S Jangid. Optimum frictional elements in sliding isolation system[J]. Computers and Structures, 2000(76):651-961.

[5] R S Jangid. Stochastic seismic response of structures isolated by rolling rods[J]. Engineering Structures, 2000(22):937-946.

[6] 李黎,樊爱武,孙红虎. 滑移隔震结构滑移位移的数值研究[J]. 工程抗震与加固,2004(6): 30-34.

[7] 李永贵,白良,沈冰,等. 滑移隔震结构的动力反应分析[J]. 佳木斯大学学报:自然科学版,2005,23(3): 424-426,442.

[8] 毛利军,李爱群. 基于 Simulink 的基础滑移隔震结构仿真计算分析[J]. 东南大学学报:自然科学版,2002,32(5): 804-808.

[9] 樊剑,唐家祥. 滑移隔震结构的动力特性及地震分析[J]. 土木工程学报,2000,33(4): 11-16.

[10] 周福霖. 工程结构减震控制[M]. 北京:地震出版社,1997.

[11] 张天宇. 建筑物整体平移中的动力分析[J]. 福州建设科技,1998(4):4-5.

[12] 武田寿一. 建筑物隔震防震与控震[M]. 纪晓惠,译. 北京:中国建筑工业出版社,1997.

第 14 章　基础隔震结构地震响应理论分析

14.1　引言

应用隔震技术加固后的移位建筑物或用基础隔震技术加固后的既有建筑物与新建的隔震建筑物相比，只是隔震层的施工做法不同，但最终的结构体系是相同的，因此在地震作用下的动力响应与新建的隔震建筑物没有本质上的区别，可以采用常用的基础隔震结构动力分析方法。

《建筑抗震设计规范》(GB 50011—2001)针对各类建筑结构的地震作用和抗震计算方法做了明确的规定，对于 8、9 度时采用隔震设计的建筑结构，除进行水平地震作用下的抗震验算外，应按有关规定计算竖向地震作用，并给出了响应的简化计算方法，方便工程使用。为了深入地了解和掌握地震作用下基础隔震结构体系的受力情况，本章从理论上分析了基础隔震结构的动力方程建立和相应的减震效果，主要针对单质点动力模型进行了分析，简单介绍了多质点模型的求解方法，最后进行了实例分析，验证了基础隔震结构的减震效果。

14.2　单质点体系的动力分析

14.2.1　模型的建立

对于整体刚度较大的砌体结构以及与其基本周期相当的结构采用基础隔震时，其隔震装置的水平刚度仅为上部结构的 1/50 ~ 1/150，在地震中上部结构的层间水平位移很小，结构体系位移主要集中于隔震层，上部结构可以近似为整体平动(见图 14-1(a))，从而隔震结构可简化为一个单质点体系(见图 14-1(b))，隔震装置的刚度和阻尼为隔震结构体系的刚度和阻尼。

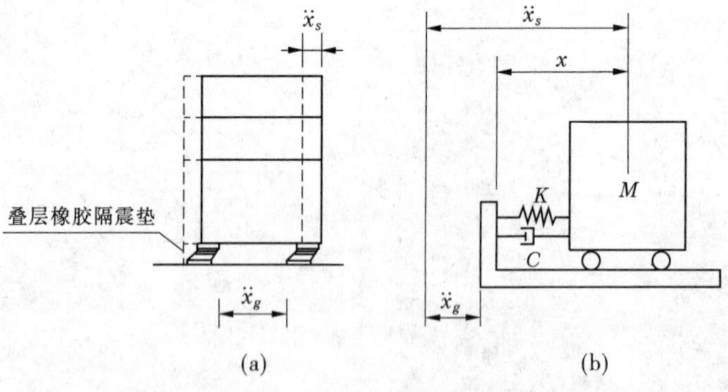

图 14-1　单支点基础隔震结构动力分析模型

现设定 $\ddot{x}_g$、$\dot{x}_g$、x_g 分别为地面水平运动加速度、速度、位移；$\ddot{x}_s$、$\dot{x}_s$、x_s 分别为上部结构水平加速度反应、速度反应、位移反应；x 为上部结构与基础之间的相对位移，M 为上部结构总质量；K、C 分别为隔震装置的水平刚度和阻尼系数，该阻尼系数近似代表隔震结构体系的总阻尼(忽略结构本身的阻尼系数，偏安全)。

14.2.2 单质点体系的加速度反应分析

依据图 14-1,在地震作用下的隔震结构体系振动分析微分方程为

$$M\ddot{x}_s + C\dot{x}_s + Kx_s = C\dot{x}_g + Kx_g \tag{14-1}$$

令

$$\omega = \sqrt{\frac{K}{M}}, \quad \xi = \frac{C}{2M\omega}$$

则式(14-1)可表达为

$$\ddot{x}_s + 2\xi\omega\dot{x}_s + \omega^2 x_s = 2\xi\omega\dot{x}_g + \omega^2 x_g \tag{14-2}$$

为求得结构体系的加速度反应,可采用转换函数的方法。设结构的动力反应转换函数为 $H(\theta)$,地震系数场地特征频率为 θ,地面运动加速度 $\ddot{x}_g = e^{i\theta t}$,则隔震结构地震反应为 $\ddot{x}_s = H(\theta)e^{i\theta t}$。

把 $\ddot{x}_g$ 及 $\ddot{x}_s$ 代入式(14-2),经过整理归纳可得到隔震结构体系的动力反应转换函数为

$$H(\theta) = \frac{\ddot{x}_s}{\ddot{x}_g} = \sqrt{\frac{1 + (2\xi\theta/\omega)^2}{[1 - (\omega/\theta)^2]^2 + (2\xi\theta/\omega)^2}} \tag{14-3}$$

转换函数的物理意义:地震时隔震结构的地震加速度反应与地面地震加速度之比值,它表明隔震结构对地面地震加速度的衰减效果。

现定义 R_a 为隔震结构的加速度反应衰减比,即地震时隔震结构加速度反应与地面加速度之比:

$$R_a = \frac{\ddot{x}_s}{\ddot{x}_g} = \sqrt{\frac{1 + (2\xi\theta/\omega)^2}{[1 - (\omega/\theta)^2]^2 + (2\xi\theta/\omega)^2}} \tag{14-4}$$

式(14-4)表示的 R_a 是设计、计算和控制隔震结构隔震效果的重要公式,R_a 与 θ/ω 的关系曲线见图 14-2。若建筑结构物所在的场地特征频率 θ 为已知,则可合理选取隔震装置(其固有频率为 ω,阻尼比为 ξ),进而求得隔震结构加速度衰减率 R_a,以确保地震中结构或结构内部的装修、设备、仪器的安全。

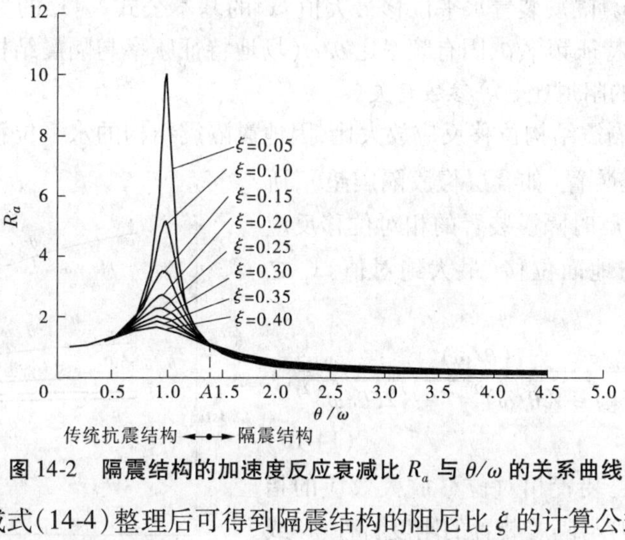

图 14-2 隔震结构的加速度反应衰减比 R_a 与 θ/ω 的关系曲线

将式(14-3)或式(14-4)整理后可得到隔震结构的阻尼比 ξ 的计算公式:

$$\xi = \frac{1}{2(\theta/\omega)}\sqrt{\frac{1 - R_a^2[1 - (\theta/\omega)^2]^2}{R_a^2 - 1}} \tag{14-5}$$

式(14-5)的 ξ 为隔震结构体系的阻尼比。由于上部结构变形很小,基本处于弹性状态,其结构阻尼比很小,所以此阻尼比 ξ 可近似视为隔震装置的阻尼比。当隔震结构体系要求的加速度反应衰减比 R_a 为已知,场地特征频率与隔震装置的固有频率之比 θ/ω 也为已知时,可以通过式(14-5)求得隔震装置的阻尼比,从而选择合适的隔震支座。

14.2.3 单质点体系位移反应分析

根据图 14-1(b)可以列出在地震作用下的结构体系动力微分方程式

$$M\ddot{x} + C\dot{x} + Kx = -M\ddot{x}_g \tag{14-6}$$

公式两边均除以 M,并定义

$$\omega = \sqrt{\frac{K}{M}}, \quad \xi = \frac{C}{2M\omega}$$

则式(14-6)可表达为

$$\ddot{x} + 2\xi\omega\dot{x} + \omega^2 x = -\ddot{x}_g \tag{14-7}$$

为求得隔震结构体系的相对位移 x,也可采用转换函数的方法。设隔震结构的动力反应转换函数为 $G(\theta)$,地面地震加速度为 $\ddot{x}_g = e^{i\theta t}$,则隔震结构的相对位移反应为 $x = G(\theta)e^{i\theta t}$,把 $\ddot{x}_g$ 及 x 代入式(14-7),经过整理归纳,可得隔震结构体系的位移反应转换函数:

$$G(\theta) = \frac{x}{\ddot{x}_g} = \frac{1}{\omega^2}\sqrt{\frac{1}{[1-(\omega/\theta)^2]^2 + (2\xi\theta/\omega)^2}} \tag{14-8}$$

把式(14-8)移项整理,并设 $|\ddot{x}_g|$ 为地震时地面加速度的最大绝对值,则可以求得地震时上部结构的相对位移反应的最大绝对值为

$$|x| = \frac{|\ddot{x}_g|}{\theta^2} = \frac{(\theta/\omega)^2}{\sqrt{[1-(\omega/\theta)^2]^2 + (2\xi\theta/\omega)^2}} \tag{14-9}$$

因为地震时上部结构层间位移很小,所以隔震结构体系的水平位移基本上表现为隔震装置的水平位移。

式(14-9)为计算隔震装置水平位移最大值 $|x|$ 的基本公式。$|x|$ 的大小与地面加速度反应 $|\ddot{x}_g|$、场地的特征频率 θ、固有频率比 θ/ω(场地特征频率与隔震结构体系固有频率的比值)及隔震装置的阻尼比 ξ 等参数有关。

现定义 R_d 为隔震结构位移反应放大比,因地震隔震结构的水平位移基本上集中在水平刚度较小的隔震装置(如叠层橡胶隔震垫),所以,R_d 可理解为地震时隔震装置的相对位移反应(最大绝对值)x 与地面位移(最大绝对值)x_g 之比,即

$$R_d = \frac{|x|}{|x_g|} = \frac{(\theta/\omega)^2}{\sqrt{[1-(\theta/\omega)^2]^2 + (2\xi\theta/\omega)^2}} \tag{14-10}$$

R_d 是表征隔震装置相对位移放大效应的指标。当场地特性(θ)与隔震装置的刚度特性(K 或 ω)已知时,可以通过放大隔震装置的阻尼比来减小隔震装置的水平位移(见图 14-3)。

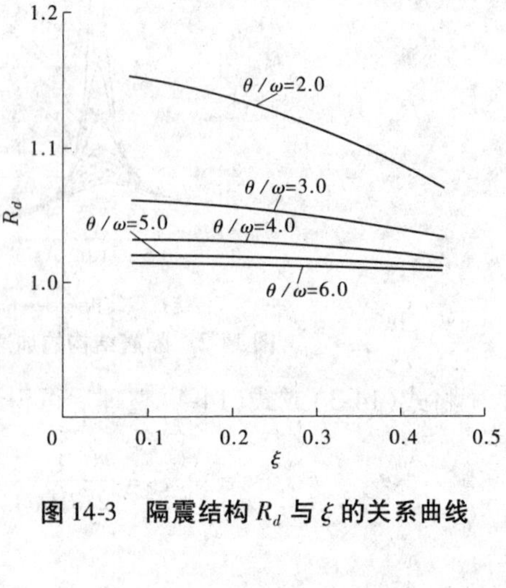

图 14-3 隔震结构 R_d 与 ξ 的关系曲线

14.3　多质点平动体系的动力分析

14.3.1　多质点平动结构动力分析模型

对于多层钢框架结构或层数较多的钢筋混凝土框架结构，其上部结构的整体刚度相对较小，与隔震层刚度相比不能忽略，在地震作用下将产生较大的层间位移，不能将上部结构看成整体平动，故宜按照多质点体系进行分析。通常情况下，隔震装置的竖向刚度远远大于其水平刚度，若布置合理，可以保证每个隔震装置的受力均匀。在竖向荷载作用下，隔震装置的竖向位移较小，相对竖向位移更小，可忽略其竖向变形引起的摆动，所以在进行动力分析时，可近似认为隔震装置只作水平变形，即结构只作平动。实际工程中的多质点体系大多属于这种体系，体系的基础隔震结构动力分析模型如图 14-4 所示。

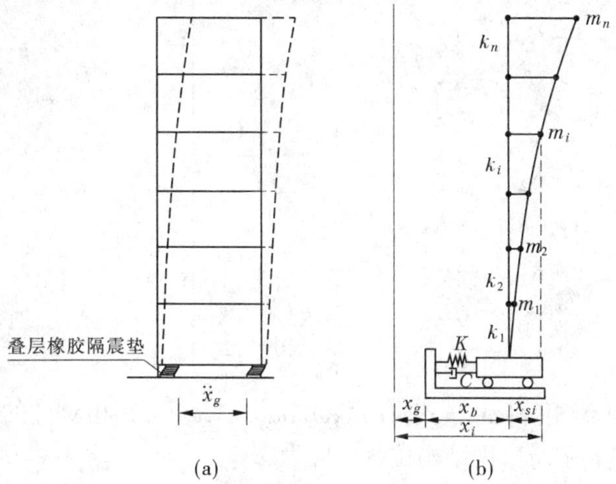

图 14-4　多质点平动体系基础隔震结构动力分析模型

上部结构各层间质量分别为 $m_1, m_2, m_3, \cdots, m_n$；层间剪切刚度分别为 $k_1, k_2, k_3, \cdots, k_n$；$m_0$、$k_0$ 分别为隔震层的质量和水平刚度；K、C 分别为隔震装置(叠层橡胶垫)的水平刚度和阻尼；x_g、$\dot{x}_g$，$\ddot{x}_g$ 分别为地面地震位移、速度、加速度；x_b、$\dot{x}_b$、$\ddot{x}_b$ 分别为结构底层与基础面之间的水平相对位移、速度和加速度；x_{si}、$\dot{x}_{si}$，$\ddot{x}_{si}$分别为上部结构第 i 层对结构底层的水平相对位移反应、速度反应和加速度反应。

14.3.2　多质点平动体系基础隔震结构动力分析

从图 14-4 可知，上部结构第 i 层的地震反应为

$$x_i = x_g + x_b + x_{si} \tag{14-11}$$

由达郎贝尔原理可列出隔震结构体系运动方程：

$$m_0(\ddot{x}_g + \ddot{x}_b) + \sum_{i=1}^{n} m_i(\ddot{x}_g + \ddot{x}_b + \ddot{x}_{si}) + C\dot{x}_b + Kx_b = 0 \tag{14-12}$$

上部结构相对运动方程为

$$[M]\{\ddot{x}_s\} + [C]\{\dot{x}_s\} + [K]\{x_s\} = -(\ddot{x}_g + \ddot{x}_s)[M] \tag{14-13}$$

其中　$\ddot{x}_g$——地面运动加速度；

$\ddot{x}_b$、$\dot{x}_b$、x_b——隔震层相对于地面的加速度、速度和位移；

$\{\ddot{x}_s\}$、$\{\dot{x}_s\}$、$\{x_s\}$——上部结构相对于隔震层的加速度、速度和位移向量；

$[M]$、$[K]$、$[C]$——上部结构的质量、刚度和阻尼矩阵。

$$[M]=\begin{bmatrix} m_1 & & & & \\ & m_2 & & & \\ & & \cdots & & \\ & & & m_{n-1} & \\ & & & & m_n \end{bmatrix};$$

$[C]$是瑞雷阻尼矩阵，$[C]=\alpha[M]+\beta[K]$，α、β 为比例常数。

$$[C]=\begin{bmatrix} C_1+C_2 & -C_2 & & & \\ -C_2 & C_2+C_3 & -C_3 & & \\ & -C_3 & \cdots & \cdots & \\ & & \cdots & C_{n-1}+C_n & -C_n \\ & & & -C_n & C_n \end{bmatrix};$$

$$[K]=\begin{bmatrix} K_1+K_2 & -K_2 & & & \\ -K_2 & K_2+K_3 & -K_3 & & \\ & -K_3 & \cdots & \cdots & \\ & & \cdots & K_{n-1}+K_n & -K_n \\ & & & -K_n & K_n \end{bmatrix};$$

设结构频率特征值矩阵$[\omega]=\mathrm{diag}\{\omega_1^2,\omega_2^2,\omega_3^2,\cdots,\omega_n^2\}$，其相对应的振型特征向量矩阵为$[\Phi]$，并引入广义坐标$\{q\}$，则结构位移反应为

$$\{x_s\} = [\Phi]\{q\} \tag{14-14}$$

将式(14-11)代入式(14-12)并于方程两边乘以$[\Phi]^{\mathrm{T}}$，则

$$[\Phi]^{\mathrm{T}}[M]\{x_s\}\{\ddot{q}\} + [\Phi]^{\mathrm{T}}[C]\{\Phi\}\{\dot{q}\} + [\Phi]^{\mathrm{T}}[K]\{\Phi\}\{q\} = -(\ddot{x}_g+\ddot{x}_b)[\Phi]^{\mathrm{T}}\{m\}$$

公式可化为

$$[I]\{\ddot{q}\} + [C^*]\{\dot{q}\} + [\omega]\{q\} = -(\ddot{x}_g+\ddot{x}_b)[\Phi]^{\mathrm{T}}\{m\} \tag{14-15}$$

式中
$$[C^*]=[\Phi]^{\mathrm{T}}[C][\Phi]$$

对应于任一振型 j 的方程为

$$\ddot{q}_j + 2\xi_j\omega_j\dot{q}_j + \omega_j^2 q_j = -\left(\sum_{i=1}^{n}\varphi_{ij}m_i\right)(\ddot{x}_b+\ddot{x}_g) \tag{14-16}$$

式中 ξ_j——第 j 振型的阻尼比。

从式(14-16)，由杜哈梅尔积分可求得

$$q_j = -\frac{\beta_j}{\omega_j}\int_0^l[\ddot{x}_g(\tau)+\ddot{x}_b(\tau)]\mathrm{e}^{-\xi_j\omega_j(l-\tau)}\times\sin\overline{\omega_j}(l-\tau)\,\mathrm{d}\tau$$

式中
$$\beta_j = \sum_{i=1}^{n}\varphi_{ij}m_i,\quad \overline{\omega_j}=\omega_j\sqrt{1-\xi_j^2}$$

把上式代入式(14-14)可得结构第 i 层的位移反应：

$$x_{si} = -\sum_{j=1}^{m}\frac{\varphi_{ij}\beta_j}{\omega_j}\int_0^l[\ddot{x}_g(\tau)+\ddot{x}_b(\tau)]\mathrm{e}^{-\xi_j\omega_j(l-\tau)}\times\sin\overline{\omega_j}(l-\tau)\,\mathrm{d}\tau \tag{14-17}$$

相应的速度和加速度反应为

$$\dot{x}_{si} = -\sum_{j=1}^{m}(\omega_j/\overline{\omega_j})\varphi_{ij}\beta_j\int_0^l[\ddot{x}_g(\tau)+\ddot{x}_b(\tau)]\times\cos[\overline{\omega_j}(l-\tau)+\theta_j]\mathrm{d}\tau \tag{14-18}$$

$$\begin{aligned}\ddot{x}_{si} = &-\sum_{j=1}^{m}\varphi_{ij}\beta_j[\ddot{x}_g(\tau)+\ddot{x}_b(\tau)]+\sum_{j=1}^{n}\varphi_{ij}\beta_j(\omega_j/\overline{\omega_j})\omega_i\times \\ &\int_0^l[\ddot{x}_g(\tau)+\ddot{x}_b(\tau)]\mathrm{e}^{-\xi_j\omega_j(l-\tau)}\cos[\overline{\omega_j}(l-\tau)+\psi_j]\mathrm{d}\tau\end{aligned} \tag{14-19}$$

式中

$$\theta_j = \arctan\frac{\xi_j}{\sqrt{1-\xi_j^2}}$$

$$\psi_j = \arctan[(1-2\xi_j^2)/(2\xi_j\sqrt{1-\xi_j^2})]$$

把式(14-19)代入式(14-13)得：

$$\begin{aligned}&m_0(\ddot{x}_g+\ddot{x}_b)+\sum_{j=1}^{m}m_i(\ddot{x}_g+\ddot{x}_b)-\sum_{j=1}^{m}\overline{M_j}(\ddot{x}_g+\ddot{x}_b)+ \\ &\sum_{j=1}^{m}(\overline{M_j}/\overline{\omega_j})\omega_j^2\int_0^l[\ddot{x}_g(\tau)+\ddot{x}_b(\tau)]\mathrm{e}^{-\xi_j\omega_j(l-\tau)}\times \\ &\cos[\overline{\omega_j}(l-\tau)+\psi_j]\mathrm{d}\tau+C\,x_b+Kx_b=0\end{aligned} \tag{14-20}$$

式中

$$\overline{M_j} = \sum_{i=1}^{n}\psi_{ij}m_i\beta_j$$

用数值法求解式(14-20)可求得结构底层与基础面之间的水平相对位移 x_b、速度 $\dot{x}_i$、加速度 $\ddot{x}_i$。

对于隔震结构的计算，多采用多质点体系模型，它可以计算结构的层间位移，较好地算出结构各层的位移、速度、加速度响应，计算量不算太大；虽然单质点体系模型计算量小，但是它不能反映上部结构的响应，计算误差大。

目前，国内东南大学土木工程学院李爱群教授，建立了基于 Simulink 的滑移基础隔震仿真计算分析方法；有些大型软件嵌套了隔震结构分析的功能，如 SAP2000 Nonlinear、通用的三维非线性有限元分析程序（NASTRAN，ADINA，ANSYS，COSMOS，ABAQUS）等都可以用来进行结构隔震分析。

14.4 基础隔震体系对地面竖向振动的反应分析

基础隔震体系对水平地震作用有明显的减震效果，而对于有竖向地震作用的减震效果研究的较少。《建筑抗震设计规范》（GB 50011—2001）明确规定 9 度时和 8 度且水平方向减震系数为 0.25 时，隔震层以上的结构应进行竖向地震作用计算；8 度且水平方向减震系数不大于 0.5 时，宜进行竖向地震作用计算。另外，建筑物的周边环境的振动（如火车、地铁、机械设备等）也主要表现为竖向振动，因此有必要分析一下基础隔震体系能否在竖向振动下保证结构的安全。

14.4.1 基础隔震体系对地面竖向振动的反应分析模型

图 14-5 表示基础隔震体系对地面竖向振动作用效应的分析模型。图中 m 为上部结构总质量（因上部结构竖向刚度较大，可近似为刚体，即近似为单质点系）；K_v、C_v 分别为隔震装置（夹层橡胶隔震垫）的竖向刚度和阻尼：$\ddot{x}_{vg}$、$\dot{x}_{vg}$ 和 x_{vg} 分别为地面竖向加速度、速度和位

移；$\ddot{x}_{vs}$、$\dot{x}_{vs}$和x_{vs}分别为上部结构的竖向加速度反应、速度反应和位移反应；D_{vs}为隔震装置的竖向变形，即上部结构与基础之间的相对位移。

14.4.2 竖向振动反应计算公式

按图 14-5 可建立运动微分方程式：

$$m\ddot{x}_{vs} + C_v(\dot{x}_{vs} - \dot{x}_{vg}) + K_v(x_{vs} - x_{vg}) = 0$$

$$\ddot{x}_{vx} + 2\omega_{vn}\xi_v\dot{x}_{vs} + \omega_{vn}^2 x_{vs} = 2\omega_{vn}\xi_v\dot{x}_{vg} + \omega_{vn}^2 x_{vg} \tag{14-21}$$

式中 ω_{vn}——结构竖向固有频率，$\omega_{vn}^2 = k_v/m$；

ξ_v——结构竖向振动等效阻尼比，$\xi_v = C/2m\omega_{vn}$；

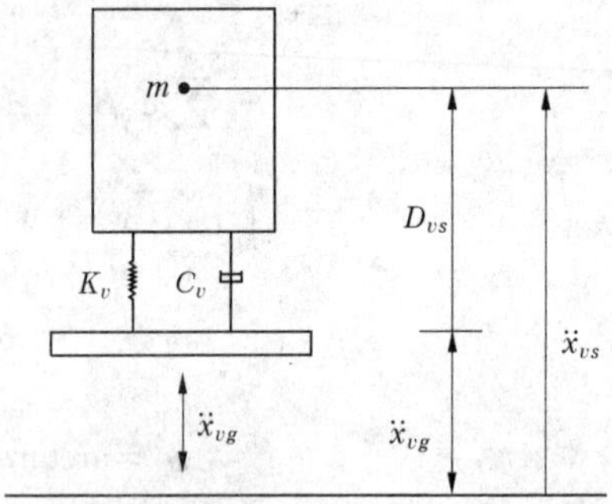

图 14-5 基础隔震体系对地面竖向振动作用反应的分析模型

引入转换函数$h(\omega)$，令$\ddot{x}_{vg} = h(\omega)e^{i\omega}$，则

$$\ddot{x}_{vs} = h(\omega)e^{i\omega}$$

把x_{vs}及x_{vg}的各阶导数表达式代入式(14-16)，经过移项整理最后可得转换函数$h(\omega)$为

$$h(\omega) = \frac{\ddot{x}_{vs}}{\ddot{x}_{gs}} = \sqrt{\frac{1 + (2\xi_v\omega/\omega_{vn})^2}{[1 - (\omega/\omega_{vn})^2]^2 + (2\xi_v\omega/\omega_{vn})^2}}$$

定义R_{va}为隔震结构竖向加速度反应衰减比，即隔震结构竖向加速度反应与地面竖向加速度之比：

$$R_{va} = \frac{\ddot{x}_{vs}}{\ddot{x}_{gs}} = \sqrt{\frac{1 + (2\xi_v\omega/\omega_{vn})^2}{[1 - (\omega/\omega_{vn})^2]^2 + (2\xi_v\omega/\omega_{vn})^2}} \tag{14-22}$$

对于R_{va}的分析可以参考单质点体系水平地震作用的动力分析。

14.4.3 竖向振动反应分析

目前，基础隔震结构多采用夹层橡胶垫隔震结构，其竖向刚度一般较大（最高可达 5 000 kN/mm），常用夹层橡胶垫的竖向固有周期为$T_{vs} = 0.05 \sim 0.08$ s，而一般场地的特征周期为$T_g = 0.5 \sim 0.8$ s，即$\omega/\omega_{vn} = 0.06 \sim 0.16$。把它代入式(14-22)，得$R_{va} \to 1.0$，这意味着，对采用夹层橡胶垫的基础隔震结构，虽未达到衰减结构竖向地面振动的作用，但不会加剧结构的竖向振动效应。由于上部结构的竖向承载能力已有足够安全度，所以地震时隔震结构在地面竖向振动作用下仍能确保安全。

14.5 基础隔震效果分析

14.5.1 基础隔震效果分析方法

由于基础隔震多用于结构体形基本规则，且结构基本周期小于 1.0 s 的建筑物或构筑物，其上部结构的层间刚度远远大于隔震装置（如夹层橡胶隔震垫）的水平刚度，结构体系的水平位移集中于隔震装置处。地震时，上部结构主要发生水平方向的整体平动，因此在大多数情况下，基础隔震体系可视为单质点体系。当对其隔震效果进行分析时，通常考虑地震作用下结构的动力反应响应历程（加速度、位移响应历程等）及整个反应过程中的峰值（最大绝对加速度、最大层间位移、最大剪力系数等）。常用以下三个参数分析隔震效果。

(1)隔震结构的加速度反应衰减比

$$R_a = \frac{\ddot{x}_s}{\ddot{x}_g} \sqrt{\frac{1 + (2\xi\theta/\omega)^2}{[1 - (\omega/\theta)^2]^2 + (2\xi\theta/\omega)^2}} \tag{14-23}$$

(2)隔震结构阻尼比

$$\xi = \frac{1}{2(\theta/\omega)} \sqrt{\frac{1 - R_a^2[1 - (\theta/\omega)^2]^2}{R_a^2 - 1}} \tag{14-24}$$

(3)隔震结构位移反应放大比

$$R_d = \frac{|x|}{|x_g|} \frac{(\theta/\omega)^2}{\sqrt{[1 - (\theta/\omega)^2]^2 + (2\xi\theta/\omega)^2}} \tag{14-25}$$

14.5.2 隔震结构与传统抗震结构的理论分界线

令 R_a 的值为1,即

$$R_a = \frac{\ddot{x}_s}{\ddot{x}_g} = 1 \tag{14-26}$$

隔震结构的加速度反应衰减比为1。表示结构在任何阻尼比 ξ 的情况下均不发挥隔震作用,此时 $\omega/\omega_n = \sqrt{2} = 1.414$,此值即为隔震结构与传统抗震结构的分界线理论值。它与图14-2中的 A 点相对应。

(1)当 $\omega/\omega_n > 1.414$ 时,$R_a < 1$,结构体系为隔震结构体系,结构的地震反应被衰减,隔震效果好。

(2)当 $\omega/\omega_n < 1.414$ 时,$R_a > 1$,结构体系为传统抗震结构体系,结构的地震反应被放大。

(3)当 $\omega/\omega_n \to 1.414$ 时,$R_a \gg 1$,传统抗震结构与场地共振。地震反应可达很大值,导致结构严重破坏或崩溃。

对于隔震结构,例如采用夹层橡胶垫的隔震结构,由于橡胶垫的水平刚度很小,能使结构的自振周期 $T_s = 2 \sim 4$ s,即自振频率 $f_s = 0.25 \sim 0.5$ Hz;而场地的特征周期 $T_s = 0.2 \sim 0.85$ s,即场地的特征频率 $f_s = 1.2 \sim 5.0$ Hz,在绝大多数情况下,均能满足 $\omega/\omega_n > 1.414$ 的要求,使结构的地震反应大大衰减。而对于传统抗震结构,如多层砖混结构的房屋虽然已按传统抗震规范进行设计,但其结构的自振周期 $T_s = 0.2 \sim 1.2$ s,即自振频率 $f_s = 0.8 \sim 5.0$ Hz。该自振频率值与场地的特征频率 $f_s = 1.2 \sim 5.0$ Hz 非常接近,即 ω/ω_n 的比值与1很接近。地震时,传统抗震结构虽然已经满足抗震设计规范的要求,但仍可能处于共振或接近共振状态,导致结构的严重破坏甚至倒塌,这是导致传统抗震结构体系不安全的重要因素。通过比较可知,隔震结构体系提供了一条确保建筑物安全的新途径。

14.5.3 基础隔震效果分析

对于采用夹层橡胶隔震垫的隔震结构,其阻尼比 $\xi = 0.10 \sim 0.30$,$\theta/\omega = 2.5 \sim 4.5$,把该阻尼比以及频率代入式(14-4)可得

$$R_a = \frac{\ddot{x}_s}{\ddot{x}_g} = 0.06 \sim 0.33$$

对于传统抗震结构,一般为

$$\ddot{x}_{传统抗震结构}/\ddot{x}_g > 2$$

所以,隔震结构的地震反应与传统抗震结构的地震反应之比为

$$\ddot{x}_{隔震结构}/\ddot{x}_{传统抗震结构} \leqslant (0.06 \sim 0.33)/2 \leqslant 0.03 \sim 0.165 = 1/33 \sim 1/6$$

即当地震发生时,隔震结构的地震反应仅为传统结构的 1/33 ~ 1/6,相当于降低地震烈度 2.5 ~ 5 度。

14.5.4 基础隔震结构刚度与阻尼比的合理控制

由式(14-23) ~ 式(14-25)分析可得,合理选取隔震结构的刚度和阻尼,即合理选取隔震装置(如夹层橡胶隔震垫)的水平剪切刚度 K 和阻尼比 ξ 是对隔震结构进行合理减震控制的关键。

根据世界各国对夹层橡胶垫隔震结构的试验研究、设计、应用和地震考验等方面的经验,对一般多层隔震房屋,夹层橡胶垫的水平剪切刚度 K 和阻尼比 ξ 的选取的合理范围如下:

$$\omega/\omega_n = 2 \sim 4.5,\quad \xi = 0.10 \sim 0.30$$

在上述范围内,可以在满足夹层橡胶垫的水平剪切变形不超过极限变形的条件下,尽可能地提高隔震效果。如果要控制隔震结构的加速度,反应衰减比 R_a 一般取

$$R_a = \frac{\ddot{x}_s}{\ddot{x}_g} = 0.08 \sim 0.22$$

因为 $\ddot{x}_{传统抗震结构}/\ddot{x}_g > 2$,所以隔震结构的地震反应 $\ddot{x}_{隔震结构}$ 与传统抗震结构的地震反应 $\ddot{x}_{传统抗震结构}$ 之比为

$$\ddot{x}_{隔震结构}/\ddot{x}_{传统抗震结构} \leqslant (0.08 \sim 0.22)/2 \leqslant 0.04 \sim 0.11 = 1/25 \sim 1/9$$

即隔震结构的地震反应仅为传统抗震结构地震反应的 1/25 ~ 1/9,相当于降低地震烈度 3 ~ 5.5 度。设计时,对这种隔震结构按相当于降低地震烈度约 2 度进行考虑。这样既能使上部结构留有较大的安全储备,又能减小构件断面和配筋,降低造价,取得较明显的技术和经济效益。

14.6 实例分析

14.6.1 工程实例

以一幢 6 层纯框架混凝土结构为例,此结构首层层高 5.3 m,2 ~ 6 层层高 3.6 m,结构长 6.6 × 8 = 52.8(m)。对该结构分别采用设置隔震器模型和不设隔震器模型进行分析,隔震器采用橡胶隔震器(叠层橡胶隔震支座)。用 SAP2000 通用结构分析软件进行模态分析和非线性时程分析。用于分析的地震波采用埃而森特罗波(El - Centro)时程曲线见图 14-6,时间间隔 0.02 s,持续时间取 30 s,适合于Ⅱ类场地土,结构的仿真模型见图 14-7。

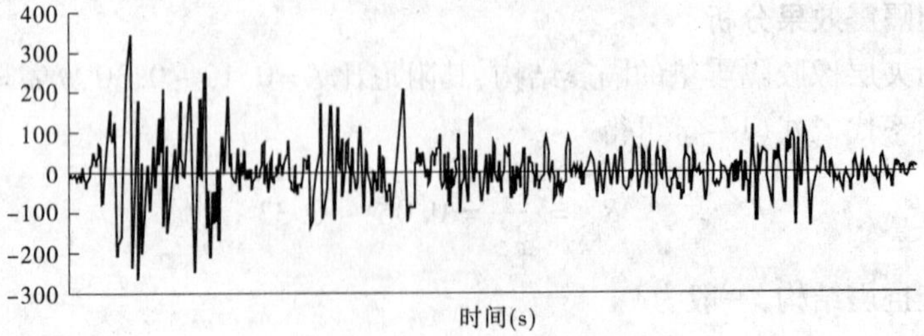

图 14-6 El - Centro 波时程曲线

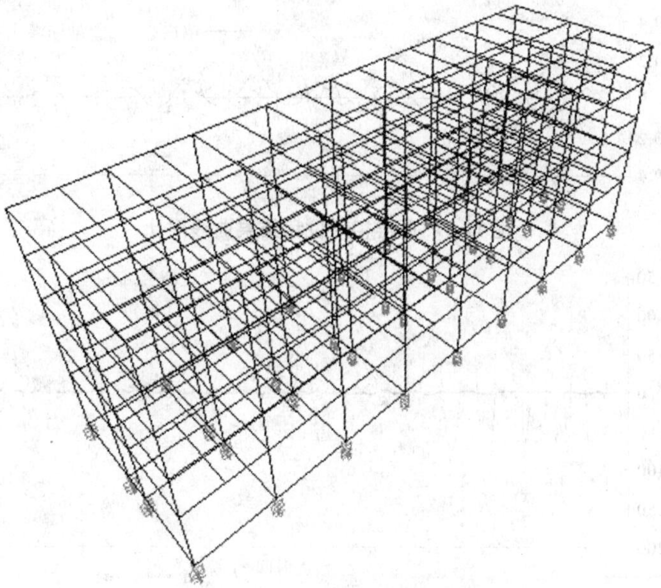

图 14-7　隔震结构三维分析模型

14.6.2　结果分析

结构模型周期对比信息见表 14-1。

表 14-1　结构模型周期对比信息

振型序号	不隔震(s)	隔震(s)	相差百分率(%)
1	1.486 150	2.750 469	45.9
2	1.315 922	2.648 289	50.0
3	1.307 669	2.523 172	48.1
4	0.463 572	0.669 210	30.7
5	0.410 035	0.588 275	30.3
6	0.402 815	0.574 650	215.9

从表 14-1 可以看出，隔震结构的周期明显延长，结构的基本周期延长约 50%。

通过仿真计算分析，得到隔震结构与非隔震结构的地震反应时程分析结果，如图 14-8 ~ 图 14-11 所示。

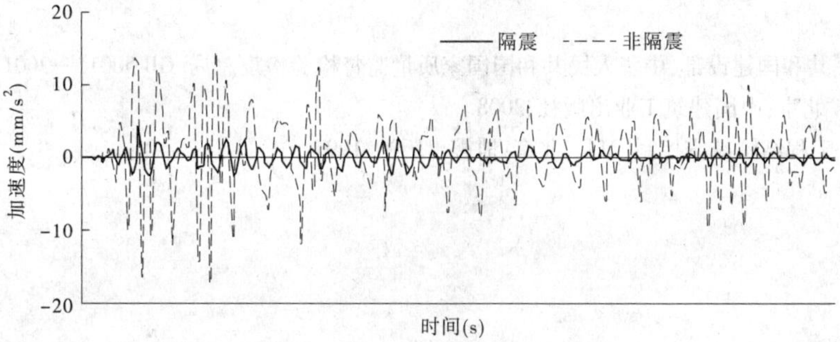

图 14-8　顶层相对加速度结果曲线对比

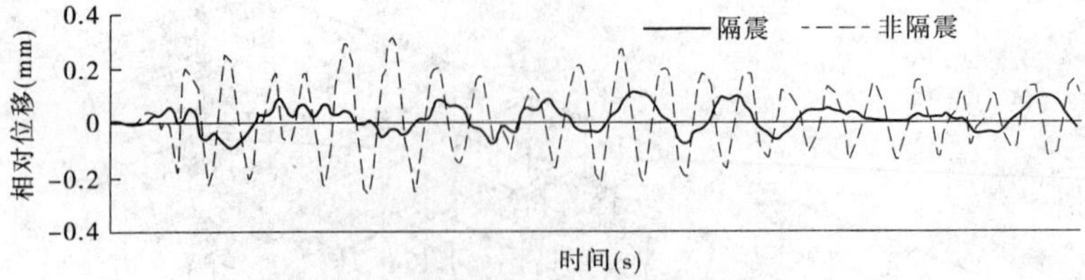

图 14-9　顶层相对位移结果曲线对比

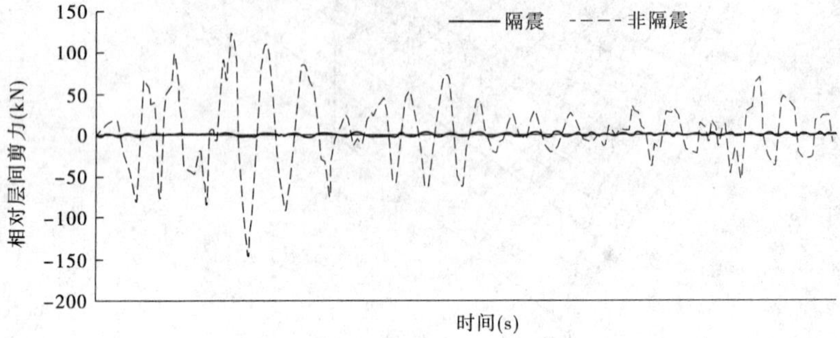

图 14-10　底层相对剪力结果曲线对比

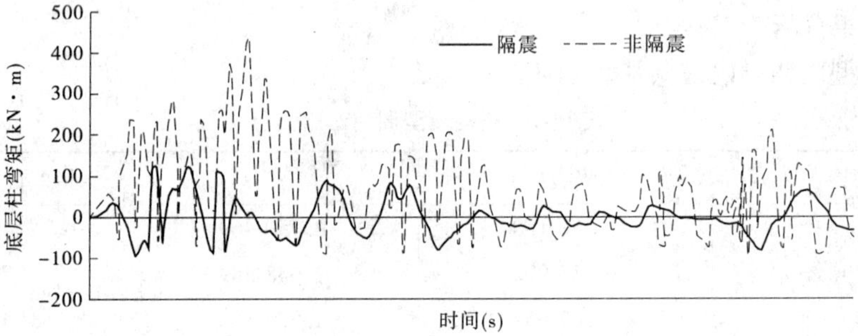

图 14-11　底层柱弯矩结果曲线对比

从图 14-8 ~ 图 14-11 的计算结果中可以得出,基础隔震结构具有明显降低建筑物的地震反应,隔离地震波向上部结构传递的作用。同一般的抗震结构相比,基础隔震结构的层间相对位移、相对加速度和层间剪力明显降低。因此,采用基础隔震技术能保证结构的安全度,大大增强结构上部设计的自由度,可以为上部建筑提供更大的设计空间。

参考文献

[1] 中华人民共和国建设部,中华人民共和国国家质量监督检验检疫总局. GB 50011—2001 建筑抗震设计规范[S]. 北京:中国建筑工业出版社,2008.

[2] 周福霖. 工程结构减震控制[M]. 北京:地震出版社,1997.

第 15 章　基础隔震结构地震响应的时程分析方法

15.1　引言

隔震的概念早在 20 世纪初就有人提出了，但直到 20 世纪 70 年代才开始在工程上尝试应用，近 40 年来，隔震技术已在世界各地广泛应用。隔震系统通常置于结构的基础之上，利用其塑性和吸能能力，在地震输入能量传给结构之前部分反射和部分吸收其能量，它的最终效果是降低了结构系统的要求耗能值，因而增加了其耐久性。根据振动台试验或实际地震记录，隔震结构的地震反应为传统抗震结构的地震反应的 8% ~25%。周福霖等针对一般的多层隔震房屋，采用单质点模型，从理论上推导了隔震结构加速度衰减率 R_a 及隔震结构位移反应放大率 R_d，通过选取合理的隔震层刚度和阻尼大小，可以使隔震结构的地震反应仅为传统抗震结构的地震反应的 1/9 ~1/25，相当于降低地震烈度 3 ~5.5 度，从而保护结构本身免遭破坏，也能使建筑物内部的设备、物品得以保全，维持建筑物内人员的正常工作生活，并且隔震技术也为基于性能的结构抗震设计提供了一条途径。

建筑物在地震作用下的动力响应的时程分析，一直是个非常复杂的问题。对建筑物进行基础隔震后，由于增加了柔性底层——隔震层，结构基本周期增加，并且隔震层参数与结构参数相差较大，容易导致数值病态，因此对算法的要求更高。传统的结构动力响应分析方法有频域分析法（振型迭加法）和时域分析法（中心差分法、线性加速度法、Wilson - θ 法、Newmark - β 和 Houbolt 法等），然而这些方法全套都是有限差分法近似，对积分步长有一定的限制，容易偏离真实解。近年来，钟万勰等针对一阶微分方程组，提出了一种高精度的求解方法——精细积分法，对于求解定常结构动力方程，其数值结果精度之高，是其他时程积分方法无法比拟的，其数值解甚至可与精确解相比。随后国内外学者在精细积分法的基础上，对算法的精度、稳定性和算法改进完善做了大量的研究，其中，汪梦甫等详细分析了结构动力分析的精细积分法的稳定性、计算精度，在此基础上提出了结构动力方程的高斯精细时程积分法。它为结构动力系统的高精度计算开辟了新的途径，从特性上而言，高斯精细时程积分法不仅适合频率密集的大型柔性结构，而且适用于大型复杂结构在突加荷载或冲击荷载作用下的瞬态响应分析。

15.2　隔震结构的动力分析

基础隔震技术一般可用于 30 层以下的房屋建筑中，但由于隔震装置的影响，基础隔震技术在我国主要用于 10 层以下的建筑物。建筑物结构的地震响应分析模型一般采用的多自由度体系力学模型有层间剪切模型、层间剪弯模型、层间扭转模型及空间杆系模型。由于低层和多层建筑高宽比较小，上部结构水平层刚度较大，所以一般可以不考虑结构的倾覆、扭转等因素，采用层间剪切模型。

15.2.1　隔震结构本构关系

国内外大量的理论研究和振动台试验、地震现场观测试验和实际地震记录都表明，由于基础隔震建筑物结构各层的水平刚度远远大于隔震层的刚度,所以即使在强震的作用下,上部结构仍处于弹性状态,即结构上部各层的刚度不变,隔震层处于弹、塑性状态的交替中。

隔震层的恢复力模型分为曲线型和折线型两种,曲线型恢复力模型给出的刚度是连续变化的,与工程实际较为接近,但在刚度的确定及计算方法上存在不足,目前使用较为广泛的是折线型模型。文献[21]介绍了国内外隔震技术及隔震装置的应用和发展,针对应用最为广泛的橡胶隔震支座和阻尼器,讨论了其恢复力模型。对于天然橡胶支座,一般采用线性弹性模型,考虑大变形时有钢棒剪切加回转力学模型,强化恢复力模型;铅芯橡胶隔震支座的恢复力分析模型主要有:①双线性模型(Bi - Linear Model);②Ramberg - Osgood 模型;③修正双线性模型(Modified Bi - Linear Model);④修正双线性模型 + Ramberg - Osgood 模型。

由于天然橡胶隔震支座耗能低,单独采用天然橡胶隔震支座作为隔震层的隔震结构,地震时隔震层不能有效地吸收地震能量,因此地震能量仍将由上部结构和结构构件承担,此外,隔震支座也将因产生过大的剪切变形而遭到破坏。阻尼器就是基于吸收并消耗地震能量而设置的一种耗能装置,与橡胶隔震支座共同形成隔震结构的隔震层。相对于形式单一的橡胶隔震支座,阻尼器的形式多种多样,但两者的耗能原理和特点是相同或相近的。根据材料及耗能原理的区别,阻尼器可分为以下三大类(见图 15-1):

阻尼器
- 黏弹性型(油阻尼器,黏弹性体阻尼器等)
- 履历型(钢棒阻尼器,铅棒阻尼器等)
- 摩擦型(金属摩擦板阻尼器,外筒摩擦阻尼器、滑板支座等)

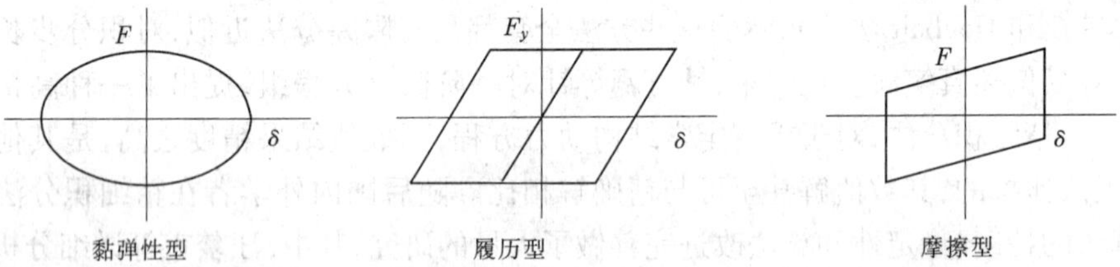

图 15-1　阻尼器恢复力特性

由此可见,除黏弹性型阻尼器恢复力模型外(黏弹性型阻尼器一般用在上部结构上,在基础隔震中很少用到),其他两类装置的恢复力模型主要为折线型。本章主要研究基础隔震结构中隔震层恢复力模型为折线型时结构的地震响应,算例中隔震层的恢复力模型采用理想弹塑性双线性模型。

15.2.2　剪切型多自由度系统的动力方程

层间剪切型多自由度系统的动力方程为:

$$\boldsymbol{M}\ddot{\boldsymbol{U}} + \boldsymbol{C}\dot{\boldsymbol{U}} + \boldsymbol{K}(t)\boldsymbol{U} = -\boldsymbol{M}\boldsymbol{I}\ddot{u}_g \tag{15-1}$$

其中,$\boldsymbol{M}$、$\boldsymbol{C}$、$\boldsymbol{K}(t)$、$\boldsymbol{U}$、$\boldsymbol{I}\ddot{u}_g$ 分别为质量、阻尼、剪切刚度矩阵及位移、地面运动加速度向量。

$\boldsymbol{U}$ 为各层相对于地面运动的位移向量,设相邻层间位移向量为 $\boldsymbol{X}$,则有 $\boldsymbol{U} = \boldsymbol{T}\boldsymbol{X}$,其中 $\boldsymbol{T}$ 为转换矩阵:

$$T=\begin{bmatrix}1 & 1 & \cdots & 1\\ 0 & 1 & \cdots & 1\\ \vdots & & & \vdots\\ 0 & \cdots & 0 & 1\end{bmatrix}_{n\times n},\quad T^{-1}=\begin{bmatrix}1 & -1 & 0 & \cdots & 0\\ 0 & 1 & -1 & 0 & \vdots\\ \vdots & & & & 0\\ 0 & \cdots & 0 & 1 & -1\\ 0 & 0 & \cdots & 0 & 1\end{bmatrix}_{n\times n}$$

把 $\boldsymbol{U}=\boldsymbol{TX}$ 代入方程(15-1),并在等式两边同时乘 $\boldsymbol{T}^{\mathrm{T}}$ 最终可得

$$\ddot{\boldsymbol{X}}+\overline{\boldsymbol{M}}\boldsymbol{C}^{*}\dot{\boldsymbol{X}}+\overline{\boldsymbol{M}}\boldsymbol{K}^{*}(t)\boldsymbol{X}=\boldsymbol{R}(t) \tag{15-2}$$

式中

$$\overline{\boldsymbol{M}}=(\boldsymbol{T}^{\mathrm{T}}\boldsymbol{MT})^{-1},\boldsymbol{C}^{*}=\boldsymbol{T}^{\mathrm{T}}\boldsymbol{CT}=\begin{bmatrix}c_n & & & \\ & c_{n-1} & & \\ & & \cdots & \\ & & & c_1\end{bmatrix},\boldsymbol{K}^{*}(t)=\boldsymbol{T}^{\mathrm{T}}\boldsymbol{K}(t)\boldsymbol{T}=\begin{bmatrix}k_n & & & \\ & k_{n-1} & & \\ & & \cdots & \\ & & & k_1\end{bmatrix}$$

$$\boldsymbol{R}(t)=-\overline{\boldsymbol{M}}\boldsymbol{T}^{\mathrm{T}}\boldsymbol{MI}\ddot{u}_g=-(\boldsymbol{T}^{\mathrm{T}}\boldsymbol{MT})^{-1}\boldsymbol{T}^{\mathrm{T}}\boldsymbol{MI}\ddot{u}_g=-\boldsymbol{T}^{-1}\boldsymbol{M}^{-1}\boldsymbol{T}^{\mathrm{T}^{-1}}\boldsymbol{T}^{\mathrm{T}}\boldsymbol{MI}\ddot{u}_g=-\boldsymbol{T}^{-1}\boldsymbol{I}\ddot{u}_g$$

其中:$c_1,c_2,\cdots,c_n,k_1,k_2,\cdots,k_n$ 分别为每层的层间阻尼和层间刚度;$\boldsymbol{R}(t)=-\{0,\cdots,0,1\}_n^{\mathrm{T}}\ddot{u}_g$。由此可见,通过转换矩阵的变换,在形式上可以解除相邻层间阻尼、刚度的耦合关系。

对于剪切型动力方程(15-2),引入状态变量 $\boldsymbol{x}_1=\boldsymbol{X},\boldsymbol{x}_2=\dot{\boldsymbol{X}}$,则状态向量为 $\boldsymbol{x}=\{\boldsymbol{x}_1^{\mathrm{T}},\boldsymbol{x}_2^{\mathrm{T}}\}^{\mathrm{T}}$,把剪切型动力方程(15-2)等价转化为状态空间方程:

$$\dot{\boldsymbol{x}}=\boldsymbol{Ax}+\boldsymbol{F}(t) \tag{15-3}$$

$$\boldsymbol{A}=\begin{bmatrix}\boldsymbol{0} & \boldsymbol{E}\\ -\overline{\boldsymbol{M}}\boldsymbol{K}^{*} & -\overline{\boldsymbol{M}}\boldsymbol{C}^{*}\end{bmatrix},\quad \boldsymbol{F}(t)=\begin{bmatrix}\boldsymbol{0}\\ \boldsymbol{R}(t)\end{bmatrix}$$

对方程(15-3)进行求解后,得到相邻层间位移向量 $\boldsymbol{X}$,然后利用公式 $\boldsymbol{U}=\boldsymbol{TX}$ 求得各层相对于地面运动的位移向量。

15.2.3 建筑物在地震激励下的受力特点

地震作用下建筑物的受力大小不仅与地震烈度的大小有关,还与上部结构的质量成正比关系,这也是建筑物在地震作用下的受力特点,所以有时我们也把地震作用称为等效惯性力。一般结构在地震作用下的等效惯性力为 $-\boldsymbol{MI}\ddot{u}_g$,通过一定的矩阵转换,变成简单的形式:

$$-\overline{\boldsymbol{M}}\boldsymbol{T}^{\mathrm{T}}\boldsymbol{MI}\ddot{u}_g=-(\boldsymbol{T}^{\mathrm{T}}\boldsymbol{MT})^{-1}\boldsymbol{T}^{\mathrm{T}}\boldsymbol{MI}\ddot{u}_g=-\boldsymbol{T}^{-1}\boldsymbol{M}^{-1}\boldsymbol{T}^{\mathrm{T}^{-1}}\boldsymbol{T}^{\mathrm{T}}\boldsymbol{MI}\ddot{u}_g=-\boldsymbol{T}^{-1}\boldsymbol{I}\ddot{u}_g=\boldsymbol{R}(t)$$

其中,$\boldsymbol{R}(t)$ 只有最后一项数值不为零,而方程(15-3)中,$\boldsymbol{F}(t)=\begin{bmatrix}\boldsymbol{0}\\ \boldsymbol{R}(t)\end{bmatrix}$ 也只有最后一项数值不为零,其余全是零,故对于式(15-2)中积分项进行数值积分计算时,仅与不同插值点相应的指数矩阵最后一列有关,即 $\begin{bmatrix}a_{11} & \cdots & a_{1n}\\ \vdots & & \vdots\\ a_{n1} & \cdots & a_{nn}\end{bmatrix}\times\begin{bmatrix}0\\ \vdots\\ 0\\ b_n\end{bmatrix}=\begin{bmatrix}a_{1n}\\ \vdots\\ a_{nn}\end{bmatrix}b_n$,故在编程计算中,可以把矩阵与向量相乘转化为向量与数相乘,即把 n^2 次乘法和 n^2 次加法运算转化为 n 次乘法运算,在很大程度上节约了计算时间。

15.3 精细积分法

15.3.1 指数矩阵的算法

指数矩阵的精细计算有两个要点：①运用指数函数的加法定理，即运用 2^N 类的算法；②将注意力放在增量上，而不是其全量。指数矩阵函数的加法定理给出

$$\boldsymbol{T} = \exp(\boldsymbol{A}\eta) \equiv [\exp(\boldsymbol{A}\eta/m)]^m \tag{15-4}$$

其中 m 为任意正整数，可选用：

$m=2^N$，例如选 $N=20$，则 $m=1\ 048\ 576$。

由于 η 本来是不大的时间区段，则 $\tau=\eta/m$ 将是非常小的一个时间区段。因此，对于 τ 的区段，有

$$\exp(\boldsymbol{A}\tau) \approx \boldsymbol{I}_n + (\boldsymbol{A}\tau) + (\boldsymbol{A}\tau)^2/2! + (\boldsymbol{A}\tau)^3/3! + \cdots + (\boldsymbol{A}\tau)^L/L! \tag{15-5}$$

其中，L 表示截断阶数。

因 τ 非常小，幂级数 5 项展开应已足够。此时指数矩阵 $\boldsymbol{T}$ 与单位阵 $\boldsymbol{I}_n$ 相差不大，故写为

$$\exp(\boldsymbol{A}\tau) \approx \boldsymbol{I}_n + \boldsymbol{T}_a$$

$$\boldsymbol{T}_a = (\boldsymbol{A}\tau) + (\boldsymbol{A}\tau)^2[\boldsymbol{I}_n + (\boldsymbol{A}\tau)/3 + (\boldsymbol{A}\tau)^2/12]/2 \tag{15-6}$$

其中，$\boldsymbol{T}_a$ 矩阵是一个非常小量的矩阵。

为了计算 $\boldsymbol{T}$ 矩阵，应先将式(15-4)作分解

$$\boldsymbol{T} = (\boldsymbol{I}+\boldsymbol{T}_a)^{2^N} = (\boldsymbol{I}+\boldsymbol{T}_a)^{2^{N-1}} \times (\boldsymbol{I}+\boldsymbol{T}_a)^{2^{N-1}} \tag{15-7}$$

因此，式(15-7)的 N 次乘法相当于以下语句：

for($iter=0; iter<N; iter++$)

$$\boldsymbol{T}_a = 2\boldsymbol{T}_a + \boldsymbol{T}_a \times \boldsymbol{T}_a \tag{15-8}$$

当以上语句循环结束后，再执行

$$\boldsymbol{T} = \boldsymbol{I} + \boldsymbol{T}_a \tag{15-9}$$

便可，由于 N 次乘法后，$\boldsymbol{T}_a$ 已不再是很小的矩阵，这个加法已没有严重的舍入误差了，以上便是指数矩阵的精细计算方法。

15.3.2 非齐次方程的求解

文献[26]中，对一阶非齐次微分方程组，给出了其通解形式：

$$\boldsymbol{v}(t) = \boldsymbol{\Phi}(t,t_0)\boldsymbol{v}_0 + \int_{t_0}^{t} \boldsymbol{\Phi}(t,\tau)\boldsymbol{f}(\tau)\,\mathrm{d}\tau \tag{15-10}$$

对于时不变系统，有

$$\boldsymbol{\Phi}(t,t_1) = \boldsymbol{\Phi}(t-t_1) = \exp[\boldsymbol{A}\cdot(t-t_1)]$$

对于方程(15-3)，有

$$\boldsymbol{x}(t) = \exp(\boldsymbol{A}\cdot\Delta t) \times \boldsymbol{x}_0 + \int_{t_0}^{t} \exp[\boldsymbol{A}\cdot(t-\tau)] \times \boldsymbol{F}(\tau)\,\mathrm{d}\tau \tag{15-11}$$

令 $t=t_{k+1}, t_0=t_k, \Delta t=t_{k+1}-t_k$，推出以下迭代格式：

$$\boldsymbol{x}(t_{k+1}) = \exp(\boldsymbol{A}\cdot\Delta t) \times \boldsymbol{x}(t_k) + \int_0^{\Delta t} \exp[A\cdot(\Delta t-\xi)] \times \boldsymbol{F}(t_k+\xi)\,\mathrm{d}\xi \tag{15-12}$$

15.4 基于牛顿－柯特斯公式的精细积分法

15.4.1 基于牛顿－柯特斯公式的精细积分法

在式(15-12)中,$\boldsymbol{T}=\exp(\boldsymbol{A}\cdot\Delta t)$可以通过指数函数的精细积分法算出,为使式(15-12)也能直接进行数值计算,避免矩阵求逆,可以采用数值积分的方法将式中的积分项算出。在此用基于 $N=1,2,4$ 的牛顿－柯特斯公式及相应的复化公式的精细积分法对其进行数值计算。

当 $N=1$ 时:

$$\int_0^{\Delta t}\exp[\boldsymbol{A}\cdot(\Delta t-\xi)]\times\boldsymbol{F}(t_k+\xi)\mathrm{d}\xi=\frac{\Delta t}{2}[\boldsymbol{T}\times\boldsymbol{F}(t_k)+\boldsymbol{F}(t_{k+1})]+o(\Delta t)^1 \tag{15-13}$$

当 $N=2$ 时:

$$\int_0^{\Delta t}\exp[\boldsymbol{A}\cdot(\Delta t-\xi)]\times\boldsymbol{F}(t_k+\xi)\mathrm{d}\xi=\frac{\Delta t}{6}\left[\boldsymbol{T}\times\boldsymbol{F}(t_k)+4\boldsymbol{T}_{\frac{1}{2}\Delta t}\boldsymbol{F}\left(t_k+\frac{1}{2}\Delta t\right)+\boldsymbol{F}(t_{k+1})\right]+o(\Delta t)^3 \tag{15-14}$$

当 $N=4$ 时:

$$\int_0^{\Delta t}\exp[\boldsymbol{A}\cdot(\Delta t-\xi)]\times\boldsymbol{F}(t_k+\xi)\mathrm{d}\xi=$$
$$\frac{\Delta t}{90}\left[7\boldsymbol{T}\times\boldsymbol{F}(t_k)+32\boldsymbol{T}_{\frac{1}{4}\Delta t}\boldsymbol{F}\left(t_k+\frac{1}{4}\Delta t\right)+12\boldsymbol{T}_{\frac{1}{2}\Delta t}\boldsymbol{F}\left(t_k+\frac{1}{2}\Delta t\right)+32\boldsymbol{T}_{\frac{3}{4}\Delta t}\boldsymbol{F}\left(t_k+\frac{3}{4}\Delta t\right)+7\boldsymbol{F}(t_{k+1})\right]$$
$$+o(\Delta t)^5 \tag{15-15}$$

将 Δt 分为 n 等份,取 $h=\dfrac{\Delta t}{n}$,则 $N=1$ 时相应的复化公式为

$$\int_0^{\Delta t}\exp[\boldsymbol{A}\cdot(\Delta t-\xi)]\times\boldsymbol{F}(t_k+\xi)\mathrm{d}\xi$$
$$=\frac{h}{2}[\boldsymbol{T}\times\boldsymbol{F}(t_k)+2\sum_{i=1}^{n-1}\boldsymbol{T}_{ih}\times\boldsymbol{F}(t_k+ih)+\boldsymbol{F}(t_{k+1})]+o(h)^1 \tag{15-16}$$

当 $N=2$ 时相应的复化公式为

$$\int_0^{\Delta t}\exp[\boldsymbol{A}\cdot(\Delta t-\xi)]\times\boldsymbol{F}(t_k+\xi)\mathrm{d}\xi$$
$$=\frac{h}{3}[\boldsymbol{T}\times\boldsymbol{F}(t_k)+4\sum_{i=0}^{n-1}\boldsymbol{T}_{ih+h/2}\times\boldsymbol{F}(t_k+ih+h/2)+2\sum_{i=1}^{n-1}\boldsymbol{T}_{ih}\times\boldsymbol{F}(t_k+ih)+\boldsymbol{F}(t_{k+1})]+o(h)^3 \tag{15-17}$$

当 $N=4$ 时相应的复化公式为

$$\int_0^{\Delta t}\exp[\boldsymbol{A}\cdot(\Delta t-\xi)]\times\boldsymbol{F}(t_k+\xi)\mathrm{d}\xi=$$
$$\frac{h}{90}[7\boldsymbol{T}\times\boldsymbol{F}(t_k)+32\sum_{i=0}^{n-1}\boldsymbol{T}_{ih+h/4}\times\boldsymbol{F}(t_k+ih+h/4)+12\sum_{i=0}^{n-1}\boldsymbol{T}_{ih+h/2}\times\boldsymbol{F}(t_k+ih+h/2)+$$
$$32\sum_{i=0}^{n-1}\boldsymbol{T}_{ih+3h/4}\times\boldsymbol{F}(t_k+ih+3h/4)\boldsymbol{F}(t_{k+1})+14\sum_{i=1}^{n-1}\boldsymbol{T}_{(i+1)h}\times\boldsymbol{F}(t_k+ih)+7\boldsymbol{F}(t_{k+1})]+o(h)^5 \tag{15-18}$$

对于等间距的牛顿－柯特斯公式，存在不同插值点指数矩阵 $\boldsymbol{T}_{\frac{1}{2}\Delta t}$、$\boldsymbol{T}_{\frac{1}{4}\Delta t}$、$\boldsymbol{T}_{\frac{3}{4}\Delta t}$、$\boldsymbol{T}_{ih}$、$\boldsymbol{T}_{ih+h/2}$、$\boldsymbol{T}_{ih+h/4}$、$\boldsymbol{T}_{ih+2h/4}$、$\boldsymbol{T}_{ih+3h/4}$、$\boldsymbol{T}_{(i+1)h}$等的计算问题。在此我们取最小的插值点间距为 ε，那么插值点离积分起始点的间距应为 ε 的整数 l 倍，可以利用精细积分算出 $\exp(\boldsymbol{A}\varepsilon)$ 的值，从而根据 $\exp(l\boldsymbol{A}\varepsilon)=[\exp(\boldsymbol{A}\varepsilon)]^{l}$，利用循环迭代：for($iter=1;iter<1;iter++$) $\boldsymbol{T}_a=2\cdot\boldsymbol{T}_a+\boldsymbol{T}_a\cdot\boldsymbol{T}_a$，当循环结束后，再执行：$\exp(l\boldsymbol{A}\varepsilon)=\boldsymbol{I}+\boldsymbol{T}_a$，即可求出不同插值点的指数矩阵值。

15.4.2 算例

【例 15-1】 选用文献[28]中的例 8-2，并与文献[28]中的计算结果作对比，方程为

$$\begin{bmatrix}2&0\\0&1\end{bmatrix}\begin{Bmatrix}\ddot{x}_1\\\ddot{x}_2\end{Bmatrix}+\begin{bmatrix}6&-2\\-2&4\end{bmatrix}\begin{Bmatrix}x_1\\x_2\end{Bmatrix}=\begin{Bmatrix}0\\10\end{Bmatrix}$$

初始条件为 $x_1(0)=x_2(0)=0,\dot{x}_1(0)=\dot{x}_2(0)=0$

利用基于牛顿－柯特斯公式的精细积分法计算系统的位移响应，取 $N=1$、2、4，分别计算时间步长为 $\tau=0.28$ s 时每个时刻的位移，计算结果见表 15-1。

表 15-1 系统位移反应

方法	时间步长	1	2	3	4	5	6	7	8	9	10	11	12
Z	x_1	0.003	0.038	0.176	0.486	0.996	1.657	2.338	2.861	3.052	2.806	2.131	1.157
	x_2	0.382	1.412	2.781	4.094	4.996	5.291	4.986	4.277	3.457	2.806	2.484	2.489
$N=1$	x_1	0.005	0.047	0.191	0.503	1.010	1.659	2.325	2.833	3.014	2.769	2.105	1.151
	x_2	0.372	1.375	2.710	3.992	4.878	5.173	4.886	4.202	3.407	2.769	2.447	2.439
$N=2$	x_1	0.003	0.038	0.176	0.486	0.996	1.657	2.338	2.861	3.052	2.806	2.131	1.157
	x_2	0.382	1.412	2.781	4.094	4.996	5.291	4.986	4.277	3.458	2.806	2.484	2.489
$N=4$	x_1	0.003	0.038	0.176	0.486	0.996	1.657	2.338	2.861	3.052	2.806	2.131	1.157
	x_2	0.382	1.412	2.781	4.094	4.996	5.291	4.986	4.277	3.458	2.806	2.484	2.489

注：表中 Z 表示传统精细积分法，$N=1$、2、4 分别代表基于插值点数为 1、2、4 的牛顿－柯特斯精细积分法。

算例分析：从表 15-1 中各时刻系统位移响应对比可知，当 $N=1$ 时，基于牛顿－柯特斯公式的精细积分法的计算结果同传统精细积分法的计算结果有一定差别；但是当 $N=2$、4 时，基于牛顿－柯特斯公式的精细积分法的计算结果与传统精细积分法的计算结果相同，从而说明了合理选取插值点数，可以达到所需的计算精度。

【例 15-2】 采用文献[29]中的算例，结构为 3 层上部结构，加上隔震层，为 4 质点的等价剪切模型，如图 15-2 所示。隔震层的恢复力模型采用理想弹塑性双线性模型，阻尼器的屈服承载力为 300 t，屈服位移为 1.3 cm，如图 15-3 所示。具体参数取值和详细的定义参见文献[29]。

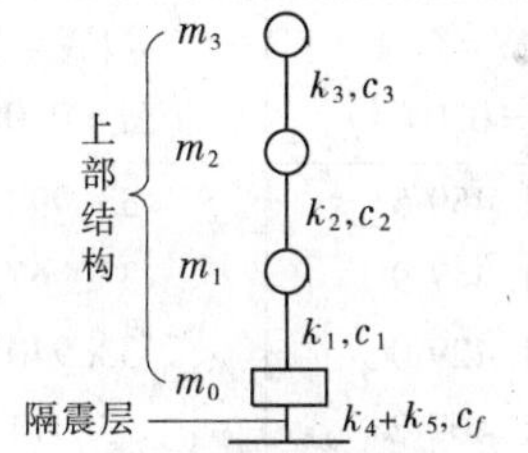

图 15-2　等价剪切模型

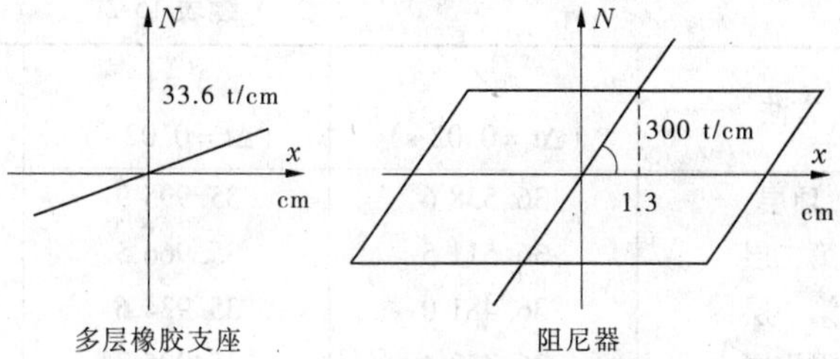

图 15-3　隔震层的恢复力模型

隔震结构的动力方程为

$$\boldsymbol{M}\ddot{\boldsymbol{U}} + \boldsymbol{C}\dot{\boldsymbol{U}} + \boldsymbol{K}(t)\boldsymbol{U} = -\boldsymbol{M}\boldsymbol{I}\ddot{u}_g$$

等价转化为下列形式：　$\dot{x} = \boldsymbol{A}\boldsymbol{x} + \boldsymbol{F}(t)$

其中：　$\boldsymbol{A} = \begin{bmatrix} \boldsymbol{0} & \boldsymbol{E} \\ -\overline{\boldsymbol{M}\boldsymbol{K}^*} & -\overline{\boldsymbol{M}\boldsymbol{C}^*} \end{bmatrix}, \boldsymbol{F}(t) = \begin{bmatrix} \boldsymbol{0} \\ \boldsymbol{R}(t) \end{bmatrix}$

初始条件为：　$x_1(0) = \cdots = x_4(0) = 0, \dot{x}_1(0) = \cdots = \dot{x}_4(0) = 0$

$$\boldsymbol{M} = \frac{1}{980}\begin{bmatrix} 1\,530 & 0 & 0 & 0 \\ 0 & 1\,850 & 0 & 0 \\ 0 & 0 & 2\,030 & 0 \\ 0 & 0 & 0 & 2\,280 \end{bmatrix}, \boldsymbol{C} = \begin{bmatrix} 7.93 & -7.93 & 0 & 0 \\ -7.93 & 22.90 & -14.97 & 0 \\ 0 & -14.97 & 39.91 & -24.94 \\ 0 & 0 & -24.94 & 25.27 \end{bmatrix}$$

$$\boldsymbol{K} = \begin{bmatrix} 9\,750 & -9\,750 & 0 & 0 \\ -9\,750 & 28\,160 & -18\,410 & 0 \\ 0 & -18\,410 & 49\,090 & -30\,680 \\ 0 & 0 & -30\,680 & 31\,013.6 \\ & & & (30\,713.6) \end{bmatrix}$$（括号内为阻尼器屈服时的情况）

$\boldsymbol{R}(t) = -\{0,\cdots,0,1\}_n^{\mathrm{T}}\ddot{u}_g$，$\ddot{u}_g$ 为地震激励的大小，采用 El－Centro 地震波。

对于隔震层的非线性采用等效线性化的方法处理，在每个时间步 Δt 内把刚度阵当做不变量来处理，在进行每一步计算时，先判断隔震层的弹塑性状态，从而确定刚度阵 $\boldsymbol{K}$ 值。本次算例中，隔震层处于塑性状态时，刚度阵取括号内的隔震层的刚度值。采用 El－centro 地震波（南北方向，时间间隔 0.02 s，持续时间取 30 s，峰值加速度为 341.700 cm/s^2）作为地震激励。对于不同插值点个数的牛顿－柯特斯公式，都采用地震监测仪的取样间隔为最小的插值点间距 ε，从而保证在每个插值点的 $F(t)$ 是准确值，无差分误差。分别取积分步长为 0.02 s、0.04 s、0.08 s 来计算，计算结果见表 15-2 和图 15-4。

表 15-2　隔震结构在地震作用下的相对位移峰值

方法	Z (Δt = 0.02 s)	N = 1 (Δt = 0.02 s)	N = 4 (Δt = 0.04 s)	FN = 2 (Δt = 0.08 s)
顶层	−40.023 0	−31.5786 7	−36.257 1	−37.091 1
第二层	−31.599 59	−31.575 99	−36.238 1	−37.065 7
第一层	−31.596 40	−31.572 84	−36.212 8	−37.036 0
隔震层	−31.593 33	−31.569 79	−36.186 3	−37.007 5

续表 15-2

方法	Z ($\Delta t=0.02$ s)	$N=1$ ($\Delta t=0.02$ s)	$N=4$ ($\Delta t=0.04$ s)	$FN=2$ ($\Delta t=0.08$ s)
顶层	36. 538 6	35. 995 9	31. 459 5	33. 990 9
第二层	36. 511 5	35. 966 5	31. 447 9	33. 967 7
第一层	36. 481 0	35. 934 6	31. 429 0	33. 940 5
隔震层	36. 452 4	35. 905 7	31. 407 2	33. 914 4

注:表中 Z 表示钟万勰等所用的计算方法，$N=1$、4 分别表示基于插值点数为 1、4 的牛顿－柯特斯精细积分法，$FN=2$ 表示基于插值点数为 2 的复化牛顿－柯特斯精细积分法。

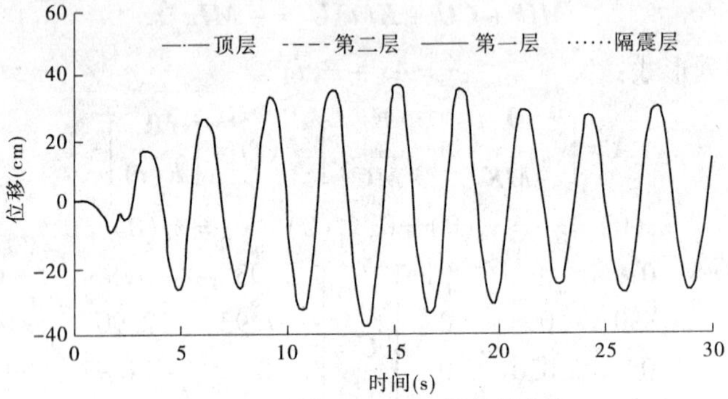

(a)步长Δt=0.02 s精细积分法

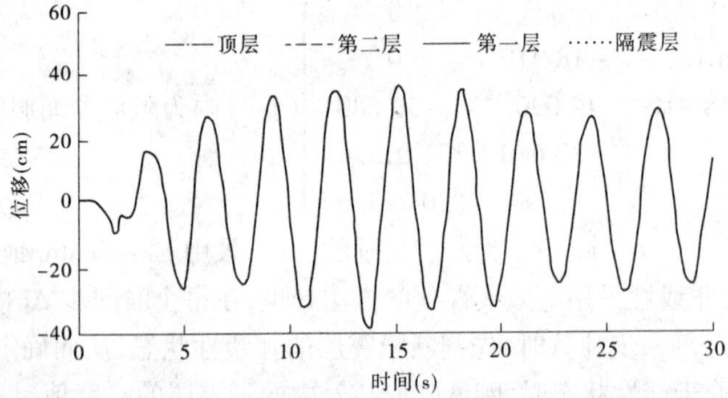

(b)步长Δt=0.02 s基于牛顿–柯特斯公式的精细积分法

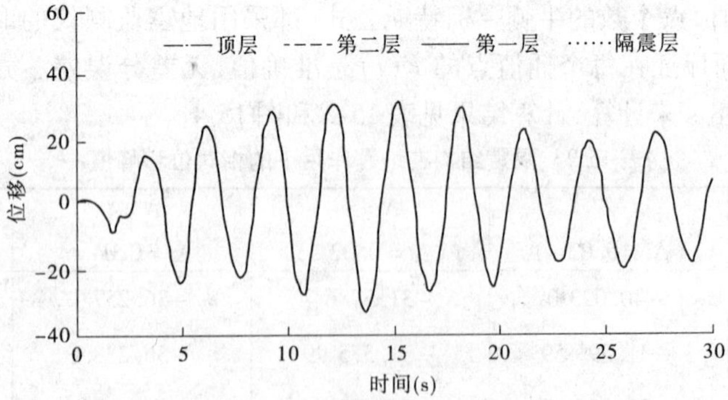

(c)步长Δt=0.04 s基于牛顿–柯特斯公式的精细积分法

图 15-4　结构各层相对位移

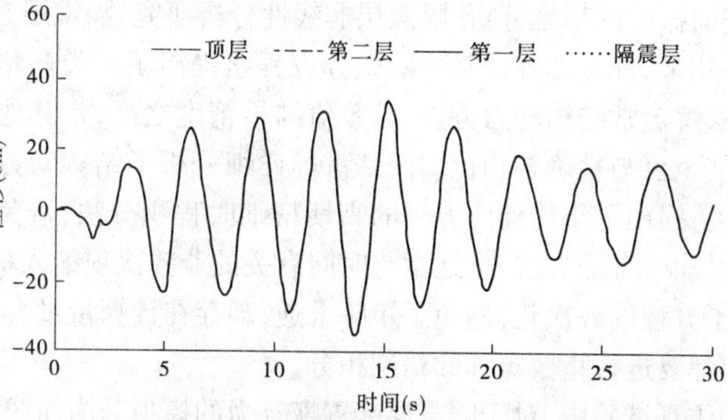

(d)步长Δt=0.08 s基于牛顿–柯特斯公式的精细积分法

续图 15-4

算例分析：

(1)从表 15-2 中的不同方法所得的峰值对比可知，当积分步长($\Delta t=0.02$ s)相同时，本书基于插值点数 $N=1$ 的牛顿–柯特斯精细积分法与传统精细积分法的结果相差在 0.5 cm 以内，但是避免了矩阵求逆；当适当增加积分步长时，计算结果与传统精细积分法(插值点间距保持不变)相差较大，主要原因是在积分步长内算法对地震波有平滑作用。当积分步长增加到($\Delta t=0.04$ s)时，两者相差在 4 cm 左右；当积分步长增加到($\Delta t=0.08$ s)时，两者相差 3 cm 左右。但是积分步长 $\Delta t=0.04$ s、$\Delta t=0.08$ s 时，本书方法的计算步长是传统精细积分方法($\Delta t=0.02$ s)的 1/2 和 1/4。

(2)从图 15-3 中可以得到，隔震结构的各层相对地面位移基本相同，从而验证了隔震结构在地震作用下为“整体平动”的特点，也为隔震结构可以采用单质点模型简化提供了依据。

15.4.3 结论

(1)由于在地震作用下隔震结构的受力特点——等效惯性力，把数值计算中由矩阵与向量相乘转化为向量与数相乘，在很大程度上减小了运算量。

(2)牛顿–柯特斯精细积分方法避免了矩阵求逆计算，与矩阵 A 的自身性态无关，当 A 阵奇异或近乎奇异时，其优越性更加显著，因而扩大了精细积分方法的应用范围。

(3)牛顿–柯特斯精细积分方法有较高代数精度，当 $N=1$ 时，方法有一次代数精度，当 $N=2$ 时，方法有三次代数精度，当 $N=4$ 时，方法有五次代数精度，而计算工作量也较传统积分法要小。

(4)算例分析证实了多插值点的牛顿–柯特斯精细积分法的高精度与高效率，为隔震结构时程分析提供了一种新的方法。

(5)对于工程实用来说，取插值点间隔为地震波的取样时间，本小节基于插值点数 $N=1$ 的牛顿–柯特斯精细积分法与传统精细积分法的结果相差在 0.5 cm 以内，相对误差在 1%以内，满足工程上允许误差在 5%的要求。因此，采用 $N=1$ 时的牛顿–柯特斯精细积分公式就可以满足工程要求，这样就可以在不增加指数矩阵精细积分运算的情况下，避免矩阵求逆，因此该方法适合工程应用。

15.5 增维分块精细积分法

对于隔震结构的弹塑性地震反应，国内外已经做了大量的研究，主要包括隔震结构平动、扭转、摆动和竖向振动的耦合分析、隔震层非线性分析研究、隔震层参数的优化及隔震结构的简化计算。近年来,钟万勰等针对一阶微分方程组提出了一类高精度的求解方法——精细积分法,对于求解定常结构动力方程,其数值结果精度之高,是其他时程积分方法无法比拟的,其数值解甚至可与精确解相比。汪梦甫等详细分析了结构动力分析精细积分方法的稳定性、计算精度,提出了结构动力方程的高斯精细时程积分法,避免了矩阵求逆。张素英、邓子辰等通过增加一维的方法,把通常与时间有关的非齐次项纳入精细积分的细化过程中,在形式上实现了方程的齐次化,避免了矩阵求逆,却存在计算量过大的问题,因为此方法的每一步迭代过程都要进行指数矩阵的精细积分。

在工程计算和仿真试验中,对于隔震层装置恢复力的模拟分为曲线型和折线型两种,曲线型恢复力模型给出的刚度是连续变化的,与工程实际较为接近,但在刚度的确定及计算方法上不足,目前国内外应用最为广泛的为折线型恢复力模型。本节针对折线型恢复力模型,引入增维精细积分法,在利用其计算时,把结构特性与外部激励进行单独考虑,避免了每一步迭代过程都要进行指数矩阵的精细积分求解。

15.5.1 增维状态空间方程

对于剪切型动力方程(15-1),引入状态变量 $\boldsymbol{x}_1=\boldsymbol{X}$, $\boldsymbol{x}_2=\dot{\boldsymbol{X}}$,则状态向量为 $\boldsymbol{x}=\{\boldsymbol{x}_1^{\mathrm{T}}, \boldsymbol{x}_2^{\mathrm{T}}\}^T$,把剪切型动力方程(15-1)等价转化为状态空间方程:

$$\dot{\boldsymbol{x}}=\boldsymbol{A}\boldsymbol{x}+\boldsymbol{F}(t) \tag{15-19}$$

$$\boldsymbol{A}=\begin{bmatrix}\boldsymbol{0} & \boldsymbol{E}\\ -\overline{\boldsymbol{M}}\boldsymbol{K}^{*} & -\overline{\boldsymbol{M}}\boldsymbol{C}^{*}\end{bmatrix}_{2n\times 2n},\boldsymbol{F}(t)=\begin{bmatrix}\boldsymbol{0}\\ \boldsymbol{R}(t)\end{bmatrix}_{2n\times 1}$$

对方程(15-19)进行求解后,得到相邻层间位移向量 $\boldsymbol{X}$,然后利用公式 $\boldsymbol{U}=\boldsymbol{T}\boldsymbol{X}$,求得各层相对于地面运动的位移向量。然而,由于存在非齐次项 $\boldsymbol{F}(t)$,故在利用精细积分法进行计算过程中就存在矩阵求逆和非齐次项线性化的问题。文献[65]中通过进一步引入新变量,$x_{2n+1}\equiv 1$,则 $\dot{x}_{2n+1}=0$,把式(15-19)增加一维变成如下齐次方程形式:

$$\dot{\boldsymbol{Y}}=\begin{bmatrix}\dot{x}\\ \dot{x}_{2n+1}\end{bmatrix}=\begin{bmatrix}\boldsymbol{A} & \boldsymbol{F}(t)\\ \boldsymbol{0} & 0\end{bmatrix}\begin{bmatrix}x\\ x_{2n+1}\end{bmatrix}=\boldsymbol{H}\begin{bmatrix}x\\ x_{2n+1}\end{bmatrix}=\boldsymbol{H}\boldsymbol{Y} \tag{15-20}$$

应当指出,式(15-20)只是形式上表现为线性齐次方程,它实际上是非定常,甚至是非线性的。令时间步长为 Δt,在很小的时间间隔 $[t_k,t_{k+1}]$,$t_k=k\Delta t$ 内,方程(15-20)中的 $\boldsymbol{H}$ 变化很小,可看做常数矩阵。即在区间 $[t_k,t_{k+1}]$ 上,式(15-20)可看做如下常系数微分方程:

$$\dot{\boldsymbol{Y}}=\begin{bmatrix}\dot{x}\\ \dot{x}_{2n+1}\end{bmatrix}=\boldsymbol{H}_k\boldsymbol{Y} \tag{15-21}$$

其中,$\boldsymbol{H}_k=\boldsymbol{H}[k\Delta t]$。在这样一个时间步长内可以对方程(15-21)进行精细积分。

15.5.2 增维分块矩阵精细积分

15.5.2.1 分块矩阵精细积分推导

对方程(15-21)逐步施行精细积分,方便简单,避免了矩阵求逆,但是即使结构特性可以看成是定常的,或是几个固定的值,当外力 $\boldsymbol{F}(t)$ 随时间变化时,每一步也都要进行指数矩阵的精细积分。这就导致了每个时间步都必须通过 2^N 次矩阵加、乘迭代来得到指数矩阵值,特别是在结构特性不变或变化不大,而只有外部激励变化时,进行大型结构计算分析,更将

大大增加计算时间。为了避免指数矩阵的反复计算,把式(15-7)进行分块展开:

$$\boldsymbol{T}_a=(\boldsymbol{H}_k\tau)+(\boldsymbol{H}_k\tau)^2/2!+(\boldsymbol{H}_k\tau)^3/3!+(\boldsymbol{H}_k\tau)^4/4!$$

其中,$\boldsymbol{H}_k=\begin{bmatrix}\boldsymbol{A}_k & \boldsymbol{F}(t_k)\\ \boldsymbol{0} & 0\end{bmatrix}$,$\boldsymbol{H}_k^2=\begin{bmatrix}\boldsymbol{A}_k^2 & \boldsymbol{A}_k\boldsymbol{F}(t_k)\\ \boldsymbol{0} & 0\end{bmatrix}$,$\boldsymbol{H}_k^3=\begin{bmatrix}\boldsymbol{A}_k^3 & \boldsymbol{A}_k^2\boldsymbol{F}(t_k)\\ \boldsymbol{0} & 0\end{bmatrix}$,$\boldsymbol{H}_k^4=\begin{bmatrix}\boldsymbol{A}_k^4 & \boldsymbol{A}_k^3\boldsymbol{F}(t_k)\\ \boldsymbol{0} & 0\end{bmatrix}$。

式(15-7)展开得

$$\boldsymbol{T}_a=\begin{bmatrix}\boldsymbol{A}_k & \boldsymbol{F}(t_k)\\ \boldsymbol{0} & 0\end{bmatrix}\tau+\begin{bmatrix}\boldsymbol{A}_k^2 & \boldsymbol{A}_k\boldsymbol{F}(t_k)\\ \boldsymbol{0} & 0\end{bmatrix}\tau^2/2!+\begin{bmatrix}\boldsymbol{A}_k^3 & \boldsymbol{A}_k^2\boldsymbol{F}(t_k)\\ \boldsymbol{0} & 0\end{bmatrix}\tau^3/3!+\begin{bmatrix}\boldsymbol{A}_k^4 & \boldsymbol{A}_k^3\boldsymbol{F}(t_k)\\ \boldsymbol{0} & 0\end{bmatrix}\tau^4/4!$$

$$=\begin{bmatrix}\boldsymbol{T}_{aA} & \boldsymbol{T}_{aF}\boldsymbol{F}(t_k)\\ \boldsymbol{0} & 0\end{bmatrix}\tag{15-22}$$

其中:

$$\boldsymbol{T}_{aA}=\boldsymbol{A}_k\tau+\boldsymbol{A}_k^2\tau^2/2!+\boldsymbol{A}_k^3\tau^3/3!+\boldsymbol{A}_k^4\tau^4/4!,\boldsymbol{T}_{aF}=\boldsymbol{I}\tau+\boldsymbol{A}_k\tau^2/2!+\boldsymbol{A}_k^2\tau^3/3!+\boldsymbol{A}_k^3\tau^4/4!$$

对于式(15-8)采用分步分块相乘:

令 $\boldsymbol{T}_{aAi}=2\boldsymbol{T}_{aA(i-1)}+\boldsymbol{T}_{aA(i-1)}^2\ (i=1,2,\cdots,20)$

当 $N=1$ 时:

$$\boldsymbol{T}_a=\begin{bmatrix}2\boldsymbol{T}_{aA} & 2\boldsymbol{T}_{aF}\boldsymbol{F}(t_k)\\ \boldsymbol{0} & 0\end{bmatrix}+\begin{bmatrix}\boldsymbol{T}_{aA}^2 & \boldsymbol{T}_{aA}\boldsymbol{T}_{aF}\boldsymbol{F}(t_k)\\ \boldsymbol{0} & 0\end{bmatrix}$$

$$=\begin{bmatrix}2\boldsymbol{T}_{aA}+\boldsymbol{T}_{aA}^2 & (2\boldsymbol{I}+\boldsymbol{T}_{aA})\boldsymbol{T}_{aF}\boldsymbol{F}(t_k)\\ \boldsymbol{0} & 0\end{bmatrix}$$

当 $N=2$ 时:

$$\boldsymbol{T}_a=2\begin{bmatrix}\boldsymbol{T}_{aA1} & (2\boldsymbol{T}_{aF}+\boldsymbol{T}_{aA}\boldsymbol{T}_{aF})\boldsymbol{F}(t_k)\\ \boldsymbol{0} & 0\end{bmatrix}+\begin{bmatrix}\boldsymbol{T}_{aA1} & (2\boldsymbol{T}_{aF}+\boldsymbol{T}_{aA}\boldsymbol{T}_{aF})\boldsymbol{F}(t_k)\\ \boldsymbol{0} & 0\end{bmatrix}^2$$

$$=\begin{bmatrix}2\boldsymbol{T}_{aA1}+\boldsymbol{T}_{aA1}^2 & 2(2\boldsymbol{T}_{aF}+\boldsymbol{T}_{aA}\boldsymbol{T}_{aF})+\boldsymbol{T}_{aA1}(2\boldsymbol{T}_{aF}+\boldsymbol{T}_{aA}\boldsymbol{T}_{aF})\boldsymbol{F}(t_k)\\ \boldsymbol{0} & 0\end{bmatrix}$$

$$=\begin{bmatrix}2\boldsymbol{T}_{aA1}+\boldsymbol{T}_{aA1}^2 & (2\boldsymbol{I}+\boldsymbol{T}_{aA1})(2\boldsymbol{I}+\boldsymbol{T}_{aA})\boldsymbol{T}_{aF}\boldsymbol{F}(t_k)\\ \boldsymbol{0} & 0\end{bmatrix}$$

当 $N=20$ 时:

$$\boldsymbol{T}_a=\begin{bmatrix}\boldsymbol{T}_{aA20} & (2\boldsymbol{I}+\boldsymbol{T}_{aA19})(2\boldsymbol{I}+\boldsymbol{T}_{aA18})\cdots(2\boldsymbol{I}+\boldsymbol{T}_{aA})\boldsymbol{T}_{aF}\boldsymbol{F}(t_k)\\ \boldsymbol{0} & 0\end{bmatrix}$$

令 $\boldsymbol{B}=\boldsymbol{T}_{aA20},\boldsymbol{C}=(2\boldsymbol{I}+\boldsymbol{T}_{aA19})(2\boldsymbol{I}+\boldsymbol{T}_{aA18})\cdots(2\boldsymbol{I}+\boldsymbol{T}_{aA})$

则

$$\boldsymbol{T}_a=\begin{bmatrix}\boldsymbol{B} & \boldsymbol{D}\\ \boldsymbol{0} & 0\end{bmatrix}\tag{15-23}$$

其中:$\boldsymbol{D}=\boldsymbol{C}\times\boldsymbol{F}(t_k)$。

在分块矩阵中,$\boldsymbol{B}$、$\boldsymbol{C}$ 只与结构的特性有关,与外部激励无关,因此当结构特性不变时,只需要进行一次精细积分,其余每步只需要改变分块矩阵 $\boldsymbol{D}$ 即可,即通过矩阵 $\boldsymbol{C}$ 与向量 $\boldsymbol{F}(t_k)$ 相乘即可。考虑地震激励作用下 $\boldsymbol{F}(t)=\begin{bmatrix}\boldsymbol{0}\\ \boldsymbol{R}(t)\end{bmatrix}$ 中只有最后一项数值不为零,其余全是零,因此在编程计算中,可以把矩阵 $\boldsymbol{C}$ 与向量 $\boldsymbol{F}(t_k)$ 相乘转换为向量与数相乘,即把 n^2 次

乘法和 n^2 次加法运算转化为 n 次乘法运算,再一次简化了计算量,节约了计算时间。

15.5.2.2　分块矩阵精细积分编程

对于分块矩阵 $\boldsymbol{B}$ 的计算:

for($iter=1$; $iter<N$; $iter++$)

$$\boldsymbol{T}_{aA}=2\boldsymbol{T}_{aA}+\boldsymbol{T}_{aA}\times\boldsymbol{T}_{aA} \tag{15-24}$$

对于分块矩阵 $\boldsymbol{C}$ 的计算:

赋初值　$\boldsymbol{T}_{af}=2\boldsymbol{T}_{aF}+\boldsymbol{T}_{aA}\times\boldsymbol{T}_{aF}$

for($iter=1$; $iter<N-1$; $iter++$)

$$\boldsymbol{T}_{aA}=2\boldsymbol{T}_{aA}+\boldsymbol{T}_{aA}\times\boldsymbol{T}_{aA};\quad \boldsymbol{T}_{af}=2\boldsymbol{T}_{af}+\boldsymbol{T}_{aA}\times\boldsymbol{T}_{af} \tag{15-25}$$

15.5.2.3　计算步骤

隔震层恢复力为折线型恢复力模型的基础隔震结构,利用增维状态空间法计算地震响应的一般步骤为:

(1)确定上部结构特性(质量、刚度和阻尼值)及隔震层恢复力模型;

(2)对于折线型恢复力模型,确定隔震层处于不同状态时的增维状态空间方程;

(3)给出折线型恢复力模型不同折线段内的判别条件,并根据判别条件选取合理的增维状态空间方程;

(4)选取合理状态的增维状态空间方程,利用增维分块精细积分法计算隔震结构地震响应,给出结构的速度、位移和加速度,返回(3)做状态判别;

(5)结果输出。

15.5.3　实例分析

采用文献[29]中的算例,结构为 3 层上部结构,加上隔震层,为 4 质点的等价剪切模型,如图 15-1 所示。隔震层的恢复力模型采用理想弹塑性双线性模型,阻尼器的屈服承载力为 300 t,屈服位移为 1.3 cm,如图 15-2 所示。具体参数取值和详细的定义参见文献[29]。

(1)确定上部结构特性(质量、刚度和阻尼值)及隔震层恢复力模型。

$M=\mathrm{diag}(m_4,m_3,m_2,m_1)=1/980\times\mathrm{diag}(1\,530,1\,850,2\,030,2\,280)$,单位 t

$K^*=\mathrm{diag}(k_4,k_3,k_2,k_1)=\mathrm{diag}(9\,750,18\,410,30\,680,?)$,单位 t/cm

$C^*=\mathrm{diag}(c_4,c_3,c_2,c_1)=\mathrm{diag}(7.93,14.97,24.94,?)$,单位 t · s/cm

? 表示隔震层的刚度和阻尼不确定。隔震层由多层橡胶垫和阻尼器组成,多层橡胶垫的刚度为 33.6 t/cm,阻尼器的屈服位移为 1.3 cm,初始刚度为 300 t/cm,屈服刚度为 0,见图 15-2。

(2)根据其恢复力模型可以判断,隔震层存在两种状态。第一状态:阻尼器未屈服时,$k_1=333.6$,$c_1=0.33$;第二状态:阻尼器屈服时,$k_1=33.6$,$c_1=0.33$。

(3)隔震层的位移 $\mathrm{abs}(x)\leqslant 1.3$ cm,阻尼器为屈服,隔震层处于第一状态,选取第一状态对应参数的增维状态空间方程;其他,选取第二状态对应的增维状态空间方程。

(4)利用增维分块精细积分法计算隔震结构在 El - Centro 地震波下的地震响应,给出结构的速度、位移和加速度,返回(3)做状态判别。

(5)结果输出。

15.5.3.1　计算结果

本节分析了传统精细积分法、增维精细积分法、增维分块精细积分法及考虑地震作用特点——等效惯性力情况下的增维分块精细积分法的计算效率,在 CPU 为 2.40 GHz,内存为 512 MB 计算机上,各种方法的计算时间见表 15-3。

表 15-3　不同方法的计算时间

方法	传统精细积分法	增维精细积分法	增维分块精细积分法	考虑地震作用特点
计算时间(s)	0.406	0.469	0.141	0.125

图 15-5、图 15-6 分别给出了三种方法求出的基础隔震结构的相对速度、相对位移时称分析结果,图 15-7 给出了基础隔震结构各层的相对加速度时称分析结果,图 15-8、图 15-9 分别给出了基础隔震结构各层的相邻层间速度、位移时称分析结果,表 15-4 给出了三种方法求出的基础隔震结构的相对速度、相对位移峰值。

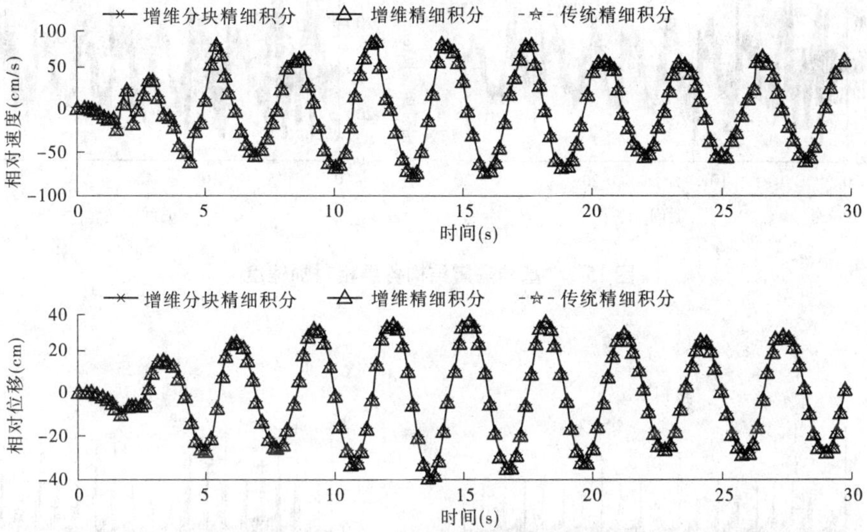

图 15-5　结构顶层相对速度、相对位移

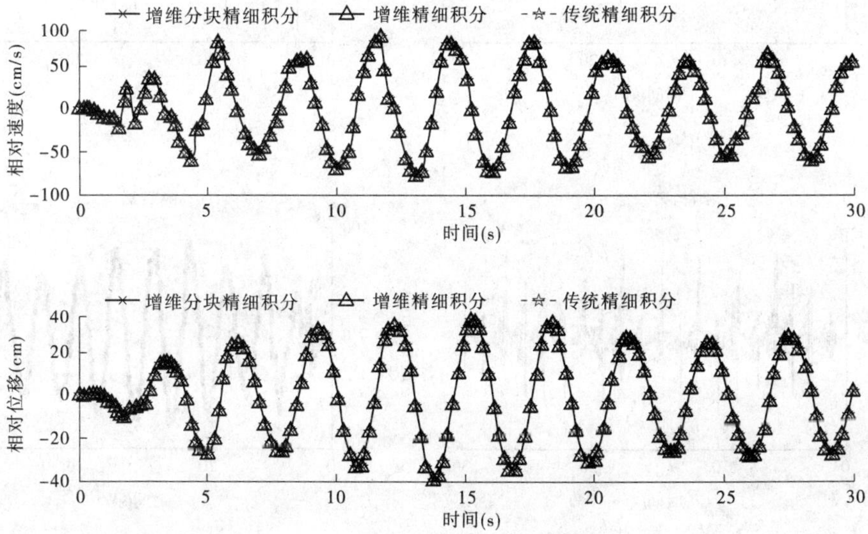

图 15-6　隔震层相对速度、相对位移

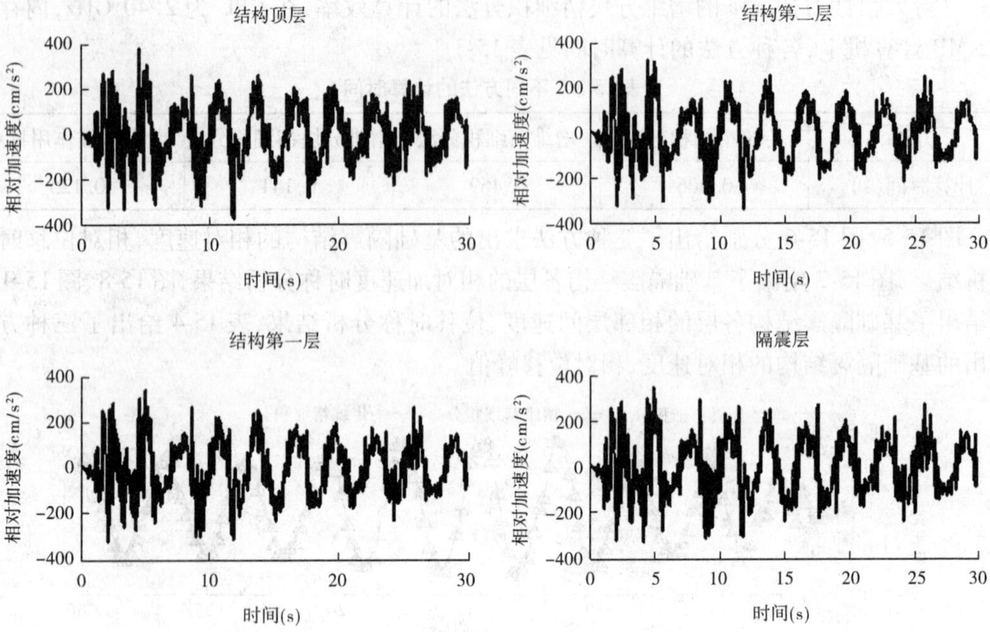

图 15-7　基础隔震结构各层相对加速度

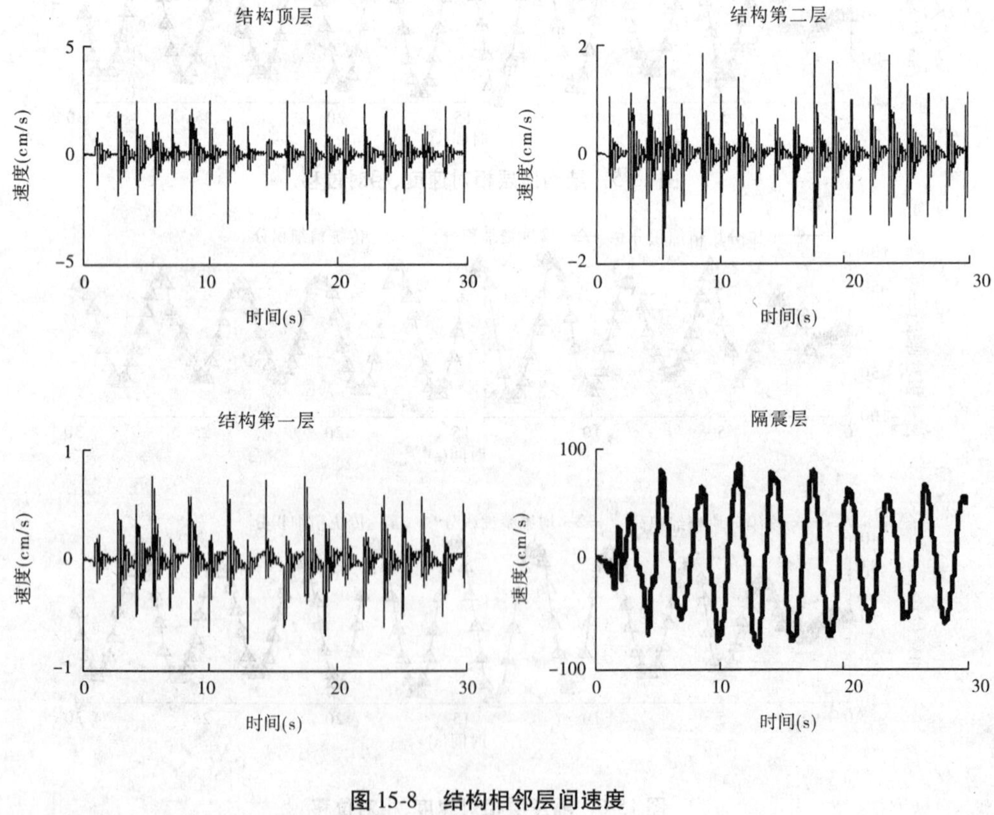

图 15-8　结构相邻层间速度

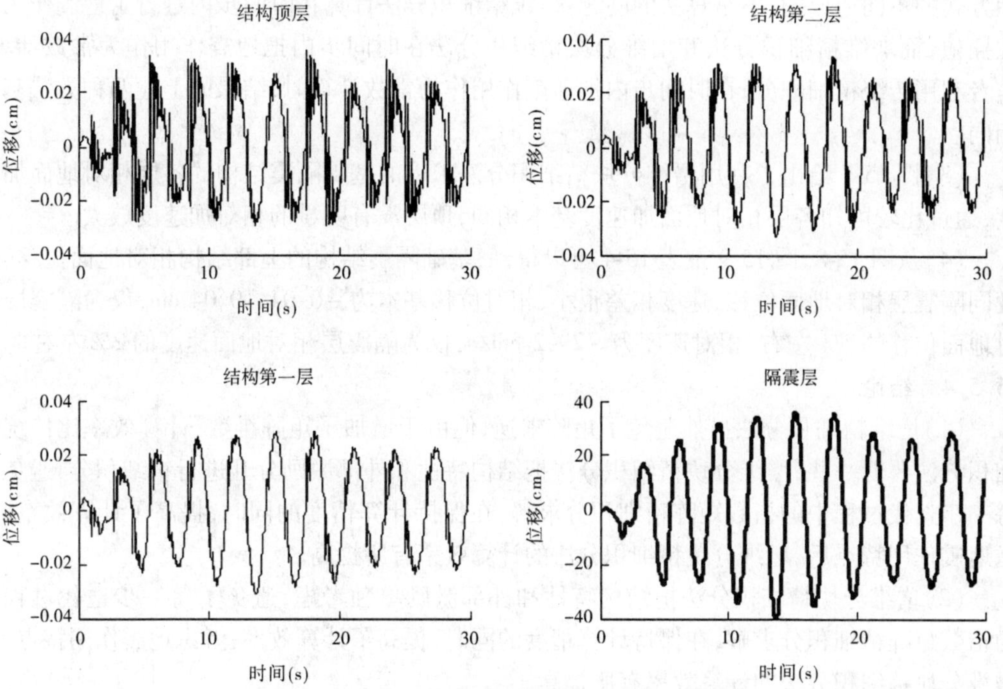

图 15-9 结构相邻层间位移

表 15-4 不同计算方法的相对速度、相对位移峰值

方法		传统精细积分法		增维精细积分法		增维分块精细积分法	
相对速度	结构顶层	84. 661 8	−77. 918 6	86. 112 5	−81. 263 2	86. 112 5	−81. 263 2
	结构第二层	84. 720 9	−78. 502 6	84. 612 5	−81. 026 0	84. 612 5	−81. 026 0
	结构第一层	85. 227 1	−71. 555 31	85. 453 8	−80. 654 2	85. 453 8	−80. 654 2
	隔震层	85. 385 7	−71. 585 59	85. 524 6	−80. 494 6	85. 524 6	−80. 494 6
相对位移	结构顶层	35. 998 6	−31. 578 43	36. 538 6	−40. 023 0	36. 538 6	−40. 023 0
	结构第二层	35. 969 2	−31. 575 75	36. 511 5	−31. 599 59	36. 511 5	−31. 599 59
	结构第一层	35. 937 3	−31. 572 60	36. 481 0	−31. 596 40	36. 481 0	−31. 596 40
	隔震层	35. 908 5	−31. 569 56	36. 452 4	−31. 593 33	36. 452 4	−31. 593 33

15.5.3.2 结果分析

(1)从表 15-3 可知,增维精细积分法虽然避免了矩阵求逆,但由于增加了矩阵维数,计算效率比传统精细积分法要低一些;增维分块精细积分法把结构特性和外部激励分开进行精细积分,从而避免每一步迭代过程中的指数矩阵精细积分求解,提高了计算效率。对于本书算例,增维分块精细积分法的计算效率是增维精细积分法的 3. 33 倍,考虑地震作用特点的增维分块精细积分法的计算效率是增维精细积分法的 3. 75 倍。

(2)从图 15-5、图 15-6 及表 15-4 可知,增维精细积分法和增维分块精细积分法求得的结构的相对位移和相对速度峰值相同,证实了本书算法在保持计算精度的同时,提高了计算效率。虽然与传统精细积分法有一点的差别(相对误差在 2% 以内),这主要是地震作用处理方式的不同造成的，不是算法的问题：传统精细积分法计算在时间步内进行了地震作用线性插值，而增维精细积分法和增维分块精细积分法在时间步内把地震作用作为常数计算。作者利用传统精细积分，在时间步内把地震作用作为常数计算时，结果同上述两种方法基本相同。

(3)图 15-7 给出了利用增维分块精细积分法求得的基础隔震结构的各层相对地面加速度，通过比较可知各层相对地面加速度基本相同，顶层没有明显的相对加速度放大。

(4)从图 15-8、图 15-9 及表 15-4 可以得到，基础隔震结构的上部结构相对地面位移、速度同隔震层相对地面位移、速度相差很小，相对位移基本为 -0.04 ~ 0.04 cm，仅为隔震层相对地面位移的 1% 左右；相对速度为 -2 ~ 2 cm/s，仅为隔震层相对地面速度的 2% 左右。

15.5.4 结论

(1)增维精细积分法虽然避免了矩阵求逆，但由于增加了矩阵维数，计算效率比传统精细积分法要低一些；增维分块精细积分法把结构特性和外部激励分开进行精细积分，避免了每一步迭代过程中的指数矩阵精细积分求解，在保持计算精度的同时，提高了计算效率；考虑地震作用特点后，增维分块精细积分法的计算效率有所提高。

(2)增维分块精细积分法把结构特性和外部激励单独考虑，避免了每一步迭代过程中的指数矩阵精细积分求解，在保持计算精度的同时，提高了计算效率；考虑地震作用特点后，增维分块精细积分法的计算效率有所提高。

(3)分析可知，基础隔震结构在地震作用下，变形主要发生在隔震层，上部结构的层间响应很小，从而验证了基础隔震结构在地震作用下为"整体平动"的特点，而不是传统结构的"整体晃动"，也为基础隔震结构可以采用单质点模型简化提供了依据。

在该小节中，为了精确地研究基础隔震结构在地震作用下的弹塑性时程反应，引入了增维精细积分法。针对隔震层恢复力模型为折线型的层间剪切动力方程，在利用增维精细积分法计算时，把结构特性与外部激励进行单独考虑，从而避免每一步迭代过程中的指数矩阵精细积分求解，提高计算效率。文中推导了增维分块精细积分公式，并进行了数值计算。通过多种方法比较，说明了各种方法的优缺点：增维精细积分法虽然避免了矩阵求逆，但由于增加了矩阵维数，计算效率比传统精细积分法要低一些；增维分块精细积分法把结构特性和外部激励分开进行精细积分，避免了每一步迭代过程中的指数矩阵精细积分求解，在保持计算精度的同时，提高了计算效率；考虑地震作用特点后，增维分块精细积分法的计算效率有所提高。因此，增维分块积分法在计算基础隔震结构地震响应上是非常有效的，特别是在计算大型结构特性不变或变化不大，而只有外部激励变化问题时，更能突显其优越性。

参考文献

[1] 周福霖. 工程结构减震控制[M]. 北京：地震出版社，1997.

[2] 李刚，程耿东. 基于性能的结构抗震设计——理论、方法与应用[M]. 北京：科学出版社，2004.

[3] Bathe K J, Wilson E L. Numerical methods in finite element analysis[M]. Englewood Cliffs, N. J: Prentice-Hall, 1976.

[4] Zienkiewicz O C, Taylor R L. The finite element method[M]. New York: McGraw-Hill, 1991.

[5] Hughes T J R. The finite element method. Englewood cliffs[M]. N. J.: Prentice-Hall, 1987.

[6] Newmark N M. A method of computation for structural dynamics[J]. Journal of The Engineering Mechanics Division, Processing of The American Society of Civil Engineers, 1959:67-94.
[7] 钟万勰. 结构动力方程的精细时程积分法[J]. 大连理工大学学报,1994,34(2): 131-136.
[8] Lin Jiahao, Shen Weiping, F W Williams. A high precision direct integration scheme for structures subjected to transient dynamic loading[J]. Computers and Structures, 1995, 56(1):113-120.
[9] 陈奎孚,张森文. 精细时程积分法的参数选择[J]. 计算力学学报,1998,15(3):305-310.
[10] 汪梦甫,区光达. 精细积分方法的评估与改进[J]. 计算力学学报,2004,21(6):728-733.
[11] 赵丽滨,张建宇,王寿梅. 精细积分方法的稳定性和精度分析[J]. 北京航空航天大学学报,2000,26(5):569-572.
[12] 董聪,丁李粹. 动力学系统精细算法的逼近机理与误差上界[J]. 计算力学学报,1999, 16(3):253-260.
[13] 钟万勰. 暂态历程的精细计算方法[J]. 计算结构力学及其应用,1995,12(1):1-6.
[14] 张洵安,姜节胜. 非线性动力方程的精细积分算法[J]. 应用力学学报,2000,17(4): 164-168.
[15] 赵秋玲. 非线性动力学方程的精细积分算法[J]. 力学与实践,1998,20(6):24-26.
[16] 裘春航,吕和祥. 非线性动力学方程的一种级数解[J]. 计算力学学报,2001,18(1): 1-7.
[17] 吕和祥,蔡志勤,裘春航. 非线性动力学问题的一个显示精细积分算法[J]. 应用力学学报,2001,18(2):34-40.
[18] 顾元宪. 瞬态热传导方程精细积分方法中对称性的利用[J]. 力学与实践,2000,2(1): 20-21.
[19] Shen Weiping, Lin Jiaohao, F. W. Williams. Parallel computing for the high precise on direct integration method[J]. Comput. Methods Appl. Engng, 1995, 126: 315-331.
[20] 李红云,沈为平. 结构动力响应的精细时程积分并行算法[J]. 上海交通大学学报, 1998,32(8): 81-85.
[21] 沈聚敏,周锡元,高小旺,等. 抗震工程学[M]. 北京:中国建筑工业出版社,2000.
[22] Moria O, Moroni, Mauricio Sarrazin, Ruben Borocherz. Experiments on a base-isolated building in Santiago, Chile[J]. Engineering Structures, 1998, 20(8): 720-725.
[23] Chung W J, Yum C B, Kim N S. Shaking table and pseudo-dynamic test for the evaluation of the seismic performance of base-isolated structures[J]. Engineering Structures, 1999(21): 365-379.
[24] Hwang J S, Hsu T Y. Experimental study of isolated building under triaxial ground excitations[J]. ASCE Journal of Structural Engineering, 2000, 126(8): 879-886.
[25] Nakashima, Masayoshi, Masaoka, Nobuaki. Real-time online test for MDOF systems[J]. Earthquake Engineering and Structural Dynamics, 1999, 28(4): 393-420.
[26] 钟万勰. 应用力学的数学方法[M]. 北京:高等教育出版社,2006.
[27] 封建湖,车刚明,聂玉峰. 数值分析原理[M]. 北京:科学出版社,2001.
[28] 钟万勰,等. 计算结构力学与最优控制[M]. 大连:大连理工大学出版社,1993.
[29] 日本免震构造协会. 图解隔震结构入门[M]. 叶列平,译. 北京:科学出版社,1998.
[30] 杨迪雄,李刚,程耿东. 隔震结构的研究概况和主要问题[J]. 力学进展,2003,33(3):302-312.
[31] Nagrajaiah S, Reinhorn M, Constantinou M C. Torsional coupling in sliding base-isolated structures[J]. ASCE Journal of Structural Engineering, 1993, 119(1): 130-149.
[32] Jangid R S, Datta T K. Seismic response of torsionally coupled structure with elasto-plastic base isolation [J]. Engineering Structure, 1994, 16(4): 256-262.
[33] Jangid R S. Seismic response of an asymmetric base isolated structure[J]. Computers and Structures, 1996, 60 (2): 261-267.
[34] Jangid R S, Datta T K. Nonlinear response of torsionally coupled base isolated structure[J]. ASCE Journal

of Structural Engineering, 1994, 120(1): 1-22.
[35] Jangid R S, Datta T K. The stochastic response of asymmetric base isolated buildings[J]. Journal of Sound and Vibration, 1995, 179(3): 463-473.
[36] Yang Y B, Huang W H. Equipment-structure interaction considering the effect of torsion and base isolation[J]. Earthquake Engineeringand Structural Dynamics, 1998(27): 155-171.
[37] Jangid R S, Kelly J M. Torsional displacements in base-isolated buildings[J]. Earthquake Spectra,2000, 16(2): 443-454.
[38] Ryan K L, Chopra A K. Approximate analysis methods for asymmetric plan base-isolated buildings[J]. Earthquake Engineering and Structural Dynamics, 2002, 31(1): 33-54.
[39] Al-Hussaini, Tahmeed M, Constantinou M C. Superstructure response of sliding-isolated multi-story frame structure[C]. ASME Pressure Vessels and Piping Division, 1995(319): 129-137.
[40] 李大望,李桂青.隔震结构的水平和竖向振动响应分析[J].建筑结构,2000,30(7):61-64.
[41] Nagrajaiah S, Reinhorn M, Constantinou M C. Nonlinear dynamic analysis of 3-D base isolated structures [J]. ASCE Journal of Structural Engineering, 1991, 117(7): 2035-2054.
[42] Ferraloli M, Malangone P. Nonlinear modeling for dynamic analysis of base-isolated structures[J]. In: Proceedings of 11th European Conference on Earthquake Engineering, 1998:53.
[43] Ceccoli C, Mazzotti C, Savoia M. Nonlinear seismic analysis of base-isolated RC frame Structures[J]. Earthquake Engineering and Structural Dynamics, 1999(28): 633-653.
[44] Wang Y P, Liao W H,Lee C L. A state-space approach for dynamic analysis of sliding structure[J]. Engineering Structures, 2001(23): 790-801.
[45] 朱东生,劳远昌,沈大元,等. LRB隔震桥梁的地震反应特点[J]. 工程力学, 2000, 18(1):119-125.
[46] 刘文光. 橡胶隔震支座力学性能及隔震结构地震反应分析研究[D]. 北京:北京工业大学, 2003.
[47] 樊剑,唐家祥.滑移限震结构与基坑碰撞的混沌特性[J].华中理工大学学报, 2000, 28(8): 66-68.
[48] Tsai H C, Kelly J M. Dynamic parameter identification for nonlinear isolation systems in response spectrum analysis[J]. Earthquake Engineering and Structural Dynamics, 1989(18):1119-1132.
[49] Huang J S. Evaluation of equivalent linear analysis methods of bridge isolation[J]. ASCE Journal of Structural Engineering, 1996, 122(8): 972-986.
[50] Chen K H, Loh C H. Simplified in elastic analysis of bridge pier considering isolation system[J]. In: Technical Council on Lifeline Earthquake Engineering Monograph,1999(8):371-378.
[51] Yang Y B, Chen Y C. Design of sliding-type base isolators by the concept of equivalent damping[J]. Shock and Vibration Digest, 2000, 32(1): 39.
[52] Lee Dongguan, Hong Jangmi, Kim Jinkoo. Vertical distribution of equivalent static loads for base isolated building structures[J]. Engineering Structures, 2001(23): 1293-1306.
[53] Inaudi J A, Kelly J M. Optimum damping in linear isolation systems[J]. Earthquake Engineering and Structural Dynamics, 1993(22): 583-595.
[54] Park J G, Otsuka H. Optimal yield level of bilinear seismic isolator devices[J]. Earthquake Engineering and Structural Dynamics, 1999(28): 941-955.
[55] Saito, Yoshi, Tamori. Optimal design of the base-isolated device by using genetic algorithm: a proposal of a method and some examples of its application[J]. In: Proceedings of International Conference on Computer Aid Optimal Design of Structures, Computational Mechanics Publications, Orlando, Florida, USA. 1999: 225-234.
[56] 李大望,霍达,金焰,等. 基于动力可靠性分析的滑移隔震体系的优化设计[J]. 地震工程与工程振动,1998, 18(4): 118-130.

[57] Inaudi J A, Kelly J M. Minimum variance control of base-isolated floors[J]. ASCE Journal of Structural Engineering, 1993, 119(2): 438-453.
[58] Yang J N, Li Z, Vongchavalitkal S. Stochastic hybrid control of hysteretic structures[J]. Probabilistic Engineering Mechanics, 1994, 9(1-2): 125-133.
[59] Luo N, Rodellar, De La Sen, Vehi J. Output feedback sliding mode control of base isolated structures[J]. Journal of the Franklin Institute, 2000(337): 555-577.
[60] Palazzo B, Petti L. Stochastic response comparison between base isolated and fixed-base structure[J]. Earthquake Spectra, 1997, 13(1): 77-96.
[61] Jangid R S, Datta T K. Seismic reliability of base-isolated building frames[J]. In: Proceedings of 11th World Conference on Earthquake Engineering, Elsevier Science Ltd, Acapulco, Mexico, 1996, 491.
[62] Shenton H W, Holloway E S. Effect of stiffness variability on the response of isolated structures[J]. Earthquake Engineering and Structural Dynamics, 2000(29): 19-36.
[63] Sinha S C, Li Guangning. Optimum designing of base-isolated structures with dynamic absorber[J]. ASCE Journal of Engineering Mechanics, 1994, 120(2): 221-231.
[64] 汪梦甫,周锡元. 结构动力方程的高斯精细时程积分法[J]. 工程力学,2004,21(4):13-16.
[65] 张素英,邓子辰. 非线性动力方程的增维精细积分法[J]. 计算力学学报,2003,20(4):423-426.
[66] Vasant A, Matsagar, R S Jangid. Influence of isolator characteristics on the response of base-isolated structures[J]. Engineering Structures, 2004(6):1735-1749.
[67] Ivo Calio, Massimo Marletta, Francesco Vinciprova. Seismic response of multi-story building base-isolated by friction devices with restoring properties[J]. Computers and Structures, 2003(81): 2589-2599.
[68] 任伟,杜铁钧. 定常结构动力方程增维精细积分法求解的注记[J]. 杭州电子科技大学学报, 2005, 25(1):41-43.

